建筑工程质量与安全管理

魏丹 李畅 主编
崔文 白锐 王楠 苗建伟 副主编

化学工业出版社

·北京·

内 容 简 介

本书以建筑施工企业施工员、质量员、安全员等技术岗位应具备的知识为基础，按照《建筑工程施工质量验收统一标准》及与它配合使用的一系列工程施工质量验收规范、标准等编写而成。本书主要内容包括：建筑工程质量管理概述、建筑工程质量控制、施工质量控制实施要点、建筑工程施工质量验收、建筑工程质量事故的处理、建筑工程安全管理基本知识、建筑工程施工安全技术、施工现场安全管理、建筑工程安全生产事故案例分析、智慧工地系统。本书体现高校应用型人才培养特色，以行业需求为导向，突出实用性和实践性，通过学习使读者掌握建筑工程质量与安全管理的方法，适应目前土建类相关专业人员知识和能力要求。

本书主要用于高等学校土木工程、安全工程等相关专业的本科教材，也可作为建设单位、施工单位、设计单位及监理单位等相关技术人员的参考用书。

图书在版编目（CIP）数据

建筑工程质量与安全管理 / 魏丹，李畅主编 . —北京：化学工业出版社，2024.8
ISBN 978-7-122-45577-2

Ⅰ.①建… Ⅱ.①魏… ②李… Ⅲ.①建筑工程—工程质量—质量管理—高等学校—教材②建筑工程—安全管理—高等学校—教材 Ⅳ.①TU71

中国国家版本馆 CIP 数据核字（2024）第 089060 号

责任编辑：彭明兰　　　　　　　文字编辑：邹　宁
责任校对：李露洁　　　　　　　装帧设计：韩　飞

出版发行：化学工业出版社
　　　　　（北京市东城区青年湖南街 13 号　邮政编码 100011）
印　　刷：北京云浩印刷有限责任公司
装　　订：三河市振勇印装有限公司
787mm×1092mm　1/16　印张 16½　字数 426 千字
2024 年 9 月北京第 1 版第 1 次印刷

购书咨询：010-64518888　　　　售后服务：010-64518899
网　　址：http://www.cip.com.cn
凡购买本书，如有缺损质量问题，本社销售中心负责调换。

定　价：58.00 元　　　　　　　　版权所有　违者必究

前言

对一个建筑企业来说,应该牢固树立"安全第一""质量为本"的意识。过硬的质量、可靠的安全管理以及良好的企业形象已成为企业的立足之本。要提高建筑企业的整体管理水平,除了要加强职业道德教育、树立法治观念、建立质量安全意识外,还要尽快为建筑生产一线培养一批懂技术、会管理的技术应用型人才,从而全面提高工程质量与安全生产的水平。鉴于此,对学生工程建设质量和安全管理知识的传授和能力培养工作就显得尤为重要。

本书以建筑施工企业施工员、质量员、安全员等技术岗位应具备的知识为基础,按照《建筑工程施工质量验收统一标准》(GB 50300—2001)及与它配合使用的一系列工程施工质量验收规范、《中华人民共和国安全生产法》以及一系列有关建设工程安全生产的法律法规与标准规范等编写,以行业需求为导向,突出实用性和实践性,通过学习提升学生岗位工作能力,使学生掌握建筑工程质量管理与安全管理的方法,以适应目前土建类相关专业人才知识和能力的要求。

本书共10章,其中第1章由沈阳城市建设学院魏丹编写,第2章由沈阳城市建设学院白锐编写,第3章由沈阳城市建设学院崔文和沈阳城市建设学院汪婷婷编写,第4章由白锐和沈阳城市建设学院杨晓乐编写,第5章由沈阳职业技术学院苗建伟编写,第6章由魏丹和沈阳建筑大学李畅编写,第7章由沈阳城市建设学院王楠、魏丹、崔文和上海建工五建集团有限公司沈阳分公司吴猛编写,第8章由崔文、沈阳城市建设学院孙岩编写,第9章由王楠和中天建设集团有限公司东北分公司郭双翼编写,第10章由魏丹编写。全书由魏丹和李畅主编,魏丹统稿。

本书在编写过程中得到东北大学苑春苗教授和辽宁省安全科学研究院郝银贵正高级工程师的大力支持和帮助,还得到了沈阳城市建设学院土木工程学院各位领导的大力支持,在此表示感谢。

本书在编写过程中参阅了有关文献资料,在此对这些文献作者表示衷心的感谢!

限于编者的水平和经验,书中难免存在疏漏和不妥之处,敬请读者批评指正。

编者
2024年4月

目 录

第 1 章　建筑工程质量管理概述　　1

1.1　建筑工程质量管理的相关概念　1
- 1.1.1　质量和工程质量的概念　1
- 1.1.2　质量管理与工程质量管理　2
- 1.1.3　建筑工程质量　3

1.2　建筑工程质量管理的发展阶段　4
- 1.2.1　质量检验阶段（20 世纪 40 年代以前）　4
- 1.2.2　统计质量管理阶段（20 世纪 40～60 年代）　4
- 1.2.3　全面质量管理（TQM）阶段（20 世纪 60 年代以后）　4
- 1.2.4　ISO 9000 质量管理体系阶段（1987 年至今）　4

1.3　建筑工程质量管理的基本要求　5
- 1.3.1　建筑工程质量管理的重要性　5
- 1.3.2　建筑工程质量管理的责任与义务　6

思考题　9

第 2 章　建筑工程质量控制　　10

2.1　施工质量控制的依据与基本环节　10
- 2.1.1　施工质量控制的依据　10
- 2.1.2　施工质量控制的基本环节　11

2.2　施工准备的质量控制　13
- 2.2.1　图纸会审与设计交底　13
- 2.2.2　施工组织设计审查　14
- 2.2.3　施工方案审查　15
- 2.2.4　现场施工准备的质量控制　16

2.3　施工过程的质量控制　20
- 2.3.1　巡视与旁站　20
- 2.3.2　见证取样与平行检验　23

  2.3.3 监理通知单、工程暂停令、工程复工令的签发 ……… 25
  2.3.4 工程变更的控制 …………………………………………… 26
  2.3.5 质量记录资料的管理 ……………………………………… 27
思考题 ………………………………………………………………………… 28

第3章　施工质量控制实施要点　29

 3.1 地基基础工程的质量控制 ……………………………………… 29
  3.1.1 地基工程质量控制 ………………………………………… 29
  3.1.2 地基工程质量检验 ………………………………………… 29
  3.1.3 基础工程质量控制 ………………………………………… 32
  3.1.4 基础工程质量检验 ………………………………………… 33
  3.1.5 土石方工程质量控制 ……………………………………… 36
  3.1.6 土石方工程质量检验 ……………………………………… 37
 3.2 砌体工程的质量控制 …………………………………………… 41
  3.2.1 砌体工程质量控制基本要求 ……………………………… 41
  3.2.2 砖砌体工程质量控制 ……………………………………… 43
  3.2.3 石砌体工程质量控制 ……………………………………… 44
  3.2.4 填充墙砌体工程质量控制 ………………………………… 45
 3.3 混凝土结构工程的质量控制 …………………………………… 46
  3.3.1 混凝土结构工程质量控制基本要求 ……………………… 46
  3.3.2 模板分项工程质量控制 …………………………………… 46
  3.3.3 钢筋分项工程质量检验 …………………………………… 49
  3.3.4 混凝土分项工程质量检验 ………………………………… 54
 3.4 防水工程的质量控制 …………………………………………… 57
  3.4.1 地下防水工程质量控制 …………………………………… 57
  3.4.2 屋面防水工程质量控制 …………………………………… 66
 3.5 钢结构工程的质量控制 ………………………………………… 70
  3.5.1 钢结构工程质量控制基本要求 …………………………… 70
  3.5.2 原材料及成品验收质量检验 ……………………………… 71
  3.5.3 钢零件及钢部件加工质量检验 …………………………… 73
  3.5.4 钢构件组装工程质量检验 ………………………………… 76
 3.6 装饰装修工程的质量控制 ……………………………………… 78
  3.6.1 装饰装修工程质量控制基本要求 ………………………… 78
  3.6.2 抹灰工程质量检验 ………………………………………… 79
  3.6.3 外墙防水工程质量检验 …………………………………… 82

3.6.4 门窗工程质量检验 ……………………………………………… 85

思考题 ……………………………………………………………………… 91

第4章 建筑工程施工质量验收 92

4.1 建筑工程质量验收概述 …………………………………………… 92
4.2 现行施工质量验收标准及配套使用的系列规范 ………………… 92
4.2.1 建筑工程施工质量验收系列规范介绍 ……………………… 92
4.2.2 建筑工程施工质量验收系列规范名称 ……………………… 93
4.3 建筑工程施工质量验收的划分 …………………………………… 93
4.3.1 工程施工质量验收层次划分及目的 ………………………… 93
4.3.2 单位工程的划分 ……………………………………………… 94
4.3.3 分部工程的划分 ……………………………………………… 95
4.3.4 分项工程的划分 ……………………………………………… 95
4.3.5 检验批的划分 ………………………………………………… 95
4.4 建筑工程施工质量控制及验收 …………………………………… 95
4.4.1 工程施工质量验收基本规定 ………………………………… 95
4.4.2 检验批质量验收 ……………………………………………… 96
4.4.3 隐蔽工程质量验收 …………………………………………… 99
4.4.4 分项工程质量验收 …………………………………………… 100
4.4.5 分部工程质量验收 …………………………………………… 100
4.4.6 单位工程质量验收 …………………………………………… 101
4.4.7 工程施工质量验收不符合要求的处理 ……………………… 105
4.5 工程项目的交接与回访保养 ……………………………………… 105
4.5.1 工程项目的交接 ……………………………………………… 105
4.5.2 工程项目的回访与保修 ……………………………………… 106

思考题 ……………………………………………………………………… 106

第5章 建筑工程质量事故的处理 107

5.1 建筑工程质量事故的概念和分类 ………………………………… 107
5.1.1 建筑工程质量事故的概念 …………………………………… 107
5.1.2 建筑工程质量事故的分类 …………………………………… 107
5.2 建筑工程质量事故处理的预防 …………………………………… 109
5.2.1 施工质量事故发生的原因 …………………………………… 109
5.2.2 施工质量事故预防的具体措施 ……………………………… 109

5.3 建筑工程质量事故处理的依据和程序 …………………………………… 110
 5.3.1 施工质量事故处理的依据 …………………………………… 110
 5.3.2 施工质量事故报告和调查处理程序 …………………………………… 112
5.4 建筑工程质量事故处理的方法 …………………………………… 117
 5.4.1 临时防护措施及实施 …………………………………… 117
 5.4.2 建筑修补和封闭保护 …………………………………… 118
 5.4.3 复位纠偏 …………………………………… 119
 5.4.4 地基加固 …………………………………… 119
 5.4.5 改变结构计算图形，减少结构内力 …………………………………… 120
 5.4.6 结构卸荷 …………………………………… 120
 5.4.7 结构补强 …………………………………… 120
 5.4.8 其他措施 …………………………………… 120
思考题 …………………………………… 121

第6章 建筑工程安全管理基本知识　122

6.1 建筑工程安全管理概述 …………………………………… 122
 6.1.1 安全与安全管理的概念 …………………………………… 122
 6.1.2 安全生产管理 …………………………………… 122
 6.1.3 危险源、重大风险的概念、识别与判断 …………………………………… 128
6.2 建筑工程安全生产法律法规 …………………………………… 131
 6.2.1 建筑法律 …………………………………… 131
 6.2.2 建筑行政法规 …………………………………… 133
 6.2.3 工程建设标准 …………………………………… 134
6.3 建筑工程安全管理制度 …………………………………… 135
 6.3.1 建筑施工企业安全许可制度 …………………………………… 135
 6.3.2 建筑施工企业安全教育培训管理制度 …………………………………… 136
 6.3.3 安全生产责任制度 …………………………………… 140
 6.3.4 施工组织设计和专项施工方案的安全编审制度 …………………………………… 142
 6.3.5 安全技术交底制度 …………………………………… 143
 6.3.6 安全检查制度 …………………………………… 143
 6.3.7 安全生产目标管理与安全考核奖惩制度 …………………………………… 144
 6.3.8 安全事故处理 …………………………………… 145
 6.3.9 安全标志规范悬挂制度 …………………………………… 148
 6.3.10 其他制度 …………………………………… 148

6.4 建筑工程安全生产事故应急预案 148
 6.4.1 安全施工组织设计 148
 6.4.2 专项施工方案的安全技术措施 151
 6.4.3 分部、分项工程安全技术交底 151
 6.4.4 施工安全事故的应急救援预案 153
思考题 155

第7章 建筑工程施工安全技术 156

7.1 建筑工程施工安全技术概述 156
 7.1.1 建筑工程施工安全技术的意义 156
 7.1.2 建筑工程施工安全技术基本措施 156
7.2 基坑作业安全技术 157
 7.2.1 岩土的分类和性能 157
 7.2.2 土石方开挖工程安全技术 160
 7.2.3 基坑支护安全技术 163
7.3 脚手架工程施工安全技术 172
 7.3.1 脚手架概述 172
 7.3.2 一般脚手架的安全技术要求 174
 7.3.3 脚手架工程安全生产的一般要求 175
 7.3.4 特殊脚手架的安全技术要求 177
 7.3.5 脚手架的拆除要求 182
7.4 高处作业安全要求 182
 7.4.1 高处作业安全技术措施 182
 7.4.2 临边作业的安全防护 184
 7.4.3 洞口作业的安全防护 184
 7.4.4 攀登作业的安全防护 185
 7.4.5 悬空作业的安全防护 186
 7.4.6 交叉作业的安全防护 187
 7.4.7 安全帽、安全带、安全网 187
7.5 模板工程施工安全技术 189
 7.5.1 模板工程施工安全的基本要求 189
 7.5.2 模板构造与安装安全技术要点 191
 7.5.3 模板拆除安全技术要求 198
思考题 201

第8章 施工现场安全管理　202

- 8.1 现场文明施工管理　202
  - 8.1.1 文明施工的意义　202
  - 8.1.2 文明施工遵循的标准　202
  - 8.1.3 检查评定项目　202
  - 8.1.4 文明施工专项方案　204
- 8.2 施工现场消防安全　204
  - 8.2.1 施工现场消防的一般规定　204
  - 8.2.2 施工现场消防布局要求　206
  - 8.2.3 施工现场消防器材的配备　207
  - 8.2.4 建筑施工现场动火作业　209
- 8.3 施工现场临时用电安全　210
  - 8.3.1 临时用电管理　210
  - 8.3.2 外电线路及电气设备防护　212
  - 8.3.3 接地与防雷　213
  - 8.3.4 配电线路　213
  - 8.3.5 照明　216
- 8.4 施工机械设备安全管理　218
  - 8.4.1 施工机械设备安装与验收　218
  - 8.4.2 施工机械设备使用　219
  - 8.4.3 施工机械设备检查　220
  - 8.4.4 施工机具检查评定　221
- 思考题　222

第9章 建筑工程安全生产事故案例分析　223

- 9.1 建筑工程安全事故概述　223
  - 9.1.1 建筑工程安全事故的分类　223
  - 9.1.2 建筑工程安全事故处理方法、程序和原因分析　228
- 9.2 建筑施工伤亡事故的预防　232
  - 9.2.1 伤亡事故的预防原则　232
  - 9.2.2 伤亡事故预防的一般措施　233
- 9.3 建筑工程安全事故案例分析　234
  - 9.3.1 物体打击事故案例　234

  9.3.2 触电事故案例 …………………………………………… 235
  9.3.3 天津市宝坻区"11·30"高处坠落事故案例 ………… 236
  9.3.4 江西某发电厂"11·24"冷却塔施工平台坍塌事故
     案例 ………………………………………………………… 237
  9.3.5 一般机械伤害事故 …………………………………… 240
  9.3.6 某综合车场工程项目工地"5·23"起重伤害事故…… 241
思考题………………………………………………………………………… 243

第10章 智慧工地系统   244

10.1 智慧工地系统概述 ……………………………………………… 244
  10.1.1 智慧工地实施的背景与意义 ………………………… 244
  10.1.2 智慧工地的概念 ……………………………………… 244
  10.1.3 智慧工地的特征 ……………………………………… 245
  10.1.4 智慧工地的发展 ……………………………………… 246
10.2 智慧工地系统在施工安全管理中的应用 ……………………… 248
  10.2.1 智慧工地系统的关键技术 …………………………… 248
  10.2.2 管理施工人员 ………………………………………… 249
  10.2.3 管理施工现场 ………………………………………… 250
10.3 智慧管理的要点和注意事项分析 ……………………………… 250
  10.3.1 施工材料智慧管理 …………………………………… 250
  10.3.2 施工设备智慧管理 …………………………………… 251
  10.3.3 加强人员智慧管理 …………………………………… 251
  10.3.4 施工现场安全的智慧管理 …………………………… 252
  10.3.5 注意事项 ……………………………………………… 252
思考题………………………………………………………………………… 253

参考文献   254

第1章

建筑工程质量管理概述

1.1 建筑工程质量管理的相关概念

1.1.1 质量和工程质量的概念

1.1.1.1 质量

《质量管理体系 基础和术语》(GB/T 19000—2016)对质量的定义为：客体的一组固有特性满足要求的程度。质量的主体是"实体"，实体可以是活动或者过程的有形产品（如建成的厂房、装修后的住宅），或是无形的产品（如质量措施规划等），也可以是某个组织体系或人，以及上述各项的组合。由此可见，质量的主体不仅包括产品，而且包括活动、过程、组织体系或人以及它们的组合。

质量中要求满足的能力通常被转化为一些规定准则的特性，例如实用性、安全性、可靠性、耐久性等。

质量管理的首要任务是确定质量方针、目标和职责，核心是建立有效的质量管理体系，通过具体的四项基本活动，即质量策划、质量控制、质量保证和质量改进，确保质量方针、目标的实施和实现。

(1) 质量方针

质量方针是由组织的最高管理者正式发布的该组织的总的质量宗旨和方向。质量方针是企业经营总方针的组成部分，是企业管理者对质量的指导思想和承诺。企业最高管理者应确定质量方针并形成文件。

(2) 质量目标

质量目标是指在质量方面所追求的目的。组织应在相关职能、层次、过程上建立质量目标。质量目标应与质量方针保持一致，与产品、服务的符合性和顾客满意相关，可测量，考虑适用的要求，得到监测，得到沟通，适时进行更新。组织应将质量目标形成文件。

1.1.1.2 工程质量

工程质量除了具有上述普遍意义上的质量的含义以外，还具有自身的一些特点。在工程质量中，所说的"满足明确或者隐含的需要"，不仅是针对客户的，还要考虑到满足社会的需要和符合国家有关法律、法规的要求。

一般认为工程质量具有如下的特性。

(1) 工程质量的单一性

这是由工程施工的单一性所决定的，即一个工程一个情况，即使是使用同一设计图纸，由同一施工单位来施工，也不可能有两个工程具有完全一样的质量。因此，工程质量的管理必须管理到每项工程，甚至每道工序。

（2）工程质量的过程性

工程的施工过程，在通常的情况下是按照一定的顺序来进行的。每个过程的质量都会影响到整个工程的质量，因此工程质量的管理必须管理到每项工程的全过程。

（3）工程质量的重要性

一个工程质量的好与坏影响很大，不仅关系到工程本身，业主和参与工程的各个单位都将受到影响。所以，政府必须加强对工程质量的监督和控制，以保证工程建设和使用阶段的安全。

（4）工程质量的综合性

工程不同于一般的工业产品，工程是先有图纸后有工程，先交易后生产或是边交易边生产。影响工程质量的原因很多，有设计、施工、业主、材料供应商等多方面的因素。只有各个方面做好了各个阶段的工作，工程的质量才有保证。

综合以上的特点，工程质量可以定义为：工程能够满足国家建设和人民需要所具备的自然属性。

1.1.2 质量管理与工程质量管理

1.1.2.1 质量管理

质量管理是为保证和提高产品质量而进行的一系列管理工作。《质量管理体系 基础和术语》（GB/T 19000—2016）对质量管理的定义是"在质量方面指挥和控制组织的协调的活动"。

质量管理的首要任务是确定质量方针、目标和职责。质量管理的核心是建立有效的质量管理体系，通过具体的四项活动，即质量策划、质量控制、质量保证和质量改进，确保质量方针、目标的实施和实现。

1.1.2.2 工程质量管理

工程质量管理就是在工程项目的全生命周期内，对工程质量进行的监督和管理。针对具体的工程项目，就是项目质量管理。

1.1.2.3 项目质量管理原则

首先要满足顾客和项目利益相关者的需求，应规定项目过程、所有者及其职责和权限，必须注重过程质量和项目交付物质量，以满足项目目标。管理者对营造项目质量环境负责，管理者对持续改进负责。

1.1.2.4 项目质量要求

没有具体的质量要求和标准，就无法实现项目的质量控制。项目的质量要求既包括对项目最终交付物的质量要求，又包括对项目中间交付物的质量要求。对项目中间交付物的质量要求应该尽可能详细和具体。项目质量要求包括明示的、隐含的和必须履行的需求或期望。明示的要求一般是指在合同环境中，用户明确提出的需要或要求，通常是通过合同、标准、规范、图纸、技术文件等所做出的明文规定。隐含的要求一般是指非合同环境（即市场环境）中，用户未提出，而由项目组织通过市场调研进行识别提出的要求或需要。

1.1.2.5 质量信息的作用和要求

质量信息在项目质量管理中的作用是为质量方面的决策提供依据，为控制项目质量提供依据，为监督和考核质量活动提供依据。

对质量信息的要求是准确、及时、全面、系统。质量信息必须能够准确反映实际情况，才能使人们正确地作出决断。虚假的或不正确的信息不仅没有作用，甚至会起反作用。质量信息的价值往往随时间的推移而变动。如果能够将质量信息及时而迅速地反映出来,就有可能避免一次质量事故,从而减少损失。否则,就会贻误时机,造成损失。质量信息应当全面、系统地反映项目质量管理活动,这样组织者才能掌握项目质量变化的规律,及时采取预防措施。

1.1.2.6　质量管理的工作体系

企业以保证和提高产品质量为目的,利用系统的概念和方法,把企业各部门、各环节的质量管理职能组织起来,形成一个有明确任务、职责、权限,互相协调,互相促进的有机整体,从而形成质量管理的工作体系。质量管理的工作体系包括目标方针体系、质量保证体系和信息流通体系。质量管理工作体系的运转方式是 PDCA 循环。

1.1.3　建筑工程质量

建筑工程质量是指工程满足业主需要的,符合国家法律、法规、技术规范标准、设计文件及合同规范的特性的综合。

1.1.3.1　建筑工程质量要求

(1) 满足适用要求

建筑工程首先要满足适用要求。例如民用建筑要满足人们工作、学习和生活的要求;工业建筑要满足产品生产要求。建筑工程应符合一系列专门的工业与民用建筑标准、规范等技术法规的要求。

(2) 满足安全可靠要求

建筑物都必须坚实可靠,足以承担它所负荷的人和物的重量以及风、雨、雪和自然灾害的侵袭。对不同类型的建筑结构的计算分析方法,应符合相关的标准、规范等技术法规的要求。

(3) 满足耐久性要求

建筑物都要考虑满足它的使用年限和防止水、火和腐蚀性物质的侵袭。建筑布局、构造和使用材料要满足防水、防火、防腐蚀等一系列标准、规范的要求,并达到相关指标规定。

(4) 满足美观性要求

建筑物要根据它的特点和所处的环境,为人们提供与环境协调的、赏心悦目的、丰富多彩的造型和景观,要求建筑物的规划、布局、体型、装饰、园林绿化等方面应满足一系列相关标准、规范的要求。

(5) 满足经济性要求

当建筑物满足了适用、可靠、耐久、美观等各种要求以后,其还应取得最佳的经济效益,要依据一系列定额、衡量标准、控制造价的指标。只有做到物美价廉,才能取得最大的经济效益。

1.1.3.2　建筑工程质量特点

① 影响质量的因素多。
② 容易产生质量变异。
③ 容易产生第一、第二判断错误。
④ 质量检查不能解体、拆卸。
⑤ 质量要受投资、进度的制约。

1.2 建筑工程质量管理的发展阶段

1.2.1 质量检验阶段（20世纪40年代以前）

1911年，美国工程师泰勒首先提出科学管理的新理论，提出了计划与执行、检验与生产的职能需要分开的主张，认为企业中应设置专职检验人员。这种理论的缺点是事后检验，不能预防废品产生。

1.2.2 统计质量管理阶段（20世纪40~60年代）

美国贝尔电话研究所工程师、统计学家休哈特（Walter A. Shewhart），出版了《工业产品质量经济控制》一书，将数理统计方法应用于质量管理中。这种方法在第二次世界大战后至20世纪50年代末流行于世。它的优点是事先预防，而且成本低、效率高。但是这种方法由于过分强调数理统计方法，而忽视了组织、管理和生产者能动性的发挥。

1.2.3 全面质量管理（TQM）阶段（20世纪60年代以后）

全面质量管理产生于20世纪60年代的美国，形成于20世纪70年代的日本。代表人物是美国通用电气工程师费根堡姆（Armand Vallin Feigenbaum）和质量管理学家朱兰（Joseph M. Juran）。我国从20世纪80年代开始推行。全面质量管理实行全员参加、全方位实施和全过程管理，是保证任何活动有效进行的、符合逻辑的工作程序。

全面质量管理（TQM）的基本工作思路是：一切按PDCA循环办事。PDCA循环又称戴明环，由美国质量管理专家戴明（William Edwards Deming）博士提出。P表示计划（Plan），D表示实施（Do），C表示检查（Check），A表示处理（Action）。

全面质量管理使管理思想发生了根本性的转变：一是使质量标准由设计者、制造者、检验者认可，转向市场和用户认可；二是使质量观由狭义转向广义。质量管理既见物又见人，既见个别又见系统，由单纯重视产品质量转到重视工作质量。管理思想的转变，给质量管理带来了深刻的变革，从而引发了ISO 9000族标准的产生。

1.2.4 ISO 9000质量管理体系阶段（1987年至今）

（1）ISO 9000质量管理体系标准的产生

国际贸易发展到一定程度，不仅对产品质量提出了要求，同时还对供应厂商提出了质量可持续保证的要求。在供需双方的贸易活动中，ISO 9000质量管理体系标准是获得需方信任、获得订单的前提。所以ISO 9000质量管理体系标准是进入国际市场的金钥匙。ISO是国际标准化组织（International Standard Organization）的英文简称，9000是该组织1987年发布的第9000号标准。

（2）ISO 9000族标准的修订和发展

1990年提出的修改原则：让全世界都接受和使用ISO 9000族标准，为所有组织提高运作能力提供有效的方法。ISO 9000族标准于1994年推出94版，2000年12月15日推出2000版，统称为2000版ISO 9000族标准，2015年9月推出2015版ISO 9000族标准。至今已有150个国家和地区采用，广泛应用于目前已知的所有的行业和部门。2008年11月15日，ISO发布了2008版ISO 9001标准。目前中国国家标准包括GB/T 19000、GB/T 19001、GB/T 19002等。

(3) ISO 9000 族标准与 TQM 的关系

ISO 9000 族标准是 TQM 发展到一定阶段的产物。TQM 是组织质量管理的基础要求（最低要求）。ISO 9000 族标准是达到和保持世界级质量水平的要求。两者之间的关系是"打基础"和"求发展"的关系。它们为人类全方位的质量管理提供了科学方法，是世界质量史上的里程碑。

1.3 建筑工程质量管理的基本要求

1.3.1 建筑工程质量管理的重要性

《中华人民共和国建筑法》第一条明确了制定此法的目的是"为了加强对建筑活动的监督管理，维护建筑市场秩序，保证建筑工程的质量和安全，促进建筑业的健康发展"。第三条又再次强调了对建筑活动的基本要求："建筑活动应当确保建筑工程质量和安全，符合国家的建筑工程安全标准。"由此可见，建筑工程质量与安全问题在建筑活动中占有重要地位。数十年来几乎在所有建筑工地上都悬挂着"百年大计，质量第一"的醒目标语，这实质上是质量与安全的高度概括。所以，工程项目的质量是项目建设的核心，是决定工程建设成败的关键。它对提高工程项目的经济效益、社会效益和环境效益具有重大意义，它直接关系到国家财产和人民生命安全，关系着社会主义建设事业的发展。

要确保和提高工程质量，必须加强质量管理工作。如今，质量管理工作已经越来越为人们所重视，大部分企业领导清醒地认识到高质量的产品和服务是市场竞争的有效手段，是争取用户、占领市场和发展企业的根本保证。

作为建设工程产品的工程项目，投资和耗费的人工、材料、能源都相当大，投资者付出巨大的投资，要求获得理想的、满足使用要求的工程产品，以期在预定时间内能发挥作用，为社会经济建设和物质文化生活需要做出贡献。如果工程质量差，不但不能发挥应有的效用，而且还会因质量、安全等问题影响国计民生和社会环境安全。因此，应从发展战略的高度来认识工程质量问题，认识到工程质量关系到国家的命运、民族的未来，工程质量管理的水平关系到行业的兴衰、企业的命运。

建筑施工项目质量的优劣，不但关系到工程的适用性，而且还关系到人民生命财产的安全和社会的安定。如果施工质量低劣，造成工程质量事故或潜伏隐患，其后果是不堪设想的。所以在工程建设过程中，加强质量管理，确保国家和人民生命财产安全是施工项目管理的头等大事。

工程质量的优劣，直接影响国家经济建设的速度。工程质量差本身就是最大的浪费，低劣的质量一方面需要大幅度增加返修、加固、补强等人工、材料、能源的消耗，另一方面还将给用户增加使用过程中的维修、改造费用。同时，低劣的质量必将缩短工程的使用寿命，使用户遭受经济损失。此外，质量低劣还会带来其他的间接损失（如停工、降低使用功能、减产等），给国家和使用者造成的浪费，损失将会更大。因此，质量问题直接影响着我国经济建设的速度。

综上所述，加强工程质量管理是市场竞争的需要，是加快社会主义建设的需要，是实现现代化生产的需要，是提高施工企业综合素质和经济效益的有效途径，是实现科学管理、文明施工的有力保证。我国已由国务院发布了《建设工程质量管理条例》，它是指导我国建设工程质量管理（含施工项目）的法典，也是质量管理工作的灵魂。

1.3.2 建筑工程质量管理的责任与义务

根据《建设工程质量管理条例》（中华人民共和国国务院令第279号，2000年公布），建设单位、勘察单位、设计单位、施工单位、工程监理单位、建筑材料、构配件及设备生产或供应单位、工程质量检测单位、工程质量监督单位应对建筑工程质量负责。

1.3.2.1 建设单位的质量责任和义务

《建设工程质量管理条例》对建设单位的质量责任和义务的规定如下：

第七条　建设单位应当将工程发包给具有相应资质等级的单位。建设单位不得将建设工程肢解发包。

第八条　建设单位应当依法对工程建设项目的勘察、设计、施工、监理以及与工程建设有关的重要设备、材料等的采购进行招标。

第九条　建设单位必须向有关的勘察、设计、施工、工程监理等单位提供与建设工程有关的原始资料。原始资料必须真实、准确、齐全。

第十条　建设工程发包单位不得迫使承包方以低于成本的价格竞标，不得任意压缩合理工期。建设单位不得明示或者暗示设计单位或者施工单位违反工程建设强制性标准，降低建设工程质量。

第十一条　建设单位应当将施工图设计文件报县级以上人民政府建设行政主管部门或者其他有关部门审查。施工图设计文件审查的具体办法，由国务院建设行政主管部门会同国务院其他有关部门制定。施工图设计文件未经审查批准的，不得使用。

第十二条　实行监理的建设工程，建设单位应当委托具有相应资质等级的工程监理单位进行监理，也可以委托具有工程监理相应资质等级并与被监理工程的施工承包单位没有隶属关系或者其他利害关系的该工程的设计单位进行监理。

下列建设工程必须实行监理：

（一）国家重点建设工程；

（二）大中型公用事业工程；

（三）成片开发建设的住宅小区工程；

（四）利用外国政府或者国际组织贷款、援助资金的工程；

（五）国家规定必须实行监理的其他工程。

第十三条　建设单位在领取施工许可证或者开工报告前，应当按照国家有关规定办理工程质量监督手续。

第十四条　按照合同约定，由建设单位采购建筑材料、建筑构配件和设备的，建设单位应当保证建筑材料、建筑构配件和设备符合设计文件和合同要求。建设单位不得明示或者暗示施工单位使用不合格的建筑材料、建筑构配件和设备。

第十五条　涉及建筑主体和承重结构变动的装修工程，建设单位应当在施工前委托原设计单位或者具有相应资质等级的设计单位提出设计方案；没有设计方案的，不得施工。房屋建筑使用者在装修过程中，不得擅自变动房屋建筑主体和承重结构。

第十六条　建设单位收到建设工程竣工报告后，应当组织设计、施工、工程监理等有关单位进行竣工验收。

建设工程竣工验收应当具备下列条件：

（一）完成建设工程设计和合同约定的各项内容；

（二）有完整的技术档案和施工管理资料；

（三）有工程使用的主要建筑材料、建筑构配件和设备的进场试验报告；

（四）有勘察、设计、施工、工程监理等单位分别签署的质量合格文件；

（五）有施工单位签署的工程保修书。

建设工程经验收合格的，方可交付使用。

第十七条　建设单位应当严格按照国家有关档案管理的规定，及时收集、整理建设项目各环节的文件资料，建立、健全建设项目档案，并在建设工程竣工验收后，及时向建设行政主管部门或者其他有关部门移交建设项目档案。

1.3.2.2　勘察、设计单位的质量责任和义务

《建设工程质量管理条例》对勘察、设计单位的质量责任和义务的规定如下。

第十八条　从事建设工程勘察、设计的单位应当依法取得相应等级的资质证书，并在其资质等级许可的范围内承揽工程。禁止勘察、设计单位超越其资质等级许可的范围或者以其他勘察、设计单位的名义承揽工程。禁止勘察、设计单位允许其他单位或者个人以本单位的名义承揽工程。勘察、设计单位不得转包或者违法分包所承揽的工程。

第十九条　勘察、设计单位必须按照工程建设强制性标准进行勘察、设计，并对其勘察、设计的质量负责。注册建筑师、注册结构工程师等注册执业人员应当在设计文件上签字，对设计文件负责。

第二十条　勘察单位提供的地质、测量、水文等勘察成果必须真实、准确。

第二十一条　设计单位应当根据勘察成果文件进行建设工程设计。设计文件应当符合国家规定的设计深度要求，注明工程合理使用年限。

第二十二条　设计单位在设计文件中选用的建筑材料、建筑构配件和设备，应当注明规格、型号、性能等技术指标，其质量要求必须符合国家规定的标准。除有特殊要求的建筑材料、专用设备、工艺生产线等外，设计单位不得指定生产厂、供应商。

第二十三条　设计单位应当就审查合格的施工图设计文件向施工单位作出详细说明。

第二十四条　设计单位应当参与建设工程质量事故分析，并对因设计造成的质量事故，提出相应的技术处理方案。

1.3.2.3　施工单位的质量责任和义务

《建设工程质量管理条例》对施工单位的质量责任和义务的规定如下。

第二十五条　施工单位应当依法取得相应等级的资质证书，并在其资质等级许可的范围内承揽工程。禁止施工单位超越本单位资质等级许可的业务范围或者以其他施工单位的名义承揽工程。禁止施工单位允许其他单位或者个人以本单位的名义承揽工程。施工单位不得转包或者违法分包工程。

第二十六条　施工单位对建设工程的施工质量负责。施工单位应当建立质量责任制，确定工程项目的项目经理、技术负责人和施工管理负责人。建设工程实行总承包的，总承包单位应当对全部建设工程质量负责；建设工程勘察、设计、施工、设备采购的一项或者多项实行总承包的，总承包单位应当对其承包的建设工程或者采购的设备的质量负责。

第二十七条　总承包单位依法将建设工程分包给其他单位的，分包单位应当按照分包合同的约定对其分包工程的质量向总承包单位负责，总承包单位与分包单位对分包工程的质量承担连带责任。

第二十八条　施工单位必须按照工程设计图纸和施工技术标准施工，不得擅自修改工程设计，不得偷工减料。施工单位在施工过程中发现设计文件和图纸有差错的，应当及时提出意见和建议。

第二十九条　施工单位必须按照工程设计要求、施工技术标准和合同约定，对建筑材

料、建筑构配件、设备和商品混凝土进行检验，检验应当有书面记录和专人签字；未经检验或者检验不合格的，不得使用。

第三十条　施工单位必须建立、健全施工质量的检验制度，严格工序管理，作好隐蔽工程的质量检查和记录。隐蔽工程在隐蔽前，施工单位应当通知建设单位和建设工程质量监督机构。

第三十一条　施工人员对涉及结构安全的试块、试件以及有关材料，应当在建设单位或者工程监理单位监督下现场取样，并送具有相应资质等级的质量检测单位进行检测。

第三十二条　施工单位对施工中出现质量问题的建设工程或者竣工验收不合格的建设工程，应当负责返修。

第三十三条　施工单位应当建立、健全教育培训制度，加强对职工的教育培训；未经教育培训或者考核不合格的人员，不得上岗作业。

1.3.2.4　工程监理单位的质量责任和义务

《建设工程质量管理条例》对工程监理单位的质量责任和义务的规定如下。

第三十四条　工程监理单位应当依法取得相应等级的资质证书，并在其资质等级许可的范围内承担工程监理业务。

禁止工程监理单位超越本单位资质等级许可的范围或者以其他工程监理单位的名义承担工程监理业务。禁止工程监理单位允许其他单位或者个人以本单位的名义承担工程监理业务。工程监理单位不得转让工程监理业务。

第三十五条　工程监理单位与被监理工程的施工承包单位以及建筑材料、建筑构配件和设备供应单位有隶属关系或者其他利害关系的，不得承担该项建设工程的监理业务。

第三十六条　工程监理单位应当依照法律、法规以及有关技术标准、设计文件和建设工程承包合同，代表建设单位对施工质量实施监理，并对施工质量承担监理责任。

第三十七条　工程监理单位应当选派具备相应资格的总监理工程师和监理工程师进驻施工现场。未经监理工程师签字，建筑材料、建筑构配件和设备不得在工程上使用或者安装，施工单位不得进行下一道工序的施工。未经总监理工程师签字，建设单位不拨付工程款，不进行竣工验收。

第三十八条　监理工程师应当按照工程监理规范的要求，采取旁站、巡视和平行检验等形式，对建设工程实施监理。

1.3.2.5　建筑材料、构配件及设备生产或供应单位的质量责任

建筑材料、构配件及设备生产或供应单位对其生产或供应的产品质量负责。生产厂或供应商必须具备相应的生产条件、技术装备和质量管理体系，所生产或供应的建筑材料、构配件及设备的质量应符合国家和行业现行的技术规定的合格标准和设计要求，并与说明书和包装上的质量标准相符，且应有相应的产品检验合格证，设备应有详细的使用说明等。

1.3.2.6　工程质量检测单位的质量责任

① 建设工程质量检测单位必须经省技术监督部门计量认证和省建设行政管理部门资质审查，方可接受委托对建设工程所用建筑材料、构配件及设备进行检测。

② 建筑材料、构配件检测所需试样，由建设单位和施工单位共同取样送试或者由建设工程质量检测单位现场抽样。

③ 建设工程质量检测单位应当对出具的检测数据和鉴定报告负责。

④ 工程使用的建筑材料、构配件及设备质量，必须有检验机构或者检验人员签字的产品检验合格证明。

⑤ 在工程保修期内因建筑材料、构配件不合格出现质量问题，属于建设工程质量检测

单位提供错误检测数据的,由建设工程质量检测单位承担质量责任。

1.3.2.7 工程质量监督单位的质量责任

① 根据政府主管部门的委托,受理建设工程项目的质量监督。
② 制订质量监督工作方案。
③ 检查施工现场工程建设各方面主体的质量行为。
④ 检查建设工程实体质量。
⑤ 监督工程质量验收。
⑥ 向委托部门报送工程质量监督报告。
⑦ 对预制建筑构件和商品混凝土的质量进行监督。

思考题

1. 简述质量方针和质量目标。
2. 工程质量的特性有哪些?
3. 建筑工程质量管理要求有哪些?
4. 建筑工程质量的特点有哪些?
5. 简述建筑工程质量管理的发展阶段。

第2章 建筑工程质量控制

2.1 施工质量控制的依据与基本环节

2.1.1 施工质量控制的依据

2.1.1.1 工程合同文件

工程合同文件包括建设工程监理合同、建设单位与其他相关单位签订的合同。建设单位与其他相关单位签订的合同包括与设计单位签订的项目设计合同、与施工单位签订的施工合同、与材料设备供应单位签订的材料设备采购合同等。项目监理单位既要履行建设工程监理合同条款,又要监督施工单位、材料设备供应单位履行有关工程质量的合同条款。因此,项目监理单位监理人员应熟悉这些相应条款,据以进行质量控制。

2.1.1.2 工程勘察设计文件

工程勘察包括工程测量、工程地质和水文地质勘察等内容。工程勘察成果文件为工程项目选址、工程设计和施工提供了科学可靠的依据,也是项目监理单位审批工程施工组织设计或施工方案、工程地基基础验收等工程质量控制的重要依据。经过批准的设计图纸和技术说明书等设计文件,是质量控制的重要依据。施工图审查报告与审查批准书、施工过程中设计单位出具的工程变更设计都属于设计文件的范畴,是项目监理单位进行质量控制的重要依据。

2.1.1.3 有关质量管理方面的法律法规、部门规章与规范性文件

① 法律:《中华人民共和国建筑法》《中华人民共和国刑法》《中华人民共和国防震减灾法》《中华人民共和国节约能源法》《中华人民共和国消防法》《中华人民共和国安全生产法》等。

② 行政法规:《建设工程质量管理条例》《建设工程安全生产管理条例》《民用建筑节能条例》等。

③ 部门规章:《建筑工程施工许可管理办法》《实施工程建设强制性标准监督规定》《房屋建筑和市政基础设施工程质量监督管理规定》等。

④ 规范性文件:《住房和城乡建设部关于印发绿色建筑标识管理办法的通知》(建标规〔2021〕1号)、《建设工程质量责任主体和有关机构不良记录管理办法(试行)》,关于《建设行政主管部门对工程监理企业履行质量责任加强监督》的若干意见等。国家发改委颁发的规范性文件——《关于加强重大工程安全质量保障措施的通知》等。

此外,其他各行业如交通、能源、水利、冶金、化工等和省、自治区、直辖市的有关主

管部门，也均根据本行业及地方的特点，制定和颁发了有关的法规性文件。

2.1.1.4 质量标准与技术规范

质量标准与技术规范是针对不同行业、不同的质量控制对象制定的。根据适用性，标准分为国家标准、行业标准、地方标准、协会标准和企业标准。它们是建立和维护正常的生产和工作秩序应遵守的准则，也是衡量工程、设备和材料质量的尺度。对于国内工程，国家标准是必须执行与遵守的最低要求，行业标准、地方标准和企业标准的要求不能低于国家标准的要求。协会标准是行业协会在特定领域制定和颁布的标准。在标准制定主体上，鼓励具备相应能力的学会、协会、商会、联合会等社会组织和产业技术联盟协调相关市场主体共同制定满足市场和创新需要的标准，供市场自愿选用，增加标准的有效供给。企业标准是企业生产与工作的要求与规定，适用于企业的内部管理。

在施工质量控制中，依据的质量标准与技术规范主要有以下几类。

(1) 工程项目施工质量验收标准

这类标准主要是由国家相关部门统一制定的，用以作为检验和验收工程项目质量水平所依据的技术法规性文件。例如，《建筑工程施工质量验收统一标准》（GB 50300）、《混凝土结构工程施工质量验收规范》（GB 50204）、《建筑装饰装修工程质量验收标准》（GB 50210）等。对于其他行业如水利、电力、交通等工程项目的质量验收，也有与之类似的相应的质量验收标准。

(2) 有关工程材料、半成品和构配件质量控制方面的专门技术法规性依据

① 有关材料及其制品质量的技术标准。如，水泥、木材及其制品、钢材、砌块、石材、石灰、砂、玻璃、陶瓷及其制品、涂料、保温及吸声材料、防水材料、塑料制品，建筑门窗五金、电缆电线、绝缘材料以及其他材料或制品等多有专门的质量标准。

② 有关材料或半成品等的取样、试验等方面的技术标准或规程。如《木材物理力学试验方法总则》《钢及钢产品力学性能试验取样及试样制备》《水泥标准稠度用水量、凝结时间、安定性检验方法》等。

③ 有关材料验收、包装、标志方面的技术标准和规定。例如，《型钢验收、包装、标志及质量证明书的一般规定》（GB/T 2101）；《钢管的验收、包装、标志和质量证明书》（GB/T 2102）的一般规定等。

(3) 控制施工作业活动质量的技术规程

例如电焊、砌体、混凝土施工等的操作规程等。它们是为了保证施工作业活动质量在作业过程中应遵照执行的技术规程。

凡采用新工艺、新技术、新材料的工程，事先应进行试验，并应有权威性技术部门的技术鉴定书及有关的质量数据、指标，在此基础上制定相应的质量标准和施工工艺规程，以此作为判断与控制质量的依据。如果拟采用的新工艺、新技术、新材料不符合现行强制性标准规定的，应当由拟采用单位提请建设单位组织专题技术论证，报批准标准的建设行政主管部门或者国务院有关主管部门审定。

2.1.2 施工质量控制的基本环节

在施工阶段中，项目监理机构要进行全过程的监督、检查与控制，不仅涉及最终产品的检查、验收，而且涉及施工过程的各环节及中间产品的监督、检查与验收。

在工程开始前，施工单位须做好施工准备工作，待开工条件具备时，应向项目监理机构报送工程开工报审表（表2-1）及相关资料。专业监理工程师重点审查施工单位的施工组织设计是否已由总监理工程师签认，是否已建立相应的现场质量、安全生产管理体系，管理及

施工人员是否已到位，主要施工机械是否已具备使用条件，主要工程材料是否已落实到位，设计交底和图纸会审是否已完成，进场道路及水、电、通信等是否已满足开工要求。审查合格后，则由总监理工程师签署审核意见，并报建设单位批准后，总监理工程师签发开工令。否则，施工单位应进一步做好施工准备，待条件具备时，再次报送工程开工报审表。

表 2-1 工程开工报审表

工程名称： 编号：

致：_____（建设单位） _____（项目监理机构） 　　我方承担的_____工程，已经完成相关准备工作，具备开工条件，申请于___年___月___日开工，请予以审批。 　　附件：证明文件资料 　　　　　　　　　　　　　　　　　　　　施工单位（盖章） 　　　　　　　　　　　　　　　　　　　　项目经理（签字） 　　　　　　　　　　　　　　　　　　　　　　年　月　日
审核意见： 　　　　　　　　　　　　　　　　　　　　项目监理机构（盖章） 　　　　　　　　　　　　　　　　　　　　总监理工程师（签字、加盖执业印章） 　　　　　　　　　　　　　　　　　　　　　　年　月　日
审批意见： 　　　　　　　　　　　　　　　　　　　　建设单位（盖章） 　　　　　　　　　　　　　　　　　　　　建设单位代表（签字） 　　　　　　　　　　　　　　　　　　　　　　年　月　日

在施工过程中，专业监理工程师应督促施工单位加强内部质量管理，严格质量控制。施工作业过程均应按规定工艺和技术要求进行。在每道工序完成后，施工单位应进行自检，只有上一道工序被确认质量合格后，方能准许下道工序施工。当隐蔽工程、检验批、分项工程完成后，施工单位应自检合格，填写相应的隐蔽工程（或检验批、分项工程）报审、报验表，并附有相应工序和部位的工程质量检查记录，报送项目监理机构。经专业监理工程师现场检查及对相关资料审核后，符合要求予以签认。反之，则指令施工单位进行整改或返工处理。施工单位按照施工进度计划完成分部工程施工，且分部工程所包含的分项工程全部检验合格后，应填写相应分部工程报验表，并附分部工程质量控制资料，报送项目监理机构验收。由总监理工程师组织相关人员对分部工程进行验收，并签署验收意见。

按照单位工程施工总进度计划，施工单位已完成施工合同所约定的所有工程量，并完成自检工作，工程验收资料已整理完毕，应填报单位工程竣工验收报审表，报送项目监理机构竣工验收。总监理工程师组织专业监理工程师进行竣工预验收，并签署验收意见。

在施工质量验收过程中，涉及结构安全的试块、试件及有关材料，应按规定进行见证取样检测；对涉及结构安全和使用功能的重要分部工程，应进行抽样检测，承担见证取样检测及有关结构安全检测的单位应具有相应资质。

2.2 施工准备的质量控制

2.2.1 图纸会审与设计交底

2.2.1.1 图纸会审

图纸会审是建设单位、监理单位、施工单位等相关单位，在收到施工图审查机构审查合格的施工图设计文件后，在设计交底前进行的全面细致的熟悉和审查施工图纸的活动。监理人员应熟悉工程设计文件，并应参加建设单位主持的图纸会审会议，建设单位应及时主持召开图纸会审会议，组织项目监理机构、施工单位等相关人员进行图纸会审，并整理成会审问题清单，由建设单位在设计交底前约定的时间内提交设计单位。图纸会审由施工单位整理会议纪要，与会各方会签。

总监理工程师组织监理人员熟悉工程设计文件是项目监理机构实施事前质量控制的一项重要工作。其目的一是通过熟悉工程设计文件，了解设计意图和工程设计特点、工程关键部位的质量要求；二是发现图纸差错，将图纸中的质量隐患消灭在萌芽之中。监理人员应重点熟悉：设计的主导思想与设计构思，采用的设计规范、各专业设计说明等以及工程设计文件对主要工程材料、构配件和设备的要求，对所采用的新材料、新工艺、新技术、新设备的要求，对施工技术的要求以及涉及工程质量、施工安全应特别注意的事项等。

图纸会审的内容一般包括：
① 审查设计图纸是否满足项目立项的功能、技术可靠、安全、经济适用的需求；
② 图纸是否已经审查机构签字、盖章；
③ 地质勘探资料是否齐全，设计图纸与说明是否齐全，设计深度是否达到规范要求；
④ 设计地震烈度是否符合当地要求；
⑤ 总平面与施工图的几何尺寸、平面位置、标高等是否一致；
⑥ 防火、消防是否满足要求；
⑦ 各专业图纸本身是否有差错及矛盾，结构图与建筑图的平面尺寸及标高是否一致，建筑图与结构图的表示方法是否清楚，是否符合制图标准，预留、预埋件是否表示清楚；
⑧ 工程材料来源有无保证，新工艺、新材料、新技术的应用有无问题；
⑨ 地基处理方法是否合理，建筑与结构构造是否存在不能施工、不便于施工的技术问题，或容易导致质量、安全、工程费用增加等方面的问题；
⑩ 工艺管道、电气线路、设备装置、运输道路与建筑物之间或相互间有无矛盾。

2.2.1.2 设计交底

设计单位交付工程设计文件后，按法律规定的义务就工程设计文件的内容向建设单位、施工单位和监理单位作出详细的说明。帮助施工单位和监理单位正确贯彻设计意图，加深对设计文件特点、难点、疑点的理解，掌握关键工程部位的质量要求，以确保工程质量。设计交底的主要内容一般包括：施工图设计文件总体介绍，设计的意图说明，特殊的工艺要求，建筑、结构、工艺、设备等各专业在施工中的难点、疑点和容易发生的问题说明，施工单位、监理单位、建设单位等对设计图纸疑问的解释等。

工程开工前，建设单位应组织并主持召开工程设计技术交底会。先由设计单位进行设计交底，后转入图纸会审问题解释，设计单位对图纸会审问题清单予以解答。通过建设单位、设计单位、监理单位、施工单位及其他有关单位的研究协商，确定图纸存在的各种技术问题的解决方案。设计交底会议纪要由设计单位整理，与会各方会签。

2.2.2 施工组织设计审查

施工组织设计是指导施工单位进行施工的实施性文件。项目监理机构应审查施工单位报审的施工组织设计，符合要求时，应由总监理工程师签认后报建设单位。项目监理机构应要求施工单位按已批准的施工组织设计组织施工。施工组织设计需要调整时，项目监理机构应按程序重新审查。

2.2.2.1 施工组织设计审查的基本内容与程序要求

（1）审查的基本内容

施工组织设计审查应包括下列基本内容：

① 编审程序应符合相关规定；
② 施工进度、施工方案及工程质量保证措施应符合施工合同要求；
③ 资金、劳动力、材料、设备等资源供应计划应满足工程施工需要；
④ 安全技术措施应符合工程建设强制性标准；
⑤ 施工总平面布置应科学合理。

（2）审查的程序要求

施工组织设计的报审应遵循下列程序及要求：

① 施工单位编制的施工组织设计经施工单位技术负责人审核签认后，与施工组织设计/（专项）施工方案报审表（表2-2）一并报送项目监理机构。

表2-2 施工组织设计/（专项）施工方案报审表

工程名称： 　　　　　　　　　　　　　　　　　　　　编号：

致：_____（项目监理机构） 我方已完成_____工程施工组织设计/（专项）施工方案的编制和审批，请予以审查。 　附件：1. 施工组织设计 　　　　2. 专项施工方案 　　　　3. 施工方案 　　　　　　　　　　　　　　　　　　　　施工项目经理部（盖章） 　　　　　　　　　　　　　　　　　　　　项目经理（签字） 　　　　　　　　　　　　　　　　　　　　　　年　月　日
审查意见： 　　　　　　　　　　　　　　　　　　　　专业监理工程师（签字） 　　　　　　　　　　　　　　　　　　　　　　年　月　日
审核意见： 　　　　　　　　　　　　　　　　　　　　项目监理机构（盖章） 　　　　　　　　　　　　　　　　　　　　总监理工程师（签字、加盖执业印章） 　　　　　　　　　　　　　　　　　　　　　　年　月　日
审批意见（仅对超过一定规模的危险性较大的分部分项工程的专项方案）： 　　　　　　　　　　　　　　　　　　　　建设单位（盖章） 　　　　　　　　　　　　　　　　　　　　建设单位代表（签字） 　　　　　　　　　　　　　　　　　　　　　　年　月　日

② 总监理工程师应及时组织专业监理工程师进行审查，需要修改的，由总监理工程师签发书面意见退回修改；符合要求的，由总监理工程师签认。

③ 已签认的施工组织设计由项目监理机构报送建设单位。

④ 施工组织设计在实施过程中，施工单位如需作较大的变更，应经总监理工程师审查同意。

2.2.2.2 施工组织设计审查的质量控制要点

① 受理施工组织设计。施工组织设计的审查必须是在施工单位编审手续齐全（即有编制人、施工单位技术负责人的签名和施工单位公章）的基础上，由施工单位填写施工组织设计报审表，并按合同约定时间报送项目监理机构。

② 总监理工程师应在约定的时间内，组织各专业监理工程师进行审查，专业监理工程师在报审表上签署审查意见后，总监理工程师审核批准。需要施工单位修改施工组织设计时，由总监理工程师在报审表上签署意见，发回施工单位修改。施工单位修改后重新报审，总监理工程师应组织审查。

施工组织设计应符合国家的技术政策，充分考虑施工合同约定的条件、施工现场条件及法律法规的要求；施工组织设计应针对工程的特点、难点及施工条件，具有可操作性，质量措施切实能保证工程质量目标，采用的技术方案和措施先进、适用、成熟。

③ 项目监理机构宜将审查施工单位施工组织设计的情况，特别是要求发回修改的情况及时向建设单位通报，应将已审定的施工组织设计及时报送建设单位。涉及增加工程措施费的项目，必须与建设单位协商，并征得建设单位的同意。

④ 经审查批准的施工组织设计，施工单位应认真贯彻实施，不得擅自任意改动。若需进行实质性的调整、补充或变动，应报项目监理机构审查同意。如果施工单位擅自改动，监理机构应及时发出监理通知单，要求按程序报审。

2.2.3 施工方案审查

总监理工程师应组织专业监理工程师审查施工单位报审的施工方案，符合要求后应予以签认。施工方案审查应包括的基本内容为：

① 编审程序应符合相关规定；

② 工程质量保证措施应符合有关标准。

2.2.3.1 程序性审查

应重点审查施工方案的编制人、审批人是否符合有关权限规定的要求。根据相关规定，通常情况下，施工方案应由项目技术负责人组织编制，并经施工单位技术负责人审批签字后提交项目监理机构。项目监理机构在审批施工方案时，应检查施工单位的内部审批程序是否完善、签章是否齐全，重点核对审批人是否为施工单位技术负责人。施工方案报审表应按表2-2的要求填写。

2.2.3.2 内容性审查

应重点审查施工方案是否具有针对性、指导性、可操作性；现场施工管理机构是否建立了完善的质量保证体系，是否明确了工程质量要求及目标，是否健全了质量保证体系的组织机构及岗位职责、是否配备了相应的质量管理人员；是否建立了各项质量管理制度和质量管理程序等；施工质量保证措施是否符合现行的规范、标准等，特别是与工程建设强制性标准的符合性。

例如，审查建筑地基基础工程土方开挖施工方案，要求土方开挖的顺序、方法必须与设计工况相一致，并遵循"开槽支撑，先撑后挖，分层开挖，严禁超挖"的原则。在质量安全方面的要点是：

① 基坑边坡土不应超过设计荷载以防边坡塌方；
② 挖方时不应碰撞或损伤支护结构、降水设施；
③ 开挖到设计标高后，应对坑底进行保护，验槽合格后，尽快施工垫层；
④ 严禁超挖；
⑤ 开挖过程中，应对支护结构、周围环境进行观察、监测，发现异常及时处理等。

2.2.3.3 审查的主要依据

施工方案审查的主要依据是建设工程施工合同文件及建设工程监理合同，经批准的建设工程项目文件和设计文件，相关法律、法规、规范、规程、标准图集等，还包括其他工程基础资料、工程场地周边环境（含管线）资料等。

2.2.4 现场施工准备的质量控制

2.2.4.1 施工现场质量管理检查

工程开工前，项目监理机构应审查施工单位现场的质量管理组织机构、管理制度及专职管理人员和特种作业人员的资格，主要内容包括：

① 项目部质量管理体系；
② 现场质量责任制；
③ 主要专业工种操作岗位证书；
④ 分包单位管理制度；
⑤ 图纸会审记录；
⑥ 地质勘察资料；
⑦ 施工技术标准；
⑧ 施工组织设计编制及审批；
⑨ 物资采购管理制度；
⑩ 施工设施和机械设备管理制度；
⑪ 计量设备配备；
⑫ 检测试验管理制度；
⑬ 工程质量检查验收制度等。

2.2.4.2 分包单位资质的审核确认

分包工程开工前，项目监理机构应审核施工单位报送的分包单位资格报审表（表2-3）及有关资料，专业监理工程师进行审核并提出审查意见，符合要求后，应由总监理工程师审批并签署意见。分包单位资格审核应包括的基本内容为：

① 营业执照、企业资质等级证书；
② 安全生产许可文件；
③ 类似工程业绩；
④ 专职管理人员和特种作业人员的资格。

专业监理工程师应在约定的时间内，对施工单位所报资料的完整性、真实性和有效性进行审查。在审查过程中需与建设单位进行有效沟通，必要时会同建设单位对施工单位选定的分包单位的情况进行实地考察和调查，核实施工单位申报材料与实际情况是否相符。

专业监理工程师审查分包单位资质材料时，应查验《建筑业企业资质证书》《企业法人营业执照》以及《安全生产许可证》。注意拟承担分包工程的内容与资质等级、营业执照是否相符。分包单位的类似工程业绩，要求提供工程名称、工程质量验收等证明文件。审查拟分包工程的内容和范围时，应注意施工单位的发包性质，禁止转包、肢解分包、层层分包等违法行为。

总监理工程师对报审资料进行审核，在报审表上签署书面意见前需征求建设单位的意见。如分包单位的资质材料不符合要求，施工单位应根据总监理工程师的审核意见，或重新报审，或另选择分包单位再报审。

表 2-3 分包单位资格报审表

工程名称： 　　　　　　　　　　　　　　　　　　　　　　　　　　　编号：

致：_____（项目监理机构）
　　经考察，我方认为拟选择的_____（分包单位）具有承担下列工程的施工或安装资质和能力，可以保证本工程按施工合同第_____条款约定进行施工或安装。请予以审查。

分包工程名称（部位）	分包工程量	分包工程合同额
合计		

附件：1. 分包单位资质材料：营业执照、资质证书、安全生产许可证等证书复印件
　　　2. 分包单位业绩材料：类似工程施工业绩
　　　3. 分包单位专职管理人员和特种作业人员等资格证书：各类人员资格证书复印件
　　　4. 施工单位对分包单位的管理制度

施工项目经理部（盖章）
项目经理（签字）
年　月　日

审查意见：

专业监理工程师（签字）
年　月　日

审核意见：

项目监理机构（盖章）
总监理工程师（签字）
年　月　日

2.2.4.3 查验施工控制测量成果

专业监理工程师应检查、复核施工单位报送的施工控制测量成果及保护措施，签署意见，并应对施工单位在施工过程中报送的施工测量放线成果进行查验。施工控制测量成果及保护措施的检查、复核包括：

① 施工单位测量人员的资格证书及测量设备检定证书；
② 施工平面控制网、高程控制网和临时水准点的测量成果及控制桩的保护措施。

项目监理机构收到施工单位报送的施工控制测量成果报验表（表2-4）后，由专业监理工程师审查。专业监理工程师应审查施工单位的测量依据、测量人员的资格和测量成果是否符合规范及标准要求，符合要求的，予以签认。

表2-4 施工控制测量成果报验表

工程名称：		编号：
致：_____（项目监理机构） 我方已完成_____施工控制测量，经自检合格，请予以查验。 附件：1. 施工控制测量依据资料：规划红线、基准点或基准线、引进水准点标高文件资料，总平面布置图 　　　2. 施工控制测量成果表；施工测量放线成果表 　　　3. 测量人员的资格证书及测量设备检定证书 　　　　　　　　　　　　　　　　　　施工项目经理部（盖章） 　　　　　　　　　　　　　　　　　　项目技术负责人（签字） 　　　　　　　　　　　　　　　　　　　　年　　月　　日		
审查意见： 　　　　　　　　　　　　　　　　　　项目监理机构（盖章） 　　　　　　　　　　　　　　　　　　专业监理工程师（签字） 　　　　　　　　　　　　　　　　　　　　年　　月　　日		

专业监理工程师应检查、复核施工单位测量人员的资格证书和测量设备检定证书。根据相关规定，从事工程测量的技术人员应取得合法有效的相关资格证书，用于测量的仪器和设备也应具备有效的检定证书。专业监理工程师应按照相应测量标准的要求对施工平面控制网、高程控制网和临时水准点的测量成果及控制桩的保护措施进行检查、复核。例如，场区控制网点位，应选择在通视良好、便于施测、利于长期保存的地点，并埋设相应的标石，必要时还应增加强制对中装置。标石埋设深度，应根据冻土深度和场地设计标高确定。施工中，当少数高程控制点标石不能保存时，应将其引测至稳固的建（构）筑物上，引测精度不应低于原高程点的精度等级。

2.2.4.4 施工试验室的检查

专业监理工程师应检查施工单位为本工程提供服务的试验室（包括施工单位的自有试验室或委托的试验室）。试验室的检查应包括下列内容：

① 试验室的资质等级及试验范围；
② 法定计量部门对试验设备出具的计量检定证明；
③ 试验室管理制度；
④ 试验人员资格证书。

项目监理机构收到施工单位报送的试验室报审表及有关资料后，总监理工程师应组织专业监理工程师对施工试验室审查。专业监理工程师在熟悉本工程的试验项目及其要求后对施工试验室进行审查。

根据有关规定，为工程提供服务的试验室应具有政府主管部门颁发的资质证书及相应的试验范围。试验室的资质等级和试验范围必须满足工程需要；试验设备应由法定计量部门出具符合规定要求的计量检定证明；试验室还应具有相关管理制度，以保证试验、检测过程和结果的规范性、准确性、有效性、可靠性及可追溯性。试验室管理制度应包括试验人员工作记录、人员考核及培训制度、资料管理制度、原始记录管理制度、试验检测报告管理制度、样品管理制度、仪器设备管理制度、安全环保管理制度、外委试验管理制度、对比试验以及能力考核管理制度、施工现场（搅拌站）试验管理制度、检查评比制度、工作会议制度以及报表制度等。从事试验、检测工作的人员应按规定具备相应的上岗资格证书。专业监理工程师应对以上制度逐一进行检查，符合要求后予以签认。

另外，施工单位还有一些用于现场进行计量的设备，包括施工中使用的衡器、量具、计量装置等。施工单位应按有关规定定期对计量设备进行检查、检定，确保计量设备的精确性和可靠性。专业监理工程师应审查施工单位定期提交的影响工程质量的计量设备的检查和检定报告。

2.2.4.5 工程材料、构配件、设备的质量控制

（1）工程材料、构配件、设备质量控制的基本内容

项目监理机构收到施工单位报送的工程材料、构配件、设备报审表后，应审查施工单位报送的用于工程的材料、构配件、设备的质量证明文件，并应按有关规定、建设工程监理合同约定，对用于工程的材料进行见证取样。用于工程的材料、构配件、设备的质量证明文件包括出厂合格证、质量检验报告、性能检测报告以及施工单位的质量抽检报告等。对于工程设备应同时附有设备出厂合格证、技术说明书、质量检验证明、有关图纸、配件清单及技术资料等。对已进场经检验不合格的工程材料、构配件、设备，应要求施工单位限期将其撤出施工现场。

（2）工程材料、构配件、设备质量控制的要点

① 对用于工程的主要材料，在材料进场时专业监理工程师应核查厂家生产许可证、出厂合格证、材质化验单及性能检测报告，审查不合格者一律不准用于工程。专业监理工程师应参与建设单位组织的对施工单位负责采购的原材料、半成品、构配件的考察，并提出考察意见。对于半成品、构配件和设备，应按经过审批认可的设计文件和图纸要求采购订货，质量应满足有关标准和设计的要求。某些材料，诸如瓷砖等装饰材料，要求订货时最好一次性备足货源，以免由于分批而出现色泽不一的质量问题。

② 在现场配制的材料，施工单位应进行级配设计与配合比试验，经试验合格后才能使用。

③ 对于进口材料、构配件和设备，专业监理工程师应要求施工单位报送进口商检证明文件，并会同建设单位、施工单位、供货单位等相关单位有关人员按合同约定进行联合检查验收。联合检查由施工单位提出申请，项目监理机构组织，建设单位主持。

④ 对于工程采用新设备、新材料，还应核查相关部门鉴定证书或工程应用的证明材料、实地考察报告或专题论证材料。

⑤ 原材料、（半）成品、构配件进场时，专业监理工程师应检查其尺寸、规格、型号、产品标志、包装等外观质量，并判定其是否符合设计、规范、合同等要求。

⑥ 工程设备验收前，设备安装单位应提交设备验收方案，包括验收方法、质量标准、验收依据，经专业监理工程师审查同意后实施。

⑦ 对进场的设备，专业监理工程师应会同设备安装单位、供货单位等的有关人员进行开箱检验，检查其是否符合设计文件、合同文件和规范等所规定的厂家、型号、规格、数量、技术参数等，检查设备图纸、说明书、配件是否齐全。

⑧ 由建设单位采购的主要设备则由建设单位、施工单位、项目监理机构进行开箱检查，并由三方在开箱检查记录上签字。

⑨ 质量合格的材料、构配件进场后，到其使用或安装时通常要经过一定的时间间隔。

在此时间里，专业监理工程师应对施工单位在材料、半成品、构配件的存放、保管及使用期限实行监控。

2.2.4.6 工程开工条件审查与开工令的签发

总监理工程师应组织专业监理工程师审查施工单位报送的工程开工报审表及相关资料，同时具备下列条件时，应由总监理工程师签署审查意见，并应报建设单位批准后，总监理工程师签发工程开工令：

① 设计交底和图纸会审已完成；
② 施工组织设计已由总监理工程师签认；
③ 施工单位现场质量、安全生产管理体系已建立，管理及施工人员已到位，施工机械具备使用条件，主要工程材料已落实；
④ 进场道路及水、电、通信等已满足开工要求。

总监理工程师应在开工日期 7 天前向施工单位发出工程开工令。工期自总监理工程师发出的工程开工令中载明的开工日期起计算。总监理工程师应组织专业监理工程师审查施工单位报送的开工报审表及相关资料，并对开工应具备的条件进行逐项审查，全部符合要求时签署审查意见，报建设单位得到批准后，再由总监理工程师签发工程开工令。施工单位应在开工日期后尽快施工。

2.3 施工过程的质量控制

2.3.1 巡视与旁站

2.3.1.1 巡视

（1）巡视的内容

巡视是项目监理机构对施工现场进行的定期或不定期的检查活动，是项目监理机构对工程实施建设监理的方式之一。

项目监理机构应安排监理人员对工程施工质量进行巡视。巡视应包括下列主要内容。

① 施工单位是否按工程设计文件、工程建设标准和批准的施工组织设计、（专项）施工方案施工。施工单位必须按照工程设计图纸和施工技术标准施工，不得擅自修改工程设计，不得偷工减料。

② 使用的工程材料、构配件和设备是否合格。应检查施工单位使用的工程原材料、构配件和设备是否合格。不得在工程中使用不合格的原材料、构配件和设备，只有经过复试检测合格的原材料、构配件和设备才能够用于工程。

③ 施工现场管理人员，特别是施工质量管理人员是否到位，应对其是否到位及履职情况做好检查和记录。

④ 特种作业人员是否持证上岗。应对施工单位特种作业人员是否持证上岗进行检查。根据《建筑施工特种作业人员管理规定》，对于建筑电工、建筑架子工、建筑起重信号司索工、建筑起重机械司机、建筑起重机械安装拆卸工、高处作业吊篮安装拆卸工、焊接切割操作工以及经省级以上人民政府建设主管部门认定的其他特种作业人员，必须持施工特种作业人员操作证上岗。

（2）巡视检查要点

① 检查原材料

a. 施工现场原材料、构配件的采购和堆放是否符合施工组织设计（方案）要求；

b. 施工现场原材料、构配件规格、型号等是否符合设计要求；
c. 施工现场原材料、构配件是否已见证取样，并检测合格；
d. 施工现场原材料、构配件是否已按程序报验并允许使用；
e. 有无使用不合格材料，有无使用质量合格证明资料欠缺的材料。

② 检查施工人员

a. 施工现场管理人员，尤其是质检员、安全员等关键岗位人员是否到位，能否确保各项管理制度，质量保证体系是否落实；
b. 特种作业人员是否持证上岗，人证是否相符，是否进行了技术交底并有记录；
c. 现场施工人员是否按照规定佩戴安全防护用品。

③ 检查基坑土方开挖工程

a. 土方开挖前的准备工作是否到位，开挖条件是否具备；
b. 土方开挖顺序、方法是否与设计要求一致；
c. 挖土是否分层、分区进行，分层高度和开挖面放坡坡度是否符合要求，垫层混凝土的浇筑是否及时；
d. 基坑坑边和支撑上的堆载是否在允许范围，是否存在安全隐患；
e. 挖土机械有无碰撞或损伤基坑围护和支撑结构、工程桩、降压（疏干）井等的现象；
f. 是否限时开挖，应尽快形成围护支撑，尽量缩短围护结构无支撑暴露时间；
g. 每道支撑底面黏附的土块、垫层、竹笆等是否及时清理；每道支撑上的安全通道和临边防护的搭设是否及时、符合要求；
h. 挖土机械工作是否有专人指挥，有无违章、冒险作业现象。

④ 检查砌体工程

a. 基层清理是否干净，是否按要求用细石混凝土/水泥砂浆进行了找平；
b. 是否有"碎砖"集中使用和外观质量不合格的块材使用现象；
c. 是否按要求使用皮数杆，墙体拉结筋形式、规格、尺寸、位置是否正确，砂浆饱满度是否合格，灰缝厚度是否超标，有无透明缝、"瞎缝"和"假缝"；
d. 墙上的架眼、工程需要的预留、预埋等有无遗漏等。

⑤ 检查钢筋工程

a. 钢筋有无锈蚀、被隔离剂和淤泥污染等现象；
b. 垫块规格、尺寸是否符合要求，强度能否满足施工需要，有无用木块、大理石板等代替水泥砂浆（或混凝土）垫块的现象；
c. 钢筋搭接长度、位置、连接方式是否符合设计要求，搭接区段箍筋是否按要求加密；对于梁柱或梁梁交叉部位的"核心区"有无主筋被截断、箍筋漏放等现象。

⑥ 检查模板工程

a. 模板安装和拆除是否符合施工组织设计（方案）的要求，支模前隐蔽内容是否已经验收合格；
b. 模板表面是否清理干净、有无变形损坏，是否已涂刷隔离剂，模板拼缝是否严密，安装是否牢固；
c. 拆模是否事先按程序和要求向项目监理机构报审并签认，拆模有无违章冒险行为；模板捆扎、吊运、堆放是否符合要求。

⑦ 检查混凝土工程

a. 现浇混凝土结构构件的保护是否符合要求；
b. 构件拆模后构件的尺寸偏差是否在允许范围内，有无质量缺陷，缺陷修补处理是否符合要求；

c. 现浇构件的养护措施是否有效、可行、及时等；

d. 采用商品混凝土时，是否留置标养试块和同条件试块，是否抽查砂与石子的含泥量和粒径等。

⑧ 检查钢结构工程

a. 钢结构零部件加工条件是否合格（如场地、温度、机械性能等），安装条件是否具备（如基础是否已经验收合格等）；

b. 施工工艺是否合理，是否符合相关规定；

c. 钢结构原材料及零部件的加工、焊接、组装、安装及涂饰质量是否符合设计文件和相关标准、要求等。

⑨ 检查屋面工程

a. 基层是否平整坚固、清理干净；

b. 防水卷材搭接部位、宽度、施工顺序、施工工艺是否符合要求，卷材收头、节点、细部处理是否合格；

c. 屋面块材搭接、铺贴质量如何、有无损坏现象等。

⑩ 检查装饰装修工程

a. 基层处理是否合格，是否按要求使用垂直、水平控制线，施工工艺是否符合要求等；

b. 需要进行隐蔽的部位和内容是否已经按程序报验并通过验收；

c. 细部制作、安装、涂饰等是否符合设计要求和相关规定；

d. 各专业之间工序穿插是否合理，有无相互污染、相互破坏现象等。

⑪ 检查安装工程等

a. 重点检查是否按规范、规程、设计图纸、图集和批准的施工组织设计（方案）施工；

b. 是否有专人负责，施工是否正常等。

⑫ 检查施工环境

a. 施工环境和外界条件是否对工程质量、安全等造成不利影响，施工单位是否已采取相应措施；

b. 各种基准控制点、周边环境和基坑自身监测点的设置、保护是否正常，有无被压（损）现象；

c. 季节性天气中，工地是否采取了相应的季节性施工措施，比如暑期、冬期和雨期施工措施等。

2.3.1.2 旁站

旁站是指项目监理机构对工程的关键部位或关键工序的施工质量进行的监督活动。

项目监理机构应根据工程特点和施工单位报送的施工组织设计，将影响工程主体结构安全的、完工后无法检测其质量的或返工会造成较大损失的部位及其施工过程作为旁站的关键部位、关键工序，安排监理人员进行旁站，并应及时记录旁站情况。旁站记录应按《建设工程监理规范》（GB/T 50319）的要求填写。

（1）旁站工作程序

① 开工前，项目监理机构应根据工程特点和施工单位报送的施工组织设计，确定旁站的关键部位、关键工序，并书面通知施工单位；

② 施工单位应将需要实施旁站的关键部位、关键工序在施工前书面通知项目监理机构；

③ 接到施工单位书面通知后，项目监理机构应安排旁站人员实施旁站。

（2）旁站工作要点

① 编制监理规划时，应明确旁站的部位和要求。

② 根据部门规范性文件，房屋建筑工程旁站的关键部位、关键工序如下。

基础工程方面包括：土方回填，混凝土灌注桩浇筑，地下连续墙、土钉墙、后浇带及其他结构混凝土、防水混凝土浇筑，卷材防水层细部构造处理，钢结构安装。

主体结构工程方面包括：梁柱节点钢筋隐蔽工程、混凝土浇筑、预应力张拉、装配式结构安装、钢结构安装、网架结构安装、索膜安装。

③ 其他工程的关键部位、关键工序，应根据工程类别、特点及有关规定和施工单位报送的施工组织设计确定。

④ 旁站人员的主要职责是：

a. 检查施工单位现场质检人员到岗、特殊工种人员持证上岗及施工机械、建筑材料准备情况；

b. 在现场监督关键部位、关键工序的施工执行方案以及工程建设强制性标准的情况；

c. 核查进场建筑材料、构配件、设备和商品混凝土的质量检验报告等，并可在现场监督施工单位进行检验或者委托具有资格的第三方进行复验；

d. 做好旁站记录，保存旁站原始资料。

⑤ 对施工中出现的偏差及时纠正，保证施工质量。发现施工单位有违反工程建设强制性标准行为的，应责令施工单位立即整改；发现其施工活动已经或者可能危及工作量的，应当及时向专业监理工程师或总监理工程师报告，由总监理工程师下达暂停令，指令施工单位整改。

⑥ 对需要旁站的关键部位、关键工序的施工，凡没有实施旁站监理或者没有旁站记录的，专业监理工程师或总监理工程师不得在相应文件上签字。工程竣工验收后，项目监理机构应将旁站记录存档备查。

⑦ 旁站记录内容应真实、准确并与监理日志相吻合。对旁站的关键部位、关键工序，应按照时间或工序形成完整的记录。必要时可进行拍照或摄影，记录当时的施工过程。

2.3.2 见证取样与平行检验

2.3.2.1 见证取样

见证取样是指项目监理机构对施工单位进行的涉及结构安全的试块、试件及工程材料现场取样、封样、送检工作的监督活动。

（1）见证取样的工作程序

① 工程项目施工前，由施工单位和项目监理机构共同对见证取样的检测机构进行考察确定。对于施工单位提出的试验室，专业监理工程师要进行实地考察。试验室一般是和施工单位没有行政隶属关系的第三方。试验室要具有相应的资质，经国家或地方计量、试验主管部门认证，试验项目满足工程需要，试验室出具的报告对外具有法律效力。

② 项目监理机构要将选定的试验室报送负责本项目的质量监督机构备案并得到认可，同时要将项目监理机构中负责见证取样的专业监理工程师在该质量监督机构备案。

③ 施工单位应按照规定制订检测试验计划，配备取样人员，负责施工现场的取样工作，并将检测试验计划报送项目监理机构。

④ 施工单位在对进场材料、试块、试件、钢筋接头等实施见证取样前要通知负责见证取样的专业监理工程师，在该专业监理工程师的现场监督下，施工单位应按相关规范的要求，完成材料、试块、试件等的取样过程。

⑤ 完成取样后，施工单位取样人员应在试样或其包装上作出标识、封志。标识和封志应标明工程名称、取样部位、取样日期、样品名称和样品数量等信息，并由见证取样的专业监理工程师和施工单位取样人员签字。如样品为钢筋、钢筋接头，则贴上专用加封标志，然后送往试验室。

（2）实施见证取样的要求

① 试验室要具有相应的资质并进行备案、认可。

② 负责见证取样的专业监理工程师要具有材料、试验等方面的专业知识，并经培训考核合格，且要取得见证人员培训合格证书。

③ 施工单位从事取样的人员一般应由试验室人员或专职质检人员担任。

④ 试验室出具的报告一式两份，分别由施工单位和项目监理机构保存，并作为归档材料，是工序产品质量评定的重要依据。

⑤ 见证取样的频率，国家或地方主管部门有规定的，执行相关规定；施工承包合同中如有明确规定的，执行施工承包合同的规定。

⑥ 见证取样和送检的资料必须真实、完整，符合相应规定。

2.3.2.2 平行检验

平行检验是指项目监理机构在施工单位自检的同时，按有关规定、建设工程监理合同约定对同一检验项目进行的检测试验活动。项目监理机构应根据工程特点、专业要求，以及建设工程监理合同约定，对施工质量进行平行检验。

平行检验的项目、数量、频率和费用等应符合建设工程监理合同的约定。对平行检验不合格的施工质量，项目监理机构应签发监理通知单，要求施工单位在指定的时间内整改并重新报验。

项目监理中心试验室进行的平行检验试验可分为验证试验、标准试验、工艺试验、抽样试验和验收试验。

① 验证试验。验证试验是对材料或商品构件进行预先鉴定，以决定是否可以用于工程。材料或商品构件运入现场后，应按规定的批量和频率进行抽样试验，不合格的材料或商品构件不准用于工程。

② 标准试验。标准试验是对各项工程的内在品质进行施工前的数据采集，它是控制和指导施工的科学依据，包括各种标准击实试验、集料的级配试验、混合料的配合比试验、结构的强度试验等。在各项工程开工前合同规定或合理的时间内，应由施工单位先完成标准试验。监理中心试验室应在施工单位进行标准试验的同时或以后，平行进行复核（对比）试验，以肯定、否定或调整施工单位标准试验的参数或指标。

③ 工艺试验。工艺试验是依据技术规范的规定，在动工之前对路基、路面及其他需要通过预先试验方能正式施工的分项工程预先进行工艺试验，然后依照其试验结果全面指导施工。

④ 抽样试验。在施工单位的工地试验室（流动试验室）按技术规范的规定进行全频率抽样试验的基础上，监理中心试验室应按规定的频率独立进行抽样试验，以鉴定施工单位的抽样试验结果是否真实可靠。当施工现场的监理人员对施工质量或材料产生疑问并提出要求时，监理中心试验室可随时进行抽样试验。抽样试验是对各项工程实施中的实际内在品质进行符合性的检查，内容应包括各种材料的物理性能、土方及其他填筑施工的密实度、混凝土及沥青混凝土的强度等的测定和试验。

⑤ 验收试验。验收试验旨在对各项已完工程的实际内在品质作出评定。

例如，高速公路工程中，工程监理单位应按工程建设监理合同约定组建项目监理中心试验室进行平行检验工作。

2.3.3 监理通知单、工程暂停令、工程复工令的签发

2.3.3.1 监理通知单的签发

在工程质量控制方面，项目监理机构发现施工存在质量问题的，或施工单位采用不适当的施工工艺，或施工不当，造成工程质量不合格的，应及时签发监理通知单，要求施工单位整改。监理通知单由专业监理工程师或总监理工程师签发。

监理通知单对存在问题部位的表述应具体。如问题出现在主楼二层楼板某梁的具体部位时，应注明："主楼二层楼板⑥轴、(A)～(B)列 L2 梁"；应用数据说话，详细叙述问题存在的违规内容。一般应包括监理实测值、设计值、允许偏差值、违反规范种类及条款等，如："梁钢筋保护层厚度局部实测值为 16mm，设计值为 25mm，已超出允许偏差±5mm，违反《混凝土结构工程施工质量验收规范》(GB 50204—2022) 的规定"；反映的问题如果能用照片予以记录，应附上照片。要求施工单位整改时限应叙述具体，如："在 72h 内"；并注明施工单位申诉的形式和时限，如："对本监理通知单内容有异议，请在 24h 内向监理提出书面报告"。

项目监理机构签发监理通知单时，应要求施工单位在发文本上签字，并注明签收时间。

施工单位应按监理通知单的要求进行整改。整改完毕后，向项目监理机构提交监理通知回复单。项目监理机构应根据施工单位报送的监理通知回复单对整改情况进行复查，并提出复查意见。

2.3.3.2 工程暂停令的签发

监理人员发现可能造成质量事故的重大隐患或已发生质量事故的，总监理工程师应签发工程暂停令。

项目监理机构发现下列情形之一时，总监理工程师应及时签发工程暂停令：
① 建设单位要求暂停施工且工程需要暂停施工的；
② 施工单位未经批准擅自施工或拒绝项目监理机构管理的；
③ 施工单位未按审查通过的工程设计文件施工的；
④ 单位违反工程建设强制性标准的；
⑤ 施工存在重大质量、安全事故隐患或发生质量、安全事故的。

对于建设单位要求停工的，总监理工程师经过独立判断，认为有必要暂停施工的，可签发工程暂停令；认为没有必要暂停施工的，不应签发工程暂停令。施工单位拒绝执行项目监理机构的要求和指令时，总监理工程师应视情况签发工程暂停令。对于施工单位未经批准擅自施工或分别出现上述③、④、⑤三种情况时，总监理工程师应签发工程暂停令。总监理工程师在签发工程暂停令时，可根据停工原因的影响范围和影响程度，确定停工范围。

总监理工程师签发工程暂停令，应事先征得建设单位同意。在紧急情况下，未能事先征得建设单位同意的，应在事后及时向建设单位书面报告。施工单位未按要求停工，项目监理机构应及时报告建设单位，必要时应向有关主管部门报送监理报告。

暂停施工事件发生时，项目监理机构应如实记录所发生的情况。对于建设单位要求停工且工程需要暂停施工的，应重点记录施工单位人工、设备在现场的数量和状态；对于因施工单位原因暂停施工的，应记录直接导致停工发生的原因。

2.3.3.3 工程复工令的签发

因建设单位原因或非施工单位原因引起工程暂停的，在具备复工条件时，应及时签发工

程复工令，指令施工单位复工。

（1）审核工程复工报审表

因施工单位原因引起工程暂停的，施工单位在复工前应向项目监理机构提交工程复工报审表申请复工。工程复工报审时，应附有能够证明已具备复工条件的相关文件资料，包括相关检查记录、有针对性的整改措施及其落实情况、会议纪要、影像资料等。当导致暂停的原因是危及结构安全或使用功能时，整改完成后，应有建设单位、设计单位、监理单位各方共同认可的整改完成文件，其中涉及建设工程鉴定的文件必须由有资质的检测单位出具。

对需要返工处理或加固补强的质量事故，项目监理机构应要求施工单位报送质量事故调查报告和经设计等相关单位认可的处理方案，并对质量事故的处理过程进行跟踪检查，同时应对处理结果进行验收。项目监理机构应及时向建设单位提交质量事故书面报告，并应将完整的质量事故处理记录整理归档。

（2）签发工程复工令

项目监理机构收到施工单位报送的工程复工报审表及有关材料后，应对施工单位的整改过程、结果进行检查、验收，符合要求的，总监理工程师应及时签署审批意见，并报建设单位批准后签发工程复工令，施工单位接到工程复工令后组织复工。

施工单位未提出工程复工申请的，总监理工程师应根据工程实际情况指令施工单位恢复施工。

2.3.4 工程变更的控制

施工过程中，由于前期勘察设计的原因，或由于外界自然条件的变化，未探明的地下障碍物、管线、文物，地质条件不符，以及施工工艺方面的限制、建设单位要求的改变等，均会涉及工程变更。做好工程变更的控制工作，是工程质量控制的一项重要内容。

工程变更单由提出单位填写，写明工程变更原因、工程变更内容，并附必要的附件，包括：工程变更的依据、详细内容、图纸；对工程造价、工期的影响程度分析以及对功能、安全影响的分析报告。

对于施工单位提出的工程变更，项目监理机构可按下列程序处理。

① 总监理工程师组织专业监理工程师审查施工单位提出的工程变更申请，提出审查意见。对涉及工程设计文件修改的工程变更，应由建设单位转交原设计单位修改工程设计文件。必要时，项目监理机构应建议建设单位组织设计、施工等单位召开论证工程设计文件修改方案的专题会议。

② 总监理工程师组织专业监理工程师对工程变更费用及工期影响作出评估。

③ 总监理工程师组织建设单位、施工单位等共同协商确定工程变更费用及工期变化，会签工程变更单。

④ 项目监理机构根据批准的工程变更文件监督施工单位实施工程变更。施工单位提出工程变更的情形一般有：

a. 图纸出现错、漏、碰、缺等缺陷而无法施工；

b. 图纸不便施工，变更后更经济、方便；

c. 有采用新材料、新产品、新工艺、新技术的需要；

d. 施工单位考虑自身利益，为费用索赔而提出工程变更。

施工单位提出的工程变更，当为要求进行某些材料、工艺、技术方面的修改时，即根据施工现场具体条件和自身的技术、经验和施工设备等，在不改变原设计文件原则的前提下，提出的对设计图纸和技术文件的某些技术上的修改要求，应在工程变更单及其附件中说明要求修改的内容及原因或理由，并附上有关文件和相应图纸，经各方同意签字后，由总监理工程师组织实施。例如，对某种规格的钢筋采用替代规格的钢筋、对基坑开挖边坡的修改等。

当施工单位提出的工程变更要求对设计图纸和设计文件所表达的设计标准、状态有改变或修改时，项目监理机构经与建设单位、设计单位、施工单位研究并作出变更决定后，由建设单位转交原设计单位修改工程设计文件，再由总监理工程师签发工程变更单，并附设计单位提交的修改后的工程设计图纸交施工单位按变更后的图纸施工。

建设单位提出的工程变更，可能是由于局部调整使用功能，也可能是由于方案阶段考虑不周，项目监理机构应对工程变更可能造成的设计修改、工程暂停、返工损失、增加工程造价等进行全面的评估，为建设单位的正确决策提供依据，避免工程反复和浪费。对于设计单位要求的工程变更，应由建设单位将工程变更设计文件下发项目监理机构，由总监理工程师组织实施。

如果变更涉及项目功能、结构主体安全，该工程变更还要按有关规定报送施工图原审查机构及管理部门进行审查与批准。

2.3.5 质量记录资料的管理

质量资料是施工单位进行工程施工或安装期间，实施质量控制活动的记录，还包括对这些质量控制活动的意见及施工单位对这些意见的答复。质量资料详细地记录了工程施工阶段质量控制活动的全过程。因此，质量资料不仅在工程施工期间对工程质量的控制有重要作用，而且在工程竣工和投入运行后，为查询和了解工程建设的质量情况以及工程的维修和管理提供了大量有用的资料和信息。

质量记录资料包括以下三方面内容。

① 施工现场质量管理检查记录资料，主要包括：施工单位现场质量管理制度、质量责任制，主要专业工种操作上岗证书，分包单位资质及总承包施工单位对分包单位的管理制度，施工图审查核对资料（记录）、地质勘察资料，施工组织设计、施工方案及审批记录，施工技术标准，工程质量检验制度，混凝土搅拌站（级配填料拌合站）及计量设置，现场材料、设备存放与管理等。

② 工程材料质量记录，主要包括：进场工程材料件成品、构配件、设备的质量证明资料，各种试验检验报告（如力学性能试验、化学成分试验、材料级配试验等），各种合格证，设备进场维修记录或设备进场运行检验记录。

③ 施工过程作业活动的质量记录资料。施工或安装过程可按分项、分部、单位工程建立相应的质量记录资料。在相应质量记录资料中应包含有关图纸的图号、设计要求，质量自检资料，项目监理机构的验收资料，各工序作业的原始施工记录，检测及试验报告，材料、设备质量资料的编号、存放档案卷号。此外，质量记录资料还应包括不合格项的报告、通知以及处理及检查验收资料等。

质量记录资料应在工程施工或安装开始前，由项目监理机构和施工单位一起，根据建设单位的要求及工程竣工验收资料组卷归档的有关规定，研究列出各施工对象的质量资料清单。以后，随着工程施工的进展，施工单位应不断补充和填写关于材料、构配件及施工作业活动的有关内容，记录新的情况。当每一阶段（如检验批、一个分项或分部工程）施工或安装工作完成后，相应的质量记录资料也应随之完成，并整理组卷。

施工质量记录资料应真实、齐全、完整，相关各方人员的签字齐备、字迹清楚、结论明确，与施工过程的进展同步。在对作业活动效果的验收中，如缺少资料和资料不全，项目监理机构应拒绝验收。

监理资料的管理应由总监理工程师负责，并指定专人具体实施。总监理工程师作为项目监理机构的负责人应根据合同要求，结合监理项目的大小、工程复杂程度配置一至多名专职熟练的资料管理人员具体实施资料的管理工作。对于建设规模较小、资料不多的监理项目，可以结合工程实际，指定一名受过资料管理业务培训，懂得资料管理的监理人员兼职完成资料管理工作。

除了配置资料管理员外，还需要包括项目总监理工程师、各专业监理工程师、监理员在内的各级监理人员自觉履行各自的监理职责，保证监理文件资料管理工作的顺利完成。

思考题

1. 施工质量控制的依据有哪些？
2. 在施工质量控制中，依据的质量标准与技术规范主要有哪几类？
3. 图纸会审一般包括哪些内容？
4. 施工组织设计审查应包括哪些内容？
5. 简述见证取样的工作程序。
6. 质量记录资料包括哪些内容？

第3章

施工质量控制实施要点

3.1 地基基础工程的质量控制

3.1.1 地基工程质量控制

因为地基土的密实孔隙水压力的消散、水泥或化学浆液的胶结、土体结构恢复等均需有一个期限,施工结束后立即进行质量验收存在不符合实际的可能,所以地基工程的质量验收宜在施工完成并在间歇后进行。间歇期应符合国家现行标准的有关规定和设计要求。

静载试验的压板面积对处理地基检验的深度有一定影响,平板静载试验采用的压板尺寸应按设计或有关标准确定。素土和灰土地基、砂和砂石地基、土工合成材料地基、粉煤灰地基、注浆地基、预压地基的静载试验的压板面积不宜小于 $1.0m^2$;强夯地基静载试验的压板面积不宜小于 $2.0m^2$。复合地基静载试验的压板尺寸应根据设计置换率计算确定。

地基承载力检验时,静载试验最大加载量不应小于设计要求的承载力特征值的2倍。

素土和灰土地基、砂和砂石地基、土工合成材料地基、粉煤灰地基、强夯地基、注浆地基、预压地基的承载力必须达到设计要求。地基承载力的检验数量每 $300m^2$ 不应少于1点,超过 $3000m^2$ 部分每 $500m^2$ 不应少于1点。每单位工程不应少于3点。

砂石桩、高压喷射注浆桩、水泥土搅拌桩、土和灰土挤密桩、水泥粉煤灰碎石桩、夯实水泥土桩等复合地基的承载力必须达到设计要求。复合地基承载力的检验数量不应少于总桩数的0.5%,且不应少于3点。有单桩承载力或桩身强度检验要求时,检验数量不应少于总桩数的0.5%,且不应少于3根。

地基处理工程的验收,当采用一种检验方法检测结果存在不确定性时,应结合其他检验方法进行综合判断。

3.1.2 地基工程质量检验

3.1.2.1 素土、灰土地基

素土和灰土的土料宜用黏土、粉质黏土。严禁采用冻土、膨胀土和盐渍土等活动性较强的土料。需要时也可采用水泥替代灰土中的石灰。

施工前应检查素土、灰土土料、石灰或水泥等的配合比及灰土的拌合均匀性。验槽发现有软弱土层或孔穴时,应挖除并用素土或灰土分层填实。最优含水量可通过击实试验确定。

施工中应检查分层铺设的厚度、实时的加水量、压实遍数及压实系数。

施工结束后,应进行地基承载力检验。

素土、灰土地基质量检验标准应符合表3-1的规定。

表3-1 素土、灰土地基质量检验标准

类别	序号	检查项目	允许值或允许偏差		检查方法
			单位	数值	
主控项目	1	地基承载力	不小于设计值		静载试验
	2	配合比	设计值		检查拌和时的体积比
	3	压实系数	不小于设计值		环刀法
一般项目	1	石灰粒径	mm	≤5	筛析法
	2	土料有机质含量	%	≤5	灼烧减量法
	3	土颗粒粒径	mm	≤5	筛析法
	4	含水量	最优含水量±2%		烘干法
	5	分层厚度	mm	±50	水准测量

3.1.2.2 砂和砂石地基

原材料宜用中砂、粗砂、砾砂、碎石（卵石）、石屑。采用细砂时应掺入碎石或卵石，掺量按设计规定。

施工前应检查砂、石等原材料的质量和配合比及砂、石拌和的均匀性。

施工中应检查分层厚度、分段施工时搭接部分的压实情况、加水量、压实遍数、压实系数。

施工结束后，应进行地基承载力检验。

砂和砂石地基质量检验标准应符合表3-2的规定。

表3-2 砂和砂石地基质量检验标准

类别	序号	检查项目	允许值或允许偏差		检查方法
			单位	数值	
主控项目	1	地基承载力	不小于设计值		静载试验
	2	配合比	设计值		检查拌和时的体积比或重量比
	3	压实系数	不小于设计值		灌砂法、灌水法
一般项目	1	砂石料有机质含量	%	≤5	灼烧减量法
	2	砂石料含泥量	%	≤5	水洗法
	3	砂石料粒径	mm	≤50	筛析法
	4	分层厚度	mm	±50	水准测量

3.1.2.3 水泥土搅拌桩复合地基

施工前应检查水泥及外掺剂的质量、桩位、搅拌机工作性能，并应对各种计量设备进行检定或校准。

施工中应检查机头提升速度、水泥浆或水泥注入量、搅拌桩的长度及标高。

施工结束后,应检验桩体的强度和直径以及单桩地基与复合地基的承载力。

对地质条件复杂的工程或重要工程,应通过试成桩确定实际成桩步骤、水泥浆液的水胶比、注浆泵工作流量、搅拌机头下沉或提升速度及复搅速度,测定水泥浆从输送管到达搅拌机喷浆口的时间等工艺参数及成桩工艺。

水泥土搅拌桩地基质量检验标准应符合表3-3的规定。

表3-3 水泥土搅拌桩复合地基质量检验标准

类别	序号	检查项目	允许值或允许偏差		检查方法
			单位	数值	
主控项目	1	复合地基承载力	不小于设计值		静载试验
	2	单桩承载力	不小于设计值		静载试验
	3	水泥用量	不小于设计值		查看流量表
	4	搅拌叶回转直径	mm	±20	用钢尺量
	5	桩长	不小于设计值		测钻杆长度
	6	桩身强度	不小于设计值		28d试块强度或钻芯法
一般项目	1	水胶比	设计值		实际用水量与水泥等胶凝材料的重量比
	2	提升速度	设计值		测机头上升距离及时间
	3	下沉速度	设计值		测机头下沉距离及时间
	4	桩位	条基边桩沿轴线	≤1/4D	全站仪或用钢尺量
			垂直轴线	≤1/6D	
			其他情况	≤2/5D	
	5	桩顶标高	mm	±200	水准测量,最上部500mm浮浆层及劣质桩体不计入
	6	导向架垂直度	≤1/150		经纬仪测量
	7	褥垫层夯填度	≤0.9		水准测量

注:D为设计桩径(mm)。

3.1.2.4 水泥粉煤灰碎石桩复合地基

目前水泥粉煤灰碎石桩桩身混合料大部分采用商品混凝土混合料,但也有少数采用现场搅拌的。当采用现场搅拌混合料时应对入场的水泥、粉煤灰、砂及碎石等原材料进行检验;当采用商品混凝土混合料时应对入场混合料的配合比和坍落度等进行检查。

施工前应对入场的水泥、粉煤灰、砂及碎石等原材料进行检验。

施工中应检查桩身混合料的配合比、坍落度和成孔深度、混合料充盈系数等。

施工结束后,应对桩体质量、单桩及复合地基承载力进行检验。

水泥粉煤灰碎石桩复合地基质量检验标准应符合表3-4的规定。

表 3-4 水泥粉煤灰碎石桩复合地基质量检验标准

类别	序号	检查项目	允许值或允许偏差		检查方法
			单位	数值	
主控项目	1	复合地基承载力	不小于设计值		静载试验
	2	单桩承载力	不小于设计值		静载试验
	3	桩长	不小于设计值		测桩管长度或用测绳测孔深
	4	桩径	mm		用钢尺量
	5	桩身完整性	—		低应变检测
	6	桩身强度	不小于设计要求		28d 试块强度
一般项目	1	桩位	条基边桩沿轴线	≤1/4D	全站仪或用钢尺量
			垂直轴线	≤1/6D	
			其他情况	≤2/5D	
	2	桩顶标高	mm	±200	水准测量,最上部 500mm 劣质桩体不计入
	3	桩垂直度	≤1/100		经纬仪测桩管
	4	混合料坍落度	mm	160~220	坍落度仪
	5	混合料充盈系数	≥1.0		实际灌注量与理论灌注量的比
	6	褥垫层夯填度	≤0.9		水准测量

注:D 为设计桩径(mm)。

3.1.3 基础工程质量控制

扩展基础、筏形与箱形基础、沉井与沉箱,施工前应对放线尺寸进行复核;桩基工程施工前应对放好的轴线和桩位进行复核。群桩桩位的放样允许偏差应为 20mm,单排桩桩位的放样允许偏差应为 10mm。

预制桩(钢桩)的桩位偏差应符合表 3-5 的规定。斜桩倾斜度的偏差应为倾斜角正切值的 15%(倾斜角系桩的纵向中心线与铅垂线间的夹角)。

表 3-5 预制桩(钢桩)的桩位允许偏差

序号	检查项目		允许偏差/mm
1	带有基础梁的桩	垂直基础梁的中心线	≤100+0.01H
		沿基础梁的中心线	≤150+0.01H
2	承台桩	桩数为 1~3 根桩基中的桩	≤100+0.01H
		桩数大于或等于 4 根桩基中的桩	≤1/2 桩径+0.01H 或 1/2 边长+0.01H

注:H 为桩基施工面至设计桩顶的距离(mm)。

灌注桩混凝土强度检验的试件应在施工现场随机抽取。来自同一搅拌站的混凝土,每浇筑 50m 必须至少留置 1 组试件;当混凝土浇筑量不足 50m 时每连续浇筑 12h 必须至少留置 1 组试件。对单柱单桩,每根桩应至少留置 1 组试件。

灌注桩的桩径、垂直度及桩位允许偏差应符合表3-6的规定。

表3-6 灌注桩的桩径、垂直度及桩位允许偏差

序号	成孔方法		桩径允许偏差/mm	垂直度允许偏差	桩位允许偏差/mm
1	泥浆护壁钻孔桩	$D<1000mm$	$\geqslant 0$	$\leqslant 1/100$	$\leqslant 70+0.01H$
		$D\geqslant 1000mm$			$\leqslant 100+0.01H$
2	套管成孔灌注桩	$D<500mm$	$\geqslant 0$	$\leqslant 1/100$	$\leqslant 70+0.01H$
		$D\geqslant 500mm$			$\leqslant 100+0.01H$
3	干成孔灌注桩		$\geqslant 0$	$\leqslant 1/100$	$\leqslant 70+0.01H$
4	人工挖孔桩		$\geqslant 0$	$\leqslant 1/200$	$\leqslant 50+0.005H$

注：1. H 为基施工面至设计桩顶的距离（mm）。
　　2. D 为设计桩径（mm）。

工程桩应进行承载力和桩身完整性检验。工程桩的承载力和桩身完整性对上部结构的安全稳定具有至关重要的意义。承载力检验是检验桩抗压或抗拔承载力满足设计值，通常采用静载试验确定。桩身完整性检验是检验桩身的缩颈、夹泥、空洞、断裂等缺陷情况，通常采用钻芯法、低应变法、声波透射法等方法，要求桩身完整性的检测结果评价应达到Ⅱ类桩以上。

设计等级为甲级或地质条件复杂时，应采用静载试验的方法对桩基承载力进行检验，检验桩数不应少于总桩数的1‰，且不应少于3根，当总桩数少于50根时，不应少于2根。在有经验和对比资料的地区，设计等级为乙级、丙级的桩基可采用高应变法对桩基进行竖向抗压承载力检测，检测数量不应少于总桩数的5％且不应少于10根。

对重要工程（甲级）应采用静载试验检验桩的承载力。工程的分类按现行国家标准《建筑地基基础设计规范》（GB 50007）的规定执行。关于静载试验桩的数量，施工区域地质条件单一时，当地又有足够的实践经验，数量可根据实际情况，由设计确定。承载力检验不仅能检验施工的质量，而且也能检验设计是否达到工程的要求。因此，施工前的试桩如没有破坏又用于实际工程中，可作为验收的依据。非静载试验桩的数量，可按现行行业标准《建筑基桩检测技术规范》（JGJ 106）的规定执行。

工程桩桩身完整性的抽检数量不应少于总桩数的20％，且不应少于10根。每根柱子承台下的桩抽检数量不应少于1。

3.1.4 基础工程质量检验

3.1.4.1 钢筋混凝土扩展基础

施工前应对放线尺寸进行检验。

施工中应对钢筋、模板、混凝土、轴线等进行检验。钢筋混凝土扩展基础相较于无筋扩展基础而言不受刚性角的控制，这主要得力于基础中的配筋，因此钢筋的质量及数量对钢筋混凝土扩展基础的抗剪切或抗冲切能力有着重要的影响。另外混凝土浇筑的轴线偏差原因主要包括模板表面不平、模板刚度不够、混凝土浇筑时一次投料过多、模板拼缝不严等，因此模板的质量也是验收的重要内容。

施工结束后，应对混凝土强度、轴线位置、基础顶面标高进行检验。
钢筋混凝土扩展基础质量检验标准应符合表3-7的规定。

表 3-7 钢筋混凝土扩展基础质量检验标准

类别	序号	检查项目	允许偏差		检查方法
			单位	数值	
主控项目	1	混凝土强度	不小于设计值		28d试块强度
	2	轴线位置	mm	≤15	经纬仪或用钢尺量
一般项目	1	L（或 B）≤60	mm	±5	用钢尺量
		30＜L（或 B）≤60	mm	±10	
		60＜L（或 B）≤90	mm	±15	
	2	L（或 B）＞90	mm	±20	
		基础顶面标高	mm	±15	水准测量

注：L 为长度（m）；B 为宽度（m）。

3.1.4.2 钢筋混凝土预制桩

施工前应检验成品桩构造尺寸及外观质量。

施工中应检验接桩质量、锤击及静压的技术指标、垂直度以及桩顶标高等。

施工结束后应对承载力及桩身完整性等进行检验。

钢筋混凝土预制桩质量检验标准应符合表3-8、表3-9的规定。

表 3-8 锤击预制桩质量检验标准

类别	序号	检查项目	允许偏差		检查方法
			单位	数值	
主控项目	1	承载力	不小于设计值		静载试验、高应变法等
	2	桩身完整性	—		低应变法
一般项目	1	成品桩质量	表面平整，颜色均匀，掉角深度小于10mm，蜂窝面积小于总面积的0.5%		查产品合格证
	2	桩位	《建筑地基工程施工质量验收标准》（GB 50202—2018）表5.1.2		全站仪或用钢尺量
	3	电焊条质量	设计要求		查产品合格证
	4	接桩：焊缝质量	《建筑地基工程施工质量验收标准》（GB 50202—2018）表5.10.4		《建筑地基工程施工质量验收标准》（GB 50202—2018）表5.10.4
		电焊结束后停歇时间	min	≥8（3）[①]	用表计时
		上下节平面偏差	mm	≤10	用钢尺量
		节点弯曲矢高	同桩体弯曲要求		用钢尺量
	5	收锤标准	设计要求		用钢尺量或查沉桩记录
	6	桩顶标高	mm	±50	水准测量
	7	垂直度	≤1/100		经纬仪测量

① 括号中为采用二氧化碳气体保护焊时的数值。

表 3-9 静压预制桩质量检验标准

类别	序号	检查项目	允许偏差 单位	允许偏差 数值	检查方法
主控项目	1	承载力	不小于设计值		静载试验、高应变法等
主控项目	2	桩身完整性	—		低应变法
一般项目	1	成品桩质量	表面平整，颜色均匀，掉角深度小于10mm，蜂窝面积小于总面积的0.5%		查产品合格证
一般项目	2	桩位	《建筑地基工程施工质量验收标准》（GB 50202—2018）表 5.1.2		全站仪或用钢尺量
一般项目	3	电焊条质量	设计要求		查产品合格证
一般项目	4	接桩：焊缝质量	《建筑地基工程施工质量验收标准》（GB 50202—2018）表 5.10.4		《建筑地基工程施工质量验收标准》（GB 50202—2018）表 5.10.4
一般项目	4	电焊结束后停歇时间	min	≥6（3）①	用表计时
一般项目	4	上下节平面偏差	mm	≤10	用钢尺量
一般项目	4	节点弯曲矢高	同桩体弯曲要求		用钢尺量
一般项目	5	终压标准	设计要求		现场实测或查沉桩记录
一般项目	6	桩顶标高	mm	±50	水准测量
一般项目	7	垂直度	≤1/100		经纬仪测量
一般项目	8	混凝土灌芯	设计要求		查灌注量

① 括号中为采用二氧化碳气体保护焊时的数值。

钢筋混凝土预制桩质量检验标准汇合了预制桩（管桩）成品桩的质量检查验收内容，且对不同的施工方法如锤击打入法、液压沉入法、静力压入法、钻孔植入法均适用。主控项目及一般项目中成品桩质量都属共同部分，还应对其余相关项目进行验收。桩基验收条件应符合下列要求：

① 现场桩头清理到位，混凝土灌芯已完成；
② 竣工图等质量控制资料已经监理审查并签署意见；
③ 桩位偏差超标等质量问题已有设计书面处理意见；
④ 检测报告已出具；
⑤ 桩基子分部已经施工自检合格。

3.1.4.3 干作业成孔灌注桩

施工前应对原材料、施工组织设计中制订的施工顺序、主要成孔设备性能指标、监测仪器、监测方法、保证人员安全的措施或安全专项施工方案等进行检查验收。对人工挖孔桩而言，施工人员下井进行施工，需配备保证人员安全的措施，主要包括防坠物伤人措施、防塌孔措施、防毒措施及安全逃生措施等。

施工中应检验钢筋笼质量、混凝土坍落度、桩位、孔深桩顶标高等。

施工结束后应检验桩的承载力、桩身完整性及混凝土的强度。

人工挖孔桩应复验孔底持力层土岩性，嵌岩桩应有桩端持力层的岩性报告。在现场施工条件允许的条件下，为了增强混凝土质量，应尽量采取低坍落度的混凝土，干作业成孔灌注桩相较于湿作业成孔灌注桩，浇筑条件较为方便，因此采用的坍落度较小。

干作业成孔灌注桩质量检验标准应符合表3-10的规定。

表3-10 干作业成孔灌注桩质量检验标准

类别	序号	检查项目		允许值或允许偏差		检查方法
				单位	数值	
主控项目	1	承载力		不小于设计值		静载试验
	2	孔深及孔底土岩性		不小于设计值		测钻杆套管长度或用测绳，检查孔底土岩性报告
	3	桩身完整性		—		钻芯法（大直径嵌岩桩应钻至桩尖下500mm），低应变法或声波透射法
	4	混凝土强度		不小于设计值		28天试块强度或钻芯法
	5	桩径		《建筑地基工程施工质量验收标准》(GB 50202—2018) 表5.1.4		井径仪或超声波检测，干作业时用钢尺量，人工挖孔桩不包括护壁厚
一般项目	1	桩位		《建筑地基工程施工质量验收标准》(GB 50202—2018) 表5.1.4		全站仪或用钢尺量，基坑开挖前量护筒，开挖后量桩中心
	2	垂直度		《建筑地基工程施工质量验收标准》(GB 50202—2018) 表5.1.4		经纬仪测量或线锤测量
	3	桩顶标高		mm	+30 −50	水准测量
	4	混凝土坍落度		mm	90～150	坍落度仪
	5	钢筋笼质量	主筋间距	mm	±10	用钢尺量
			长度	mm	±100	用钢尺量
			钢筋材质检验	设计要求		抽样送检
			箍筋间距	mm	±20	用钢尺量
			笼直径	mm	±10	用钢尺量

3.1.5 土石方工程质量控制

在土石方工程开挖施工前，应完成支护结构、地面排水、地下水控制、基坑及周边环境监测、施工条件验收和应急预案准备等工作的验收，合格后方可进行土石方开挖。

基坑工程应根据设计文件编制基坑支护结构和土石方开挖的施工方案，并按相关规定完成评审工作后方可施工。当基坑土石方开挖采用无支护结构的放坡开挖时，应做好基坑放坡周边地面的挡水措施，防止地面明水流入基坑。基坑底设置明沟及集水井等排水设施，排除坑内明水，防止坡脚及坑底受水浸泡发生位移、坍塌等险情对土石方工程施工产生影响。

在土石方开挖前应针对施工现场水文、地质的实际情况，周边的环境（建筑物、地铁和地下管线等），开挖边坡与建筑物的距离，建筑物的结构，地下设施和开挖深度进行综合考虑，编制地面排水和地下水控制的专项施工方案。

土石方开挖应根据施工现场条件尽可能连续开挖，加快施工进度，缩短基坑暴露时间。开挖前抢险物资必须到位。

在土石方工程开挖施工中，应定期测量和校核设计平面位置、边坡坡率和水平标高。平面控制桩和水准控制点应采取可靠措施加以保护，并应定期检查和复测。土石方不应堆在基坑影响范围内。

在土石方工程施工测量中，除开工前的复测放线外，还应配合施工对平面位置（包括控制边界线、分界线、边坡的上口线和底口线等）、边坡坡率（包括放坡线、变坡等）和标高（包括各个地段的标高）等经常测量，并校核其是否符合设计要求。上述施工测量的基准——平面控制桩和水准控制点，也应定期进行复测和检查。对于复杂基坑的开挖施工，还应加强信息化施工，做好基坑变形的监测测量，确保土石方施工安全顺利进行。

重要的基坑工程，支撑安装的及时性极为重要。根据工程实践，基坑变形与施工时间有很大关系。因此，基坑施工过程应尽量缩短工期，特别是在支撑体系未形成情况下的基坑暴露时间应予以减少，要重视基坑变形的时空效应。土石方开挖的顺序、方法必须与设计工况和施工方案相一致，并应遵循"开槽支撑，先撑后挖，分层开挖，严禁超挖"的原则。

平整后的场地表面坡率应符合设计要求，设计无要求时沿排水沟方向的坡率不应小于2%，平整后的场地表面应逐点检查。土石方工程的标高检查点为每100m^2取1点，且不应少于10点；土石方工程的平面几何尺寸（长度、宽度等）应全数检查；土石方工程的边坡为每20m取1点，且每边不应少于1点。土石方工程的表面平整度检查点为每100m^2取1点，且不应少于10点。

3.1.6 土石方工程质量检验

3.1.6.1 土方开挖

施工前应检查支护结构质量、定位放线、排水和地下水控制系统，以及对周边影响范围内地下管线和建（构）筑物保护措施的落实，并应合理安排土方运输车辆的行走路线及弃土场。附近有重要保护设施的基坑，应在土方开挖前对围护体的止水性能通过预降水进行检验。

施工中应检查平面位置、水平标高、边坡坡率、压实度、排水系统、地下水控制系统、预留土墩、分层开挖厚度、支护结构的变形，并随时观测周围环境变化。

施工结束后应检查平面几何尺寸、水平标高、边坡坡率、表面平整度和基底土性等。

临时性挖方工程的边坡坡率允许值应符合表3-11的规定或经设计计算确定。

表3-11 临时性挖方工程的边坡坡率允许值

序号	土的类别		边坡坡率（高∶宽）
1	砂土	不包括细砂粉砂	(1∶1.25)～(1∶1.50)
2	黏性土	坚硬	(1∶0.75)～(1∶1.00)
		硬塑、可塑	(1∶1.00)～(1∶1.25)
		软塑	1∶1.50 或更缓

续表

序号	土的类别		边坡坡率（高：宽）
3	碎石土	充填坚硬黏土、硬塑黏土	（1：0.50）～（1：1.00）
		充填砂土	（1：1.00）～（1：1.50）

注：1. 本表适用于无支护措施的临时性挖方工程的边坡坡率。
   2. 设计有要求时，应符合设计标准。
   3. 本表适用于地下水位以上的土层。采用降水或其他加固措施时，可不受本表限制，但应计算复核。
   4. 一次开挖深度，软土不应超过4m，硬土不应超过8m。

土方开挖工程的质量检验标准应符合表3-12、表3-13的规定。

表3-12　柱基、基坑、基槽土方开挖工程的质量检验标准

类别	序号	检查项目	允许值或允许偏差		检查方法
			单位	数值	
主控项目	1	标高	mm	0 −50	水准测量
	2	长度、宽度 （由设计中心线两边）	mm	＋200 −50	全站仪或用钢尺量
	3	坡率	设计值		目测法或用坡度尺检查
一般项目	1	表面平整度	mm	±20	用2m靠尺
	2	基底土性	设计要求		目测法或土样分析

表3-13　挖方场地平整土方开挖工程的质量检验标准

类别	序号	检查项目	允许值或允许偏差			检查方法
			单位		数值	
主控项目	1	标高	mm	人工	±30	水准测量
				机械	±50	
	2	长度、宽度 （由设计中心线两边）	mm	人工	＋300 −100	全站仪或用钢尺量
				机械	＋500 −150	
	3	坡率	设计值			目测法或用坡度尺检查
一般项目	1	表面平整度	mm	人工	±20	用2m靠尺
				机械	±50	
	2	基底土性	设计要求			目测法或土样分析

3.1.6.2　土石方堆放与运输

施工前应对土石方平衡计算进行检查，堆放与运输应满足施工组织设计要求。

施工中应检查安全文明施工堆放位置堆放的安全距离堆土的高度、边坡坡率、排水系统、边坡稳定、防扬尘措施等内容并应满足设计或施工组织设计要求。

在基坑（槽）管沟等周边堆的堆载限值和堆载范围应符合基坑围护设计要求，严禁在基坑（槽）管沟、地铁及建构（筑）物周边影响范围内堆土。对于临时性堆土，应视挖方边坡处的土质情况、边坡坡率和高度，检查堆放的安全距离，确保边坡稳定。在挖方下侧堆土时应将土堆表面平整，其顶面高程应低于相邻挖方场地设计标高，保持排水畅通，堆土边坡坡率不宜大于1:1.5。在河岸处堆土时，不得影响河堤的稳定和排水，不得阻塞污染河道。

《建筑地基基础工程施工质量验收标准》（GB 50202）对在基坑、基槽、管沟等周边的堆载限值和安全堆载范围作了相关要求，以确保基坑、基槽、管沟边坡的稳定。针对河岸、地铁和建（构）筑物影响范围内堆土的情况作了安全方面的相关要求，主要是为了避免由于地面堆土引起的周边建（构）筑物、地铁等地基附加变形，从而引起安全事故的发生。

施工现场要求在设计明确的堆载范围以外堆土的，应由施工总承包单位验收并制订专项方案，明确堆土高度和范围，并经基坑围护设计单位同意和报监理审核后方可实施。

在已建建（构）筑物周边堆载或覆土，建设单位必须委托已建建（构）筑物原主体结构设计单位复核由于地面堆载引起的周边建（构）筑物地基附加变形，经确认符合要求后方可实施。

施工结束后，应检查堆土的平面尺寸、高度、安全距离、边坡坡率、排水、防扬尘措施等内容，并应满足设计或施工组织设计要求。

土石方堆放工程质量检验标准应符合表3-14的规定。

表3-14 土石方堆放工程质量检验标准

类别	序号	项目	允许值或允许偏差	检查方法
主控项目	1	总高度	不大于设计值	水准测量
	2	长度、宽度	设计值	全站仪或用钢尺量
	3	堆放安全距离	设计值	全站仪或用钢尺量
	4	坡率	设计值	目测法或用坡度尺检查
一般项目	1	防扬尘	满足环境保护要求或施工组织设计要求	目测法

3.1.6.3 石方回填

施工前应检查基底的垃圾、树根等杂物清除情况，测量基底标高、边坡坡率，检查验收基础外墙防水层和保护层等。基底不得有垃圾、树根等杂物，坑穴积水抽除，淤泥挖净，基底处理应符合设计要求。

回填料应符合设计要求，并应确定回填料含水量控制范围、铺土厚度、压实遍数等施工参数。

土石方回填施工前应对回填料的性质和条件进行试验分析，然后根据施工区域土料特性确定其回填部位和方法，按不同质量要求合理调配土石方，并根据不同的土质和回填质量要求选择合理的压实设备及方法。

回填料的施工含水量与最佳含水量之差可控制在规定的范围内（-6%～+2%），取样的频率宜为5000m³取1次，或土质发生变化时取样。

施工中应检查排水系统、每层填筑厚度、辗迹重叠程度、含水量、回填土有机质含量、压实系数等。回填施工的压实系数应满足设计要求。当采用分层回填时,应在下层的压实系数经试验合格后进行上层施工。填筑厚度及压实遍数应根据土质、压实系数及压实机具确定。无试验依据时,应符合表3-15的规定。

表3-15 填土施工时的分层厚度及压实遍数

压实机具	分层厚度/mm	每层压实遍数	压实机具	分层厚度/mm	每层压实遍数
平碾	250~300	6~8	柴油打夯	200~250	3~4
振动压实机	250~350	3~4	人工打夯	<200	3~4

对重要工程土石方回填的施工参数(每层填筑厚度、压实遍数和压实系数)均应由现场试验确定或由设计提供。检测回填料压实系数的方法一般采用环刀法、灌砂法、灌水法。

回填料每层压实系数应符合设计要求。采用环刀法取样时,基坑和室内回填,每层按 $100 \sim 500 m^2$ 取样1组,且每层不少于1组;柱基回填,每层抽样柱基总数的10%,且不少于5组;基槽或管沟回填,每层按长度 $20 \sim 50m$ 取样1组,每层不少于1组;室外回填,每层按 $400 \sim 900 m^2$ 取样1组,且每层不少于1组,取样部位应在每层压实后的下半部。

采用灌砂或灌水法取样时,取样数量可较环刀法适当减少,但每层不少于1组。

施工结束后,应进行标高及压实系数检验。

填方工程质量检验标准应符合表3-16、表3-17的规定。

表3-16 土石方堆放工程质量检验标准

类别	序号	检验项目	允许值或允许偏差		检查方法
			单位	数值	
主控项目	1	标高	mm	0 -50	水准测量
	2	分层压实系数	不小于设计值		环刀法、灌水法、灌砂法
一般项目	1	回填土料	设计要求		取样检查或直接鉴别
	2	分层厚度	设计值		水准测量及抽样检查
	3	含水量	最优含水量±2%		烘干法
	4	表面平整度	mm	±20	用2m靠尺
	5	有机质含量	≤5%		灼烧减量法
	6	辗迹重叠长度	mm	500~1000	用钢尺量

表3-17 场地平整填方工程质量检验标准

类别	序号	检验项目	允许值或允许偏差			检查方法
			单位	数值		
主控项目	1	标高	mm	人工	±30	水准测量
				机械	±50	
	2	分层压实系数	不小于设计值			环刀法、灌水法、灌砂法

续表

类别	序号	检验项目	允许值或允许偏差		检查方法
			单位	数值	
一般项目	1	回填土料	设计要求		取样检查或直接鉴别
	2	分层厚度	设计值		水准测量及抽样检查
	3	含水量	最优含水量±2%		烘干法
	4	表面平整度	mm	人工 ±20	用2m靠尺
				机械 ±30	
	5	有机质含量	≤5%		灼烧减量法
	6	辗迹重叠长度	mm	500～1000	用钢尺量

3.2 砌体工程的质量控制

3.2.1 砌体工程质量控制基本要求

砌体结构是指由块体和砂浆砌筑而成的墙、柱作为建筑物主要受力构件的结构，是砖砌体、砌块砌体和石砌体结构的统称。

① 砌体结构工程所用的材料应有产品合格证书、产品性能型式检验报告，质量应符合国家现行有关标准的要求。块体、水泥、钢筋、外加剂尚应有材料主要性能的进场复验报告，并应符合设计要求。严禁使用国家明令淘汰的材料。

② 砌体结构工程施工前，应编制砌体结构工程施工方案。

③ 砌体结构的标高、轴线，应引自基准控制点。

④ 砌筑基础前，应校核放线尺寸，允许偏差应符合表3-18的规定。

表 3-18 放线尺寸的允许偏差

长度L、宽度B/m	允许偏差/mm	长度L、宽度B/m	允许偏差/mm
L（或B）≤30	±5	60<L（或B）≤90	±15
30<L（或B）≤60	±10	90<L（或B）	±20

⑤ 伸缩缝、沉降缝、防震缝中的模板应拆除干净，不得夹有砂浆、块体及碎渣等杂物。

⑥ 砌筑顺序应符合下列规定。

a. 基底标高不同时，应从低处砌起，并应由高处向低处搭砌。当设计无要求时，搭接长度L不应小于基础底的高差H。搭接长度范围内下层基础应扩大砌筑（图3-1）。

b. 砌体的转角处和交接处应同时砌筑。当不能同时砌筑时，应按规定留槎、接槎。

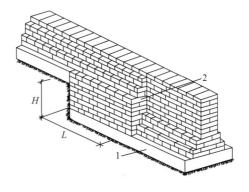

图 3-1 基底标高不同时的搭砌示意图（条形基础）
1—混凝土垫层；2—基础扩大部分

⑦ 砌筑墙体应设置皮数杆。

⑧ 在墙上留置临时施工洞口，其侧边离交接处墙面不应小于500mm，洞口净宽度不应超过1m。抗震设防烈度为9度的地区，建筑物的临时施工洞口位置应会同设计单位确定。临时施工洞口应做好补砌。

⑨ 不得在下列墙体部位设置脚手眼：

a. 120mm厚墙、清水墙、料石墙、独立柱和附墙柱；

b. 过梁上与过梁成60°角的三角形范围及过梁净跨度1/2的高度范围内；

c. 宽度小于1m的窗间墙；

d. 门窗洞口两侧石砌体300mm、其他砌体200mm范围内，转角处石砌体600mm、其他体450mm范围内；

e. 梁或梁垫下及其左右500mm范围内；

f. 设计不允许设置脚手眼的部位；

g. 轻质墙体；

h. 夹心复合墙外叶墙。

⑩ 脚手眼补砌时，应清除脚手眼内掉落的砂浆、灰尘；脚手眼处砖及填塞用砖应湿润，并应填实砂浆。

⑪ 设计要求的口、沟槽、管道应于砌筑时正确留出或预埋，未经设计同意，不得打凿墙体和在墙体上开凿水平沟槽。宽度超过300mm的洞口上部，应设置钢筋混凝土过梁。不应在截面长边小于500mm的承重墙体、独立柱内埋设管线。

⑫ 尚未施工的楼面或屋面的墙或柱，其抗风允许自由高度不得超过表3-19的规定。如超过表中限值时，必须采用临时支撑等有效措施。

表3-19 墙和柱的允许自由高度　　　　　　　　　　　　　　　　　　　　单位：m

墙（柱）厚/mm	砌体密度>1600kg/m³ 风载/(kN/m²)			砌体密度1300~1600kg/m³ 风载/(kN/m²)		
	0.3（约7级风）	0.4（约8级风）	0.5（约9级风）	0.3（约7级风）	0.4（约8级风）	0.5（约9级风）
190	—	—	—	1.4	1.1	0.7
240	2.8	2.1	1.4	2.2	1.7	1.1
370	5.2	3.9	2.6	4.2	3.2	2.1
490	8.6	6.5	4.3	7.0	5.2	3.5
620	14	10.5	7	11.4	8.6	5.7

注：1. 本表适用于施工处相对标高H在10m范围内的情况。如10m<H≤15m、15m<H≤20m时，表中的允许自由高度应分别乘以0.9、0.8的系数；如H>20m时，应通过抗倾覆验算确定其允许自由高度；

2. 当所砌筑的墙有横墙或其他结构与其连接，而且间距小于表中相应墙、柱的允许自由高度的2倍时，砌筑高度可不受本表的限制；

3. 当砌体密度小于1300kg/m³时，墙和柱的允许自由高度应另行验算确定。

⑬ 砌筑完基础或每一楼层后，应校核砌体的轴线和标高是否在允许偏差范围内。轴线偏差可在基础顶面或楼面上校正，标高偏差宜通过调整上部砌体灰缝厚度校正。

⑭ 搁置预制梁、板的砌体顶面应平整，标高一致。

⑮ 砌体工程施工质量控制等级分为三级，并应按表3-20划分。

表3-20 砌体工程施工质量控制等级

项目	施工质量控制等级		
	A	B	C
现场质量管理	监督检查制度健全，并严格执行；施工方有在岗专业技术管理人员，人员齐全，并持证上岗	监督检查制度基本健全，并能执行；施工方有在岗专业技术管理人员，人员齐全，并持证上岗	有监督检查制度；施工方有在岗专业技术管理人员
砂浆、混凝土强度	试块按规定制作，强度满足验收规定，离散性小	试块按规定制作，强度满足验收规定，离散性较小	试块按规定制作，强度满足验收规定，离散性大
砂浆拌合	机械拌合；配合比计量控制严格	机械拌合；配合比计量控制一般	机械或人工拌合；配合比计量控制较差
砌筑工人	中级工以上，其中高级工不少于30%	高、中级工不少于70%	初级工以上

注：1. 砂浆、混凝土强度离散性大小根据强度标准差确定；
2. 配筋砌体不得为C级施工。

⑯ 砌体结构中钢筋（包括夹心复合墙内外叶墙间的拉结件或钢筋）的防腐，应符合设计规定。

⑰ 雨天不宜在露天砌筑墙体，对下雨当日砌筑的墙体应进行遮盖。继续施工时，应复核墙体的垂直度，如果垂直度超过允许偏差，应拆除重新砌筑。

⑱ 砌体施工时，楼面和屋面堆载不得超过楼板的允许荷载值。当施工层进料口处施工荷载较大时，楼板下宜采取临时支撑措施。

⑲ 正常施工条件下，砖砌体、小砌块砌体每日砌筑高度宜控制在1.5m或一步脚手架高度内；石砌体不宜超过1.2m。

结构工程检验批的划分应同时符合下列规定：

所用材料类型及同类型材料的强度等级相同；不超过250m^3砌体；主体结构砌体一个楼层（基础体可按一个楼层计），填充墙砌体量少时可多个楼层合并。

⑳ 砌体结构工程检验批验收时，其主控项目应全部符合《砌体结构工程施工质量验收规范》（GB 50203—2011）的规定；一般项目应有80%及以上的抽检处符合该规范的规定。有允许偏差的项目，最大超差值为允许偏差值的1.5倍。

㉑ 砌体结构分项工程中检验批抽检时，各抽检项目的样本最小容量除有特殊要求外，应按不小于5确定。

㉒ 在墙体砌筑过程中，当砌筑砂浆初凝后，块体被撞动或需移动时，应将砂浆清除后再铺浆砌筑。

㉓ 分项工程检验批质量验收可按《砌体结构工程施工质量验收规范》（GB 50203—2011）附录A各相应记录表填写。

3.2.2 砖砌体工程质量控制

以下规定适用于烧结普通砖、烧结多孔砖、混凝土多孔砖、混凝土实心砖、蒸压灰砂砖、蒸压粉煤灰砖等砌体工程。

① 用于清水墙、柱表面的砖，应边角整齐，色泽均匀。

② 砌体砌筑时，混凝土多孔砖、混凝土实心砖、蒸压灰砂砖、蒸压粉煤灰砖等块体的产品龄期不应小于28d。

③ 有冻胀环境和条件的地区，地面以下或防潮层以下的砌体，不应采用多孔砖。

④ 不同品种的砖不得在同一楼层混砌。

⑤ 砌筑烧结普通砖、烧结多孔砖、蒸压灰砂砖、蒸压粉煤灰砖砌体时，砖应提前1～2d适度湿润，严禁采用干砖或处于吸水饱和状态的砖砌筑，块体湿润程度宜符合下列规定：a. 烧结类块体的相对含水率为60%～70%；b. 混凝土多孔砖及混凝土实心砖不需浇水湿润，但在气候干燥炎热的情况下，宜在砌筑前对其喷水湿润；其他非烧结类块体的相对含水率为40%～50%。

⑥ 采用铺浆法砌筑砌体，铺浆长度不得超过750mm；当施工期间气温超过30℃时，铺浆长度不得超过500mm。

⑦ 240mm厚承重墙的每层墙的最上一皮砖，砖砌体的阶台水平面上及挑出层的外皮砖，应整砖丁砌。

⑧ 弧拱式及平拱式过梁的灰缝应砌成楔形缝，拱底灰缝宽度不宜小于5mm，拱顶灰缝宽度不应大于15mm，拱体的纵向及横向灰缝应填实砂浆；平拱式过梁拱脚下面应伸入墙内不小于20mm；砖砌平拱过梁底应有1%的起拱。

⑨ 砖过梁底部的模板及其支架拆除时，灰缝砂浆强度不应低于设计强度的75%。

⑩ 多孔砖的孔洞应垂直于受压面砌筑。半盲孔多孔砖的封底面应朝上砌筑。

⑪ 竖向灰缝不应出现瞎缝、透明缝和假缝。

⑫ 砖砌体施工临时间断处补砌时，必须将接槎处表面清理干净，洒水湿润，并填实砂浆，保持灰缝平直。

⑬ 夹心复合墙的砌筑应符合下列规定：

a. 墙体砌筑时，应采取措施防止空腔内掉落砂浆和杂物；

b. 拉结件设置应符合设计要求，拉结件在叶墙上的搁置长度不应小于叶墙厚度的2/3，并不应小于60mm；

c. 保温材料品种及性能应符合设计要求。保温材料的浇注压力不应对砌体强度、变形及外观质量产生不良影响。

3.2.3 石砌体工程质量控制

以下规定适用于毛石、毛料石、粗料石、细料石等砌体工程。

① 石砌体采用的石材应质地坚实，无裂纹和无明显风化剥落；用于清水墙、柱表面的石材，尚应色泽均匀；石材的放射性应经检验，其安全性应符合现行国家标准《建筑材料放射性核素限量》（GB 6566）的有关规定。

② 石材表面的泥垢、水锈等杂质，砌筑前应清除干净。

③ 砌筑毛石基础的石块应坐浆，并将大面向下；砌筑料石基础的第一皮石块应用丁砌层坐浆砌筑。

④ 毛石砌体的第一皮及转角处、交接处和洞口处，应用较大的平毛石砌筑。每个楼层（包括基础）砌体的最上一皮，宜选用较大的毛石砌筑。

⑤ 毛石砌筑时，对石块间存在较大的缝隙，应先向缝内填灌砂浆并捣实，然后再用小石块嵌填，不得先填小石块后填灌砂浆，石块间不得出现无砂浆相互接触的现象。

⑥ 砌筑毛石挡土墙应按分层高度砌筑，并应符合下列规定：

a. 每砌 3~4 皮为一个分层高度，每个分层高度应将顶层石块砌平；

b. 两个分层高度间分层处的错缝不得小于 80mm。

⑦ 料石挡墙，当中间部分用毛石砌筑时，丁砌料石伸入毛石部分的长度不应小于 200mm。

⑧ 毛石、毛料石、粗料石、细料石砌体灰缝厚度应均匀，灰缝厚度应符合下列规定：

a. 毛石砌体外露面的灰缝厚度不宜大于 40mm；

b. 毛料石和粗料石的灰缝厚度不宜大于 20mm；

c. 细料石的灰缝厚度不宜大于 5mm。

⑨ 挡土墙的泄水孔当设计无规定时，施工应符合下列规定：

a. 泄水孔应均匀设置，在每米高度上间隔 2m 左右设置一个泄水孔；

b. 泄水孔与土体间铺设长宽各为 300mm、厚 200mm 的卵石或碎石作疏水层。

⑩ 挡土墙内侧回填土必须分层夯填，分层松土厚度宜为 300mm。墙顶土面应有适当坡度使流水流向挡土墙外侧面。

⑪ 在毛石和实心砖的组合墙中，毛石砌体与砖砌体应同时砌筑，并每隔 4~6 皮砖用 2~3 皮丁砖与毛石体拉结砌合；两种砌体间的空隙应填实砂浆。

⑫ 毛石墙和砖墙相接的转角处和交接处应同时砌筑。转角处、交接处应自纵墙（或横墙）每隔 4~6 皮砖高度引出不小于 120mm 与横墙（或纵墙）相接。

3.2.4 填充墙砌体工程质量控制

以下规定适用于烧结空心砖、蒸压加气混凝土砌块、轻骨料混凝土小型空心砌块等填充墙砌体工程。

① 砌筑填充墙时，轻骨料混凝土小型空心砌块和蒸压加气混凝土砌块的产品龄期不应小于 28d，蒸压加气混凝土砌块的含水率宜小于 30%。

② 烧结空心砖、蒸压加气混凝土砌块、轻骨料混凝土小型空心砌块等的运输、装卸过程中，严禁抛掷和倾倒；进场后应按品种、规格堆放整齐，堆置高度不宜超过 2m。蒸压加气混凝土砌块在运输及堆放中应防止雨淋。

③ 吸水率较小的轻骨料混凝小型空心砌块及采用薄灰砌筑法施工的蒸压加气混凝土砌块，砌筑前不应对其浇（喷）水湿润；在气候干燥炎热的情况下，对吸水率较小的轻骨料混凝土小型空心砌块宜在砌筑前喷水湿润。

④ 采用普通砌筑砂浆砌筑填充墙时，烧结空心砖、吸水率较大的轻骨料混凝土小型空心砌块应提前 1~2d 浇（喷）水湿润。蒸压加气混凝土砌块采用蒸压加气混凝土砌块砌筑砂浆或普通砌筑砂浆砌筑时，应在砌筑当天对砌块砌筑面喷水湿润。块体湿润程度宜符合下列规定：

a. 烧结空心砖的相对含水率 60%~70%；

b. 吸水率较大的轻骨料混凝土小型空心砌块、蒸压加气混凝土砌块的相对含水率 40%~50%。

⑤ 在厨房、卫生间、浴室等处采用轻骨料混凝土小型空心砌块、蒸压加气混凝土砌块砌筑墙体时，墙底部宜现浇混凝土坎台，其高度宜为 150mm。

⑥ 填充墙拉结筋处的下皮小砌块宜采用半盲孔小砌块或用混凝土灌实孔洞的小砌块；薄灰砌筑法施工的蒸压加气混凝土砌块砌体，拉结筋应放置在砌块上表面设置的沟槽内。

⑦ 蒸压加气混凝土砌块、轻骨料混凝小型空心砌块不应与其他块体混砌，不同强度等

级的同类块体也不得混砌。窗台处和因安装门窗需要，在门窗洞口处两侧填充墙上、中、下部可采用其他块体局部嵌砌；对与框架柱、梁不脱开方法砌筑的填充墙，填塞填充墙顶部与梁之间的缝隙可采用其他块体。

⑧ 填充墙砌体砌筑，应待承重主体结构检验批验收合格后进行。填充墙与承重主体结构间的空（缝）隙部位施工，应在填充墙砌筑 14d 后进行。

3.3 混凝土结构工程的质量控制

3.3.1 混凝土结构工程质量控制基本要求

① 混凝土结构子分部工程可划分为模板、钢筋、预应力、混凝土、现浇结构和装配式结构等分项工程。各分项工程可根据与生产和施工方式相一致且便于控制施工质量的原则，按进场批次、工作班、楼层、结构缝或施工段划分为若干检验批。

② 混凝土结构子分部工程的质量验收，应在钢、预应力、混凝土、现浇结构和装配式结构等相关分项工程验收合格的基础上，进行质量控制资料检查、观感质量验收及《混凝土结构工程施工质量验收规范》（GB 50204—2015）规定的结构实体检验。

③ 分项工程的质量验收应在所含检验批验收合格的基础上，进行质量验收记录检查。

④ 检验批的质量验收应包括实物检查和资料检查，并应符合下列规定：

a. 主控项目的质量经抽样检验均应合格。

b. 一般项目的质量经抽样检验应合格；一般项目当采用计数抽样检验时，除《混凝土结构工程施工质量验收规范》（GB 50204—2015）有专门规定外，其合格点率应达到 80% 及以上，且不得有严重缺陷。

c. 应具有完整的质量检验记录，重要工序应具有完整的施工操作记录。

⑤ 检验批抽样样本应随机抽取，并应满足分布均匀、具有代表性的要求。

⑥ 不合格检验批的处理应符合下列规定：

a. 材料、构配件、器具及半成品检验批不合格时不得使用；

b. 混凝土浇筑前施工质量不合格的检验批，应返工、返修，并应重新验收；

c. 混凝土浇筑后施工质量不合格的检验批，应按《混凝土结构工程施工质量验收规范》（GB 50204—2015）有关规定进行处理。

⑦ 获得认证的产品或来源稳定且连续三批均一次检验合格的产品，进场验收时检验批的容量可按《混凝土结构工程施工质量验收规范》（GB 50204—2015）的有关规定扩大一倍，且检验批容量仅可扩大一倍。扩大检验批后的检验中，出现不合格情况时，应按扩大前的检验批容量重新验收，且该产品不得再次扩大检验批容量。

⑧ 混凝土结构工程采用的材料、构配件、器具及半成品应按进场批次进行检验。属于同一工程项目且同期施工的多个单位工程，对同一厂家生产的同批材料、构配件、器具及半成品，可统一划分检验批进行验收。

⑨ 检验批、分项工程、混凝土结构子分部工程的质量验收可按《混凝土结构工程施工质量验收规范》（GB 50204—2015）附录 A 记录。

3.3.2 模板分项工程质量控制

① 模板工程应编制施工方案。爬升式模板工程、工具式模板工程及高大模板支架工程的施工方案，应按有关规定进行技术论证。

② 模板及支架应根据安装、使用和拆除工况进行设计，并应满足承载力、刚度和整体

稳固性要求。

③ 模板及支架的拆除应符合现行国家标准《混凝土结构工程施工规范》（GB 50666—2011）的规定和施工方案的要求。

3.3.2.1 模板安装主控项目

① 模板及支架用材料的技术指标应符合国家现行有关标准的规定。进场时应抽样检验模板和支架材料的外观、规格和尺寸。

检查数量：按国家现行有关标准的规定确定。

检验方法：检查质量证明文件；观察，尺量。

② 现浇混凝土结构模板及支架的安装质量，应符合国家现行有关标准的规定和施工方案的要求。

检查数量：按国家现行有关标准的规定确定。

检验方法：按国家现行有关标准的规定执行。

③ 后浇带处的模板及支架应独立设置。

检查数量：全数检查。

检验方法：观察。

④ 支架竖杆或竖向模板安装在土层上时，应符合下列规定：

a. 土层应坚实、平整，其承载力或密实度应符合施工方案的要求；

b. 应有防水、排水措施；对冻胀性土，应有预防冻融措施；

c. 支架竖杆下应有底座或垫板。

检查数量：全数检查。

检验方法：观察，检查土层密实度检测报告、土层承载力验算或现场检测报告。

3.3.2.2 模板安装一般项目

① 模板安装应符合下列规定：

a. 模板的接缝应严密；

b. 模板内不应有杂物、积水或冰雪等；

c. 模板与混凝土的接触面应平整、清洁；

d. 用作模板的地坪、胎膜等应平整、清洁，不应有影响构件质量的下沉、裂缝、起砂或起鼓；

e. 对清水混凝土及装饰混凝土构件，应使用能达到设计效果的模板。

检查数量：全数检查。

检验方法：观察。

② 隔离剂的品种和涂刷方法应符合施工方案的要求。隔离剂不得影响结构性能及装饰施工，不得污染钢筋、预应力筋、预埋件和混凝土接槎处，不得对环境造成污染。

检查数量：全数检查。

检验方法：检查质量证明文件，观察。

③ 模板的起拱应符合现行国家标准《混凝土结构工程施工规范》（GB 50666—2011）的规定，并应符合设计及施工方案的要求。

检查数量：在同一检验批内，对于梁，跨度大于18m时应全数检查，跨度不大于18m时应抽查构件数量的10%，且不应少于3件；对于板，应按有代表性的自然间抽查10%，且不应少于3间；对于大空间结构，板可按纵、横轴线划分检查面，抽查10%且不应少于3面。

检验方法：水准仪或尺量。

④ 现浇混凝土结构多层连续支模应符合施工方案的规定，上下层模板支架的竖杆宜对准，竖杆下垫板的设置应符合施工方案的要求。

检查数量：全数检查。

检验方法：观察。

⑤ 固定在模板上的预埋件和预留孔洞不得遗漏，且应安装牢固。有抗渗要求的混凝土结构中的预埋件，应按设计及施工方案的要求采取防渗措施。

预埋件和预留孔洞的位置应满足设计和施工方案的要求。当设计无具体要求时，其位置偏差应符合表3-21的规定。

检查数量：在同一检验批内，对梁、柱和独立基础，应抽查构件数量的10%，且不应少于3件；对墙和板，应按有代表性的自然间抽查10%，且不应少于3间；对大空间结构，墙可按相邻轴线间高度5m左右划分检查面，板可按纵、横轴线划分检查面，抽查10%，且均不应少于3面。

检验方法：观察，尺量。

表 3-21 预埋件和预留孔洞的安装允许偏差

项目		允许偏差/mm
预埋板中心线位置		3
预埋管、预留孔中心线位置		3
插筋	中心线位置	5
	外露长度	+10.0
预埋螺栓	中心线位置	2
	外露长度	+10.0
预留洞	中心线位置	10
	尺寸	+10.0

注：检查中心线位置时，沿纵、横两个方向量测，并取其中偏差的较大值。

⑥ 现浇结构模板安装的偏差及检验方法应符合表3-22的规定。

检查数量：在同一检验批内，对梁、柱和独立基础，应抽查构件数量的10%，且不应少于3件；对墙和板，应按有代表性的自然间抽查10%，且不应少于3间；对大空间结构，墙可按相邻轴线间高度5m左右划分检查面，板可按纵、横轴线划分检查面，抽查10%，且均不应少于3面。

表 3-22 现浇结构模板安装的允许偏差及检验方法

项目		允许偏差/mm	检验方法
轴线位置		5	尺量
底模上表面标高		±5	水准仪或拉线、尺量
模板内部尺寸	基础	±10	尺量
	柱、墙、梁	±5	尺量
	楼梯相邻踏步高差	5	尺量

续表

项目		允许偏差/mm	检验方法
柱、墙垂直度	层高≤6m	8	经纬仪或吊线、尺量
	层高>6m	10	经纬仪或吊线、尺量
相邻模板表面高差		2	尺量
表面平整度		5	2m靠尺和塞尺量测

注：检查轴线位置，当有纵横两个方向时，沿纵、横两个方向量测，并取其中偏差的较大值。

⑦ 预制构件模板安装的偏差及检验方法应符合表3-23的规定。

检查数量：首次使用及大修后的模板应全数检查；使用中的模板应抽查10%，且不应少于5件，不足5件时应全数检查。

表 3-23　预制构件模板安装的允许偏差及检验方法

项目		允许偏差/mm	检验方法
长度	梁、板	±4	尺量两侧边取其中较大值
	薄腹梁、桁架	±8	
	柱	0，−10	
	墙板	0，−5	
宽度	板、墙板	0，−5	尺量两端及中部取其中较大值
	梁、薄腹梁、桁架	+2，−5	
高（厚）度	板	+2，−3	尺量两端及中部取其中较大值
	墙	0，−5	
	梁、薄腹梁、桁架、柱	+2，−5	
侧向弯曲	梁、板、柱	$L/1000$ 且≤15	拉线、尺量最大弯曲处
	墙板、薄腹梁、桁架	$L/1500$ 且≤15	
板的表面平整度		3	2m靠尺和塞尺量测
相邻模板表面高差		1	尺量
对角线差	板	7	尺量两对角线
	墙板	5	
翘曲	板、墙板	$L/1500$	水平尺在两端量测
设计起拱	薄腹梁、桁架、梁	±3	拉线、尺量跨中

3.3.3 钢筋分项工程质量检验

(1) 钢筋隐蔽工程验收内容

浇筑混凝土之前，应进行钢筋隐蔽工程验收。隐蔽工程验收应包括下列主要内容：

① 纵向受力钢筋的牌号、规格、数量、位置；

② 钢筋的连接方式、接头位置、接头质量、接头面积百分率、搭接长度、锚固方式及锚固长度；

③ 箍筋、横向钢筋的牌号、规格、数量、间距、位置、箍筋弯钩的弯折角度及平直段长度；

④ 预埋件的规格、数量和位置。

(2) 钢筋、成型钢筋检验批容量扩大要求

钢筋、成型钢筋进场检验，当满足下列条件之一时，其检验批容量可扩大一倍：

① 获得认证的钢筋、成型钢筋；

② 同一厂家、同一牌号、同一规格的钢筋，连续三批均一次检验合格；

③ 同一厂家、同一类型、同一钢筋来源的成型钢筋，连续三批均一次检验合格。

3.3.3.1 材料

(1) 主控项目

钢筋进场时，应按国家现行相关标准的规定抽取试件作屈服强度、抗拉强度、伸长率、弯曲性能和重量偏差检验，检验结果应符合相应标准的规定。

检查数量：按进场批次和产品的抽样检验方案确定。

检验方法：检查质量证明文件和抽样检验报告。

成型钢筋进场时，应抽取试件作屈服强度、抗拉强度、伸长率和重量偏差检验，检验结果应符合国家现行有关标准的规定。

对由热轧钢筋制成的成型钢筋，当有施工单位或监理单位的代表驻厂监督生产过程，并提供原材钢筋力学性能第三方检验报告时，可仅进行重量偏差检验。

检查数量：同一厂家、同一类型、同一钢筋来源的成型钢筋，不超过30t为一批，每批中每种钢筋牌号、规格均应至少抽取1个钢筋试件，总数不应少于3个。

检验方法：检查质量证明文件和抽样检验报告。

按一级、二级、三级抗震等级设计的框架和斜撑构件（含梯段）中的纵向受力普通钢筋，应采用HRB335E、HRB400E、HRB500E、HRBF335E、HRBF400E或HRBF500E级钢筋，其强度和最大力下总伸长率的实测值应符合下列规定：

① 抗拉强度实测值与屈服强度实测值的比值不应小于1.25；

② 屈服强度实测值与屈服强度标准值的比值不应大于1.30；

③ 最大力下总伸长率不应小于9%。

检查数量：按进场的批次和产品的抽样检验方案确定。

检验方法：检查抽样检验报告。

(2) 一般项目

钢筋应平直、无损伤，表面不得有裂纹、油污、颗粒状或片状老锈。

检查数量：全数检查。

检验方法：观察。

成型钢筋的外观质量和尺寸偏差应符合国家现行有关标准的规定。

检查数量：同一厂家、同一类型的成型钢筋，不超过30t为一批，每批随机抽取3根成型钢筋。

检验方法：观察，尺量。

钢筋机械连接套筒、钢筋锚固板以及预埋件等的外观质量应符合国家现行有关标准的规定。

检查数量：按国家现行有关标准的规定确定。

检验方法：检查产品质量证明文件，观察，尺量。

3.3.3.2 钢筋加工

(1) 主控项目

① 钢筋弯折的弯弧内直径应符合下列规定:

a. 光圆钢筋,不应小于钢筋直径的2.5倍;

b. 335MPa级、400MPa级带肋钢筋,不应小于钢筋直径的4倍;

c. 500MPa级带肋钢筋,当直径为28mm以下时不应小于钢筋直径的6倍,当直径为28mm及以上时不应小于钢筋直径的7倍;

d. 箍筋弯折处弯弧内直径尚不应小于纵向受力钢筋的直径。

检查数量:同一设备加工的同一类型钢筋,每工作班抽查不应少于3件。

检验方法:尺量。

② 纵向受力钢筋的弯折后平直段长度应符合设计要求。光圆钢筋末端做180°弯钩时,弯钩的平直段长度不应小于钢筋直径的3倍。

检查数量:同一设备加工的同一类型钢筋,每工作班抽查不应少于3件。

检验方法:尺量。

③ 箍筋、拉筋的末端应按设计要求做弯钩,并应符合下列规定。

a. 对一般结构构件,箍筋弯钩的弯折角度不应小于90°,弯折后平直段长度不应小于箍筋直径的5倍;对有抗震设防要求或设计有专门要求的结构构件,箍筋弯钩的弯折角度不应小于135°,弯折后平直段长度不应小于箍筋直径的10倍。

b. 圆形箍筋的搭接长度不应小于其受拉锚固长度,且两末端弯钩的弯折角度不应小于135°,弯折后平直段长度对一般结构构件不应小于箍筋直径的5倍,对有抗震设防要求的结构构件不应小于箍筋直径的10倍。

c. 梁、柱复合箍筋中的单肢箍筋两端弯钩的弯折角度均不应小于135°,弯折后平直段长度应符合上述对箍筋的有关规定。

检查数量:同一设备加工的同一类型钢筋,每工作班抽查不应少于3件。

检验方法:尺量。

④ 盘卷钢筋调直后应进行力学性能和重量偏差检验,其强度应符合国家现行有关标准的规定,其断后伸长率、重量偏差应符合表3-24的规定。力学性能和重量偏差检验应符合下列规定。

a. 应对3个试件先进行重量偏差检验,再取其中2个试件进行力学性能检验。

b. 重量偏差应按下式计算:

$$\Delta = \frac{W_d - W_0}{W_0} \times 100\%$$

式中 Δ——重量偏差,%;

W_d——3个调直钢筋试件的实际重量之和,kg;

W_0——钢筋理论重量,kg,取每米理论重量(kg/m)与3个调直钢筋试件长度之和(m)的乘积。

c. 检验重量偏差时,试件切口应平滑并与长度方向垂直,其长度不应小于500mm;长度和重量的量测精度分别不应低于1mm和1g。

采用无延伸功能的机械设备调直的钢筋,可不进行本条规定的检验。

检查数量:同一设备加工的同一牌号、同一规格的调直钢筋,重量不大于30t为一批,每批见证抽取3个试件。

检验方法:检查抽样检验报告。

表 3-24　盘卷钢筋调直后的断后伸长率、重量偏差要求

钢筋牌号	断后伸长率 A/%	重量偏差/%	
		直径 6~12mm	直径 14~16mm
HPB300	≥21	≥−10	—
HRB335、HRBF335	≥16	≥−8	≥−6
HRB400、HRBF400	≥15		
RRB400	≥13		
HRB500、HRBF500	≥14		

注：断后伸长率 A 的量测标距为 5 倍钢筋直径。

（2）一般项目

钢筋加工的形状、尺寸应符合设计要求，其偏差应符合表 3-25 的规定。

检查数量：同一设备加工的同一类型钢筋，每工作班抽查不应少于 3 件。

检验方法：尺量。

表 3-25　钢筋加工的允许偏差

项目	允许偏差/mm	项目	允许偏差/mm
受力钢筋沿长度方向的净尺寸	±10	箍筋外廓尺寸	±5
弯起钢筋的弯折位置	±20		

3.3.3.3　钢筋连接

（1）主控项目

① 钢筋的连接方式应符合设计要求。

检查数量：全数检查。

检验方法：观察。

② 钢筋采用机械连接或焊接连接时，钢筋机械连接接头、焊接接头的力学性能、弯曲性能应符合国家现行有关标准的规定。接头试件应从工程实体中截取。

检查数量：按现行行业标准《钢筋机械连接技术规程》（JGJ 107）和《钢筋焊接及验收规程》（JGJ 18）的规定确定。

检验方法：检查质量证明文件和抽样检验报告。

③ 钢筋采用机械连接时，螺纹接头应检验拧紧扭矩值，挤压接头应量测压痕直径，检验结果应符合现行行业标准《钢筋机械连接技术规程》（JGJ 107）的相关规定。

检查数量：按现行行业标准《钢筋机械连接技术规程》（JGJ 107）的规定确定。

检验方法：采用专用扭力扳手或专用量规检查。

（2）一般项目

① 钢筋接头的位置应符合设计和施工方案要求。在有抗震设防要求的结构中，梁端、柱端箍筋加密区范围内不应进行钢筋搭接。接头末端至钢筋弯起点的距离不应小于钢筋直径的 10 倍。

检查数量：全数检查。

检验方法：观察，尺量。

② 钢筋机械连接接头、焊接接头的外观质量应符合现行行业标准《钢筋机械连接技术规程》（JGJ 107）和《钢筋焊接及验收规程》（JGJ 18）的规定。

检查数量：按现行行业标准《钢筋机械连接技术规程》（JGJ 107）和《钢筋焊接及验收规程》（JGJ 18）的规定确定。

检验方法：观察，尺量。

③ 当纵向受力钢筋采用机械连接接头或焊接接头时，同一连接区段内纵向受力钢筋的接头面积百分率应符合设计要求；当设计无具体要求时，应符合下列规定：

a. 受拉接头，不宜大于50%；受压接头，可不受限制；

b. 直接承受动力荷载的结构构件中，不宜采用焊接；当采用机械连接时，不应超过50%。

检查数量：在同一检验批内，对梁、柱和独立基础，应抽查构件数量的10%，且不应少于3件；对墙和板，应按有代表性的自然间抽查10%，且不应少于3间；对大空间结构，墙可按相邻轴线间高度5m左右划分检查面，板可按纵横轴线划分检查面，抽查10%，且均不应少于3面。

检验方法：观察，尺量。

注意事项如下。

第一，接头连接区段是指长度为35d且不小于500mm的区段，d为相互连接两根钢筋的直径较小值。

第二，同一连接区段内纵向受力钢筋接头面积百分率为接头中点位于该连接区段内的纵向受力钢筋截面面积与全部纵向受力钢筋截面面积的比值。

④ 当纵向受力钢筋采用绑扎搭接接头时，接头的设置应符合下列规定：

a. 接头的横向净间距不应小于钢筋直径，且不应小于25mm；

b. 同一连接区段内，纵向受拉钢筋的接头面积百分率应符合设计要求；当设计无具体要求时，应符合下列规定：

ⅰ. 梁类、板类及墙类构件不宜超过25%，基础筏板不宜超过50%；

ⅱ. 柱类构件，不宜超过50%；

ⅲ. 当工程中确有必要增大接头面积百分率时，对梁类构件，不应大于50%。

检查数量：在同一检验批内，对梁、柱和独立基础，应抽查构件数量的10%，且不应少于3件；对墙和板，应按有代表性的自然间抽查10%，且不应少于3间；对大空间结构，墙可按相邻轴线间高度5m左右划分检查面，板可按纵、横轴线划分检查面，抽查10%，且均不应少于3面。

检验方法：观察，尺量。

注意两点：第一，接头连接区段是指长度为1.3倍搭接长度的区段。搭接长度取相互连接两根钢筋中较小直径计算。

第二，同一连接区段内纵向受力钢筋接头面积百分率为接头中点位于该连接区段长度内的纵向受力钢筋截面面积与全部纵向受力钢筋截面面积的比值。

⑤ 梁、柱类构件的纵向受力钢筋搭接长度范围内箍筋的设置应符合设计要求；设计无具体要求时，应符合下列规定：

a. 箍筋直径不应小于搭接钢筋较大直径的1/4；

b. 受拉搭接区段的箍筋间距不应大于搭接钢筋较小直径的5倍，且不应大于100mm；

c. 受压搭接区段的箍筋间距不应大于搭接钢筋较小直径的10倍，且不应大于200mm；

d. 当柱中纵向受力钢筋直径大于25mm时，应在搭接接头两个端面外100mm范围内各设置两道箍筋，其间距宜为50mm。

检查数量：在同一检验批内，应抽查构件数量的10%，且不应少于3件。

检验方法：观察，尺量。

3.3.3.4 钢筋安装

(1) 主控项目

① 钢筋安装时,受力钢筋的牌号、规格和数量必须符合设计要求。

检查数量:全数检查。

检验方法:观察,尺量。

② 钢筋应安装牢固。受力钢筋的安装位置、锚固方式应符合设计要求。

检查数量:全数检查。

检验方法:观察,尺量。

(2) 一般项目

钢筋安装允许偏差和检验方法应符合表3-26的规定,受力钢筋保护层厚度的合格点率应达到90%及以上,且不得有超过表中数1.5倍的尺寸偏差。

检查数量:在同一检验批内,对梁、柱和独立基础,应抽查构件数量的10%,且不应少于3件;对墙和板,应按有代表性的自然间抽查10%,且不应少于3间;对大空间结构,墙可按相邻轴线间高度5m左右划分检查面,板可按纵、横轴线划分检查面,抽查10%,且均不应少于3面。

表3-26 钢筋安装允许偏差和检验方法

项目		允许偏差/mm	检验方法
绑扎钢筋网	长、宽	±10	尺量
	网眼尺寸	±20	尺量连续三档,取最大偏差值
绑扎钢筋骨架	长	±10	尺量
	宽、高	±5	尺量
纵向受力钢筋	锚固长度	−20	尺量
	间距	±10	尺量两端、中间各一点
	排距	±5	取最大偏差值
纵向受力钢筋、箍筋的混凝土保护层厚度	基础	±10	尺量
	柱、梁	±5	尺量
	板、墙、壳	±3	尺量
绑扎箍筋、横向钢筋间距		±20	尺量连续三档,取最大偏差值
钢筋弯起点位置		20	尺量
预埋件	中心线位置	5	尺量
	水平高差	3.0	塞尺量测

注:检查中心线位置时,沿纵、横两个方向量测,并取其中偏差的较大值。

3.3.4 混凝土分项工程质量检验

混凝土强度应按现行国家标准《混凝土强度检验评定标准》(GB/T 50107)的规定分批检验评定。划入同一检验批的混凝土,其施工持续时间不宜超过3个月。

检验评定混凝土强度时,应采用28d或设计规定龄期的标准养护试件。

试件成型方法及标准养护条件应符合现行国家标准《普通混凝土力学性能试验方法标

准》(GB/T 50081)的规定。采用蒸汽养护的构件，其试件应先随构件同条件养护，然后再置入标准养护条件下继续养护至 28d 或设计规定龄期。

当采用非标准尺寸试件时，应将其抗压强度乘以尺寸折算系数，折算成边长为 150mm 的标准尺寸试件抗压强度。尺寸折算系数应按现行国家标准《混凝土强度检验评定标准》(GB/T 50107)采用。

当混凝土试件强度评定不合格时，应委托具有资质的检测机构按国家现行有关标准的规定对结构构件中的混凝土强度进行检测推定，并应按《混凝土结构工程施工质量验收规范》(GB 50204)的规定进行处理。

混凝土有耐久性指标要求时，应按现行行业标准《混凝土耐久性检验评定标准》(JGJ/T 193)的规定检验评定。

大批量、连续生产的同一配合比混凝土，混凝土生产单位应提供基本性能试验报告。

预拌混凝土的原材料质量、制备等应符合现行国家标准《预拌混凝土》(GB/T 14902)的规定。

水泥、外加剂进场检验，当满足下列条件之一时，其检验批容量可扩大一倍：
① 获得认证的产品；
② 同一厂家、同一品种、同一规格的产品，连续三次进场检验均一次检验合格。

3.3.4.1 原材料

（1）主控项目

① 水泥进场时，应对其品种、代号、强度等级、包装或散装编号、出厂日期等进行检查，并应对水泥的强度、安定性和凝结时间进行检验，检验结果应符合现行国家标准《通用硅酸盐水泥》(GB 175)等的相关规定。

检查数量：按同一厂家、同一品种、同一代号、同一强度等级、同一批号且连续进场的水泥，袋装不超过 200t 为一批，散装不超过 500t 为一批，每批抽样数量不应少于一次。

检验方法：检查质量证明文件和抽样检验报告。

② 混凝土外加剂进场时，应对其品种、性能、出厂日期等进行检查，并应对外加剂的相关性能指标进行检验，检验结果应符合现行国家标准《混凝土外加剂》(GB 8076)和《混凝土外加剂应用技术规范》(GB 50119)等的规定。

检查数量：按同一厂家、同一品种、同一性能、同一批号且连续进场的混凝土外加剂，不超过 50t 为一批，每批抽样数量不应少于一次。

检验方法：检查质量证明文件和抽样检验报告。

（2）一般项目

① 混凝土用矿物掺合料进场时，应对其品种、技术指标出厂日期等进行检查，并应对矿物掺合料的相关技术指标进行检验，检验结果应符合国家现行有关标准的规定。

检查数量：按同一厂家、同一品种、同一技术指标、同一批号且连续进场的矿物掺合料，粉煤灰、石灰石粉、磷渣粉和钢铁渣粉不超过 200t 为一批，粒化高炉矿渣粉和复合矿物掺合料不超过 500t 为一批，沸石粉不超过 120t 为一批，硅灰不超过 30t 为一批，每批抽样数量不应少于一次。

检验方法：检查质量证明文件和抽样检验报告。

② 混凝土原材料中的粗骨料、细骨料质量应符合现行行业标准《普通混凝土用砂、石质量及检验方法标准》(JGJ 52)的规定，使用经过净化处理的海砂应符合现行行业标准《海砂混凝土应用技术规范》(JGJ 206)的规定，再生混凝土骨料应符合现行国家标准《混凝土用再生粗骨料》(GB/T 25177)和《混凝土和砂浆用再生细骨料》(GB/T 25176)的规定。

检查数量：按现行行业标准《普通混凝土用砂、石质量及检验方法标准》(JGJ 52)的规定确定。

检验方法：检查抽样检验报告。

③ 混凝土拌制及养护用水应符合现行行业标准《混凝土用水标准》(JGJ 63)的规定。采用饮用水时，可不检验；采用中水、搅拌站清洗水、施工现场循环水等其他水源时，应对其成分进行检验。

检查数量：同一水源检查不应少于一次。

检验方法：检查水质检验报告。

3.3.4.2 混凝土拌合物

（1）主控项目

① 预拌混凝土进场时，其质量应符合现行国家标准《预拌混凝土》(GB/T 14902)的规定。

检查数量：全数检查。

检验方法：检查质量证明文件。

② 混凝土拌合物不应离析。

检查数量：全数检查。

检验方法：观察。

③ 混凝土中氯离子含量和碱总含量应符合现行国家标准《混凝土结构设计规范》(GB 50010)的规定和设计要求。

检查数量：同一配合比的混凝土检查不应少于一次。

检验方法：检查原材料试验报告和氯离子、碱的总含量计算书。

④ 首次使用的混凝土配合比应进行开盘鉴定，其原材料、强度、凝结时间、稠度等应满足设计配合比的要求。

检查数量：同一配合比的混凝土检查不应少于一次。

检验方法：检查开盘鉴定资料和强度试验报告。

（2）一般项目

① 混凝土拌合物稠度应满足施工方案的要求。

检查数量：对同一配合比混凝土，取样应符合下列规定：

a. 每拌制 100 盘且不超过 100m³ 时，取样不得少于一次；

b. 每工作班拌制不足 100 盘时，取样不得少于一次；

c. 连续浇筑超过 1000m³ 时，每 200m³ 取样不得少于一次；

d. 每一楼层取样不得少于一次。

检验方法：检查稠度抽样检验记录。

② 混凝土有耐久性指标要求时，应在施工现场随机抽取试件进行耐久性检验，其检验结果应符合国家现行有关标准的规定和设计要求。

检查数量：同一配合比的混凝土，取样不应少于一次，留置试件数量应符合国家现行标准《普通混凝长期性能和耐久性能试验方法标准》(GB/T 50082)和《混凝土耐久性检验评定标准》(JGJ/T 193)的规定。

检验方法：检查试件耐久性试验报告。

③ 混凝土有抗冻要求时，应在施工现场进行混凝土含气量检验，其检验结果应符合国家现行有关标准的规定和设计要求。

检查数量：同一配合比的混凝土，取样不应少于一次，取样数量应符合现行国家标准《普通混凝土拌合物性能试验方法标准》(GB/T 50080)的规定。

检验方法：检查混凝土含气量试验报告。

3.3.4.3 混凝土施工

（1）主控项目

混凝土的强度等级必须符合设计要求。用于检验混凝土强度的试件应在浇筑地点随机抽取。

检查数量：对同一配合比混凝土，取样与试件留置应符合下列规定：

① 每拌制 100 盘且不超过 100m³ 时，取样不得少于一次；
② 每工作班拌制不足 100 盘时，取样不得少于一次；
③ 连续浇筑超过 1000m³ 时，每 200m³ 取样不得少于一次；
④ 每一楼层取样不得少于一次；
⑤ 每次取样应至少留置一组试件。

检验方法：检查施工记录及混凝土强度试验报告。

（2）一般项目

① 后浇带的留设位置应符合设计要求。后浇带和施工缝的留设及处理方法应符合施工方案要求。

检查数量：全数检查。

检验方法：观察。

② 混凝土浇筑完毕后应及时进行养护，养护时间以及养护方法应符合施工方案要求。

检查数量：全数检查。

检验方法：观察，检查混凝土养护记录。

3.4 防水工程的质量控制

3.4.1 地下防水工程质量控制

地下防水工程是包括对房屋建筑、防护工程、市政隧道、地下铁道等地下工程进行防水设计、防水施工和维护管理等各项技术工作的工程实体。地下工程的防水等级标准应符合表 3-27 的规定。

表 3-27 地下工程防水等级标准

防水等级	防水标准
一级	不允许渗水，结构表面无湿渍
二级	不允许漏水，结构表面可有少量湿渍 房屋建筑地下工程：总湿渍面积不大于总防水面积（包括顶板、墙面、地面）的 1/1000；任意 100m² 防水面积上的湿渍不超过 2 处，单个湿渍的最大面积不大于 0.1m²； 其他地下工程：湿渍总面积不应大于总防水面积的 2/1000；任意 100m² 防水面积上的湿渍不超过 3 处，单个湿渍的最大面积不大于 0.2m²；其中，隧道工程平均渗水量不大于 0.05L/（m²·d），任意 100m² 防水面积上的渗水量不大于 0.15L/（m²·d）
三级	有少量漏水点，不得有线流和漏泥砂； 任意 100m² 防水面积上的漏水或湿渍点数不超过 7 处，单个漏水点的最大漏水量不大于 2.5L/d，单个湿渍的最大面积不大于 0.3m²
四级	有漏水点，不得有线流和漏泥砂； 整个工程平均漏水量不大于 2L/（m²·d），任意 100m² 防水面积上的平均漏量不大于 4L/（m²·d）

明挖法和暗挖法地下工程的防水设防应按表 3-28 和表 3-29 选用。

表3-28 明挖法地下工程防水设防

工程部位	主体结构						施工缝						后浇带				变形缝、诱导缝				
防水措施	防水混凝土	防水卷材	防水涂料	塑料防水板	膨润土防水材料	金属板	防水砂浆	遇水膨胀止水条或止水带	外贴式止水带	中埋式止水带	外抹防水砂浆	外涂防水涂料	水泥基渗透结晶型防水涂料	预埋注浆管	补偿收缩混凝土	外贴式止水带	预埋注浆管	遇水膨胀止水条	中埋式止水带	外贴式止水带	可卸式止水带	防水密封材料	外贴防水卷材	外涂防水涂料
防水等级 一级	必选	应选一至二种						应选一至二种			应选一至二种				应选	应选一至二种			应选	应选一至二种				
二级	应选	应选一种						应选一种			应选一至二种				应选	宜选一至二种			应选	宜选一至二种				
三级	宜选	宜选一种						宜选一种			宜选一种					宜选一种				宜选一种				
四级	宜选	—																						

表3-29 暗挖法地下工程防水设防

工程部位	衬砌结构					内衬砌施工缝				内衬砌变形缝、诱导缝				
防水措施	防水混凝土	防水涂料	塑料防水板	膨润土防水材料	防水砂浆	金属板	遇水膨胀止水条或止水带	外贴式止水带	中埋式止水带	防水密封材料	水泥基渗透结晶型防水涂料	预埋注浆管	中埋式止水带	外贴式止水带	可卸式止水带	防水密封材料
防水等级 一级	必选	应选一至二种					应选一至二种			应选一至二种			应选	应选一至二种		
二级	应选	应选一种					应选一种			应选一种			应选	应选一种		
三级	宜选	宜选一种					宜选一种			宜选一种				宜选一种		
四级	宜选									宜选一种				宜选一种		

① 地下防水工程必须由持有资质等级证书的防水专业队伍进行施工，主要施工人员应持有省级及以上建设行政主管部门或其指定单位颁发的执业资格证书或防水专业岗位证书。

② 地下防水工程施工前，应通过图纸会审，掌握结构主体及细部构造的防水要求，施工单位应编制防水工程专项施工方案，经监理单位或建设单位审查批准后执行。

③ 地下防水工程所使用防水材料的品种、规格、性能等必须符合现行国家或行业产品标准和设计要求。

④ 防水材料必须经具备相应资质的检测单位进行抽样检验，并出具产品性能检测报告。

⑤ 防水材料的进场验收应符合下列规定：

a. 对材料的外观、品种、规格、包装、尺寸和数量等进行检查验收，并经监理单位或建设单位代表检查确认，形成相应验收记录；

b. 对材料的质量证明文件进行检查，并经监理单位或建设单位代表检查确认，纳入工程技术档案；

c. 材料进场后应按《地下防水工程质量验收规范》（GB 50208—2011）附录 A 和附录 B 的规定抽样检验，检验应执行见证取样送检制度，并出具材料进场检验报告；

d. 材料的物理性能检验项目全部指标达到标准规定时，即为合格；若有一项指标不符合标准规定，应在受检产品中重新取样进行该项指标复验，复验结果符合标准规定，则判定该批材料为合格。

⑥ 地下工程使用的防水材料及其配套材料，应符合现行行业标准《建筑防水涂料中有害物质限量》（JC 1066）的规定，不得对周围环境造成污染。

⑦ 地下防水工程的施工，应建立各道工序的自检、交接检和专职人员检查的制度，并有完整的检查记录。工程隐蔽前，应由施工单位通知有关单位进行验收，并形成隐蔽工程验收记录；未经监理单位或建设单位代表对上道工序的检查确认，不得进行下道工序的施工。

⑧ 地下防水工程施工期间，必须保持地下水位稳定在工程底部最低高程 0.5m 以下，必要时应采取降水措施。对采用明沟排水的基坑，应保持基坑干燥。

⑨ 地下防水工程不得在雨天、雪天和五级风及其以上时施工；防水材料施工环境气温条件宜符合表 3-30 的规定。

表 3-30　防水材料施工环境气温条件

防水材料	施工环境气温条件
高聚物改性沥青防水卷材	冷粘法、自粘法不低于5℃，热熔法不低于−10℃
合成高分子防水卷材	冷粘法、自粘法不低于5℃，焊接法不低于−10℃
有机防水涂料	溶剂型−5～35℃，反应型、溶乳型5～35℃
无机防水涂料	5～35℃
防水混凝土、防水砂浆	5～35℃
膨润土防水涂料	不低于−20℃

⑩ 地下防水工程是一个子分部工程，其分项工程的划分应符合表 3-31 的要求。

表 3-31 地下防水工程的分项工程

子分部工程	分项工程
地下防水工程 主体结构防水	防水混凝土、水泥砂浆防水层、卷材防水层、涂料防水层、塑料防水板防水层、金属板防水层、膨润土防水材料防水层
地下防水工程 细部构造防水	施工缝、变形缝、后浇带、穿墙管、埋设件、预留通道接头、桩头、孔口、坑、池
地下防水工程 特殊施工法结构防水	锚喷支护、地下连续墙、盾构隧道、沉井、逆筑结构
地下防水工程 排水	渗排水、盲沟排水、隧道排水、坑道排水、塑料排水板排水
地下防水工程 注浆	预注浆、后注浆、结构裂缝注浆

⑪ 地下防水工程的分项工程检验批和抽样检验数量应符合下列规定：

a. 主体结构防水工程和细部构造防水工程应按结构层、变形缝或后浇带等施工段划分检验批；

b. 特殊施工法结构防水工程应按隧道区间、变形缝等施工段划分检验批；

c. 排水工程和注浆工程应各为一个检验批；

d. 各检验批的抽样检验数量，细部构造应为全数检查，其他均应符合《地下防水工程质量验收规范》（GB 50208）的规定。

⑫ 地下工程应按设计的防水等级标准进行验收。地下工程渗漏水调查与检测应按《地下防水工程质量验收规》（GB 50208—2011）附录 C 执行。

3.4.1.1 防水混凝土

防水混凝土适用于抗渗等级不低于 P6 的地下混凝土结构。不适用于环境温度高于 80℃ 的地下工程。处于侵蚀性介质中，防水混凝土的耐侵蚀性要求应符合现行国家标准《工业建筑防腐蚀设计规范》（GB 50046）和《混凝土结耐久性设计规范》（GB 50476）的有关规定。

① 水泥的选择应符合下列规定：

a. 宜采用普通硅酸盐水泥或硅酸盐水泥，采用其他品种水泥时应经试验确定；

b. 在受侵蚀性介质作用时，应按介质的性质选用相应的水泥品种；

c. 不得使用过期或受潮结块的水泥，并不得将不同品种或强度等级的水泥混合使用。

② 砂、石的选择应符合下列规定：

a. 砂宜选用中粗砂，含泥量不应大于 3.0%，泥块含量不宜大于 1.0%；

b. 不宜使用海砂；在没有使用河砂的条件时，应对海砂进行处理后才能使用，且控制氯离子含量不得大于 0.06%；

c. 碎石或卵石的粒径宜为 5～40mm，含泥量不应大于 1.0%，泥块含量不应大于 0.5%；

d. 对长期处于潮湿环境的重要结构混凝土用砂、石，应进行碱活性检验。

③ 矿物掺合料的选择应符合下列规定：

a. 粉煤灰的级别不应低于二级，烧失量不应大于 5%；

b. 硅粉的比表面积不应小于 $15000m^2/kg$，SiO_2 含量不应小于 85%；

c. 粒化高炉矿渣粉的品质要求应符合现行国家标准《用于水泥、砂浆和混凝土中的粒化高炉矿渣粉》（GB/T 18046）的有关规定。

④ 混凝土拌合用水应符合现行行业标准《混凝土用水标准》（JGJ 63）的有关规定。

⑤ 外加剂的选择应符合下列规定：

a. 外加剂的品种和用量应经试验确定,所用外加剂应符合现行国家标准《混凝土外加剂应用技术规范》(GB 50119)的质量规定;
　　b. 掺加引气剂或引气型减水剂的混凝土,其含气量宜控制在3%~5%;
　　c. 考虑外加剂对硬化混凝土收缩性能的影响;
　　d. 严禁使用对人体产生危害、对环境产生污染的外加剂。
　⑥ 防水混凝土的配合比应经试验确定,并应符合下列规定:
　　a. 试配要求的抗渗水压值应比设计值提高0.2MPa;
　　b. 混凝土胶凝材料总量不宜小于320kg/m³,其中水泥用量不宜少于260kg/m³;粉煤灰掺量宜为胶凝材料总量的20%~30%,硅粉的掺量宜为胶凝材料总量的2%~5%;
　　c. 水胶比不得大于0.50,有侵蚀性介质时水胶比不宜大于0.45;
　　d. 砂率宜为35%~40%,泵送时可增加到45%;
　　e. 灰砂比宜为(1∶1.5)~(1∶2.5);
　　f. 混凝土拌合物的氯离子含量不应超过胶凝材料总量的0.1%;混凝土中各类材料的总碱量即Na_2O当量不得大于3kg/m³。
　⑦ 防水混凝土采用预拌混凝土时,入泵坍落度宜控制在120~140mm,坍落度每小时损失不应大于20mm,坍落度总损失值不应大于40mm。
　⑧ 混凝土拌制和浇筑过程控制应符合下列规定:
　　a. 拌制混凝土所用材料的品种、规格和用量,每工作班检查不应少于两次。每盘混凝土各组成材料计量结果的允许偏差应符合表3-32的规定。

表3-32　混凝土组成材料计量结果的允许偏差　　　　单位:%

混凝土组成材料	每盘计量	累计计量
水泥、掺合料	±2	±1
粗、细骨料	±3	±2
水、外加剂	±2	±1

注:累计计量仅适用于计算机控制计量的搅拌站。

　　b. 混凝土在浇筑地点的坍落度,每工作班至少检查两次。混凝土的坍落度试验应符合现行国家标准《普通混凝土拌合物性能试验方法标准》(GB/T 50080)的有关规定。混凝土坍落度允许偏差应符合3-33的规定。

表3-33　混凝土坍落度允许偏差　　　　单位:mm

要求坍落度	允许偏差	要求坍落度	允许偏差
≤40	±10	≥100	±20
50~90	±15		

　　c. 泵送混凝土拌合物在运输后出现离析,必须进行二次搅拌。当坍落度损失后不能满足施工要求时,应加入原水胶比的水泥浆或掺加同品种的减水剂进行搅拌,严禁直接加水。
　⑨ 防水混凝土抗压强度试件,应在混凝土浇筑地点随机取样后制作,并应符合下列规定:
　　a. 同一工程、同一配合比的混凝土,取样频率和试件留置组数应符合现行国家标准

《混凝土结构工程施工质量验收规范》(GB 50204) 的有关规定。

b. 抗压强度试验应符合现行国家标准《普通混凝土力学性能试验方法标准》(GB/T 50081) 的有关规定。

c. 结构构件的混凝土强度评定应符合现行国家标准《混凝土强度检验评定标准》(GB/T 50107) 的有关规定。

⑩ 防水混凝土抗渗性能应采用标准条件下养护混凝土抗渗试件的试验结果评定,试件应在混凝土浇筑地点随机取样后制作,并应符合下列规定:

a. 连续浇筑混凝土每 $500m^3$ 应留置一组 6 个抗渗试件,且每项工程不得少于两组;采用预拌混凝土的抗渗试件,留置组数应视结构的规模和要求而定。

b. 抗渗性能试验应符合现行国家标准《普通混凝土长期性能和耐久性能试验方法》(GB/T 50082) 的有关规定。

⑪ 大体积防水混凝土的施工应采取材料选择、温度控制、保温保湿等技术措施。在设计许可的情况下,掺粉煤灰混凝土设计强度的龄期宜为 60d 或 90d。

⑫ 防水混凝土分项工程检验批的抽样检验数量,应按混凝土外露面积每 $100m^2$ 抽查 1 处,每处 $10m^2$,且不得少于 3 处。

(1) 主控项目

① 防水混凝土的原材料、配合比及坍落度必须符合设计要求。

检验方法:检查产品合格证、产品性能检测报告、计量措施和材料进场检验报告。

② 防水混凝土的抗压强度和抗渗性能必须符合设计要求。

检验方法:检查混凝土抗压强度、抗渗性能检验报告。

③ 防水混凝土结构的变形缝、施工缝、后浇带、穿墙管、埋设件等设置和构造必须符合设计要求。

检验方法:观察检查和检查隐蔽工程验收记录。

(2) 一般项目

① 防水混凝土结构表面应坚实、平整,不得有露筋、蜂窝等缺陷;埋设件位置应准确。

检验方法:观察检查。

② 防水混凝土结构表面的裂缝宽度不应大于 0.2mm,且不得贯通。

检验方法:用刻度放大镜检查。

③ 防水混凝土结构厚度不应小于 250mm,其允许偏差应为 +8mm、-5mm;主体结构迎水面钢筋保护层厚度不应小于 50mm,其允许偏差为 ±5mm。

检验方法:尺量检查和检查隐蔽工程验收记录。

3.4.1.2 水泥砂浆防水层

水泥砂浆防水层适用于地下工程主体结构的迎水面或背水面。不适用于受持续振动或环境温度高于 80℃ 的地下工程。

① 水泥砂浆防水层应采用聚合物水泥防水砂浆;掺外加剂或掺料的防水砂浆。

② 水泥砂浆防水层所用的材料应符合下列规定:

a. 水泥应使用普通硅酸盐水泥、硅酸盐水泥或特种水泥,不得使用过期或受潮结块的水泥;

b. 砂宜采用中砂,含泥量不应大于 1%,硫化物和硫酸盐含量不得大于 1%;

c. 用于拌制水泥砂浆的水应采用不含有害物质的洁净水;

d. 聚合物乳液的外观为均匀液体,无杂质、无沉淀、不分层;

e. 外加剂的技术性能应符合国家或行业有关标准的质量要求。

③ 水泥砂浆防水层的基层质量应符合下列规定：

a. 基层表面应平整、坚实、清洁，并应充分湿润，无明水；

b. 基层表面的孔洞、缝隙应采用与防水层相同的水泥砂浆填塞并抹平；

c. 施工前应将埋设件、穿墙管预留凹槽内嵌填密封材料后，再进行水泥砂浆防水层施工。

④ 水泥砂浆防水层施工应符合下列规定：

a. 水泥砂浆的配制、应按所掺材料的技术要求准确计量；

b. 分层铺抹或喷涂，铺抹时应压实、抹平，最后一层表面应提浆压光；

c. 防水层各层应紧密黏合，每层宜连续施工；必须留设施工缝时，应采用阶梯坡形槎，但与阴阳角的距离不得小于200mm；

d. 水泥砂浆终凝后应及时进行养护，养护温度不宜低于5℃，并应保持砂浆表面湿润，养护时间不得少于14d。聚合物水泥防水砂浆未达到硬化状态时，不得浇水养护或直接受雨水冲刷，硬化后应采用干湿交替的养护方法。潮湿环境中，可在自然条件下养护。

⑤ 水泥砂浆防水层分项工程检验批的抽样检验数量，应按施工面积每100m^2抽查1处，每处10m^2，且不得少于3处。

(1) 主控项目

① 防水砂浆的原材料及配合比必须符合设计规定。

检验方法：检查产品合格证、产品性能检测报告、计量措施和材料进场检验报告。

② 防水砂浆的黏结强度和抗渗性能必须符合设计规定。

检验方法：检查砂浆黏结强度、抗渗性能检测报告。

③ 水泥砂浆防水层与基层之间应结合牢固，无空鼓现象。

检验方法：观察和用小锤轻击检查。

(2) 一般项目

① 水泥砂浆防水层表面应密实、平整，不得有裂纹、起砂、麻面等缺陷。

检验方法：观察检查。

② 水泥砂浆防水层施工缝留槎位置应正确，接槎应按层次顺序操作，层层搭接紧密。

检验方法：观察检查和检查隐蔽工程验收记录。

③ 水泥砂浆防水层的平均厚度应符合设计要求，最小厚度不得小于设计值的85%。

检验方法：用针测法检查。

④ 水泥砂浆防水层表面平整度的允许偏差应为5mm。

检查方法：用2m靠尺和楔形塞尺检查。

3.4.1.3 卷材防水层

卷材防水层适用于受侵蚀性介质作用或受振动作用的地下工程；卷材防水层应铺设在主体结构的迎水面。

① 卷材防水层应采用高聚物改性沥青防水卷材和合成高分子防水卷材。所选用的基层处理剂、胶黏剂、密封材料等均应与铺贴的卷材相匹配。

② 在进场材料检验的同时，防水卷材接缝黏结质量检验应按《地下防水工程质量验收规范》(GB 50208—2011) 附录D执行。

③ 铺贴防水卷材前，清扫应干净、干燥，并应涂刷基层处理剂；当基面潮湿时，应涂刷湿固化型胶黏剂或潮湿界面隔离剂。

④ 基层阴阳角应做成圆弧或45°坡角，其尺寸应根据卷材品种确定；在转角处、变形缝、施工缝、穿墙管等部位应铺贴卷材加强层，加强层宽度不应小于500mm。

⑤ 防水卷材的搭接宽度应符合表 3-34 的要求。铺贴双层卷材时,上下两层和相邻两幅卷材的接缝应错开 1/3～1/2 幅宽,且两层卷材不得相互垂直铺贴。

表 3-34 防水卷材的搭接宽度

卷材品种	搭接宽度/mm
弹性体改性沥青防水卷材	100
改性沥青聚乙烯胎防水卷材	100
自粘聚合物改性沥青防水卷材	80
三元乙丙橡胶防水卷材	100/60（胶黏剂/胶结带）
聚氯乙烯防水卷材	60/80（单面焊/双面焊）
聚氯乙烯防水卷材	100（胶结剂）
聚乙烯丙纶复合防水卷材	100（黏结料）
高分子自粘胶膜防水卷材	70/80（自粘胶/胶结带）

⑥ 冷粘法铺贴卷材应符合下列规定：
a. 胶黏剂涂刷应均匀,不得露底,不堆积；
b. 根据胶黏剂的性能,应控制胶黏剂涂刷与卷材铺贴的间隔时间；
c. 铺贴时不得用力拉伸卷材,应排除卷材下面的空气,辊压黏结牢固；
d. 铺贴卷材应平整、顺直,搭接尺寸准确,不得有扭曲、皱折；
e. 卷材接缝部位应采用专用黏结剂或胶结带满粘,接缝口应用密封材料封严,其宽度不应小于 10mm。

⑦ 热熔法铺贴卷材应符合下列规定：
a. 火焰加热器加热卷材应均匀,不得加热不足或烧穿卷材；
b. 卷材表面热熔后应立即滚铺,排除卷材下面的空气,并黏结牢固；
c. 铺贴卷材应平整、顺直,搭接尺寸准确,不得有扭曲、皱折；
d. 卷材接缝部位应溢出热熔的改性沥青胶料,并黏结牢固,封闭严密。

⑧ 自粘法铺贴卷材应符合下列规定：
a. 铺贴卷材时,应将有黏性的一面朝向主体结构；
b. 外墙、顶板铺贴时,排除卷材下面的空气,并黏结牢固；
c. 铺贴卷材应平整、顺直,搭接尺寸准确,不得有扭曲、皱折；
d. 立面卷材铺贴完成后,应将卷材端头固定,并应用密封材料封严；
e. 低温施工时,宜对卷材和基面采用热风适当加热,然后铺贴卷材。

⑨ 卷材接缝采用焊接法施工应符合下列规定：
a. 焊接前卷材应铺放平整,搭接尺寸准确,焊接缝的结合面应清扫干净；
b. 焊接前应先焊长边搭接缝,后焊短边搭接缝；
c. 控制热风加热温度和时间,焊接处不得漏焊、跳焊或焊接不牢；
d. 焊接时不得损害非焊接部位的卷材。

⑩ 铺贴聚乙烯丙纶复合防水卷材应符合下列规定：
a. 应采用配套的聚合物水泥防水黏结材料；
b. 卷材与基层粘贴应采用满粘法,黏结面积不应小于 90%,刮涂黏结料应均匀,不得露底、堆积、流淌；

c. 固化后的黏结料厚度不应小于1.3mm；

d. 卷材接缝部位应挤出黏结料，接缝表面处应刮1.3mm厚50mm宽聚合物水泥黏结料封边；

e. 聚合物水泥黏结料固化前，不得在其上行走或进行后续作业。

⑪ 高分子自粘胶膜防水卷材宜采用预铺反粘法施工，并应符合下列规定：

a. 卷材宜单层铺设；

b. 在潮湿基面铺设时，基面应平整坚固、无明水；

c. 卷材长边应采用自粘边搭接，短边应采用胶结带搭接，卷材端部搭接区应相互错开；

d. 立面施工时，在自粘边位置距离卷材边缘10～20mm内，每隔400～600mm应进行机械固定，并应保证固定位置被卷材完全覆盖；

e. 浇筑结构混凝土时不得损伤防水层。

⑫ 卷材防水层完工并经验收合格后应及时做保护层。保护层应符合下列规定。

a. 顶板的细石混凝土保护层与防水层之间宜设置隔离层。细石混凝土保护层厚度：机械回填时不宜小于70mm，人工回填时不宜小于50mm。

b. 底板的细石混凝土保护层厚度不应小于50mm。

c. 侧墙宜采用软质保护材料或铺抹20mm厚1∶2.5水泥砂浆。

⑬ 卷材防水层分项工程检验批的抽检数量，应按铺贴面积每100m^2抽查1处，每处10m^2，且不得少于3处。

(1) 主控项目

① 卷材防水层所用卷材及其配套材料必须符合设计要求。

检验方法：检查产品合格证、产品性能检测报告和材料进场检验报告。

② 卷材防水层在转角处、变形缝、施工缝、穿墙管等部位做法必须符合设计要求。

检验方法：观察检查和检查隐蔽工程验收记录。

(2) 一般项目

① 卷材防水层的搭接缝应粘贴或焊接牢固，密封严密，不得有扭曲、皱折、翘边和起泡等缺陷。

检验方法：观察检查。

② 采用外防外贴法铺贴卷材防水层时，立面卷材接槎的搭接宽度，高聚物改性沥青类卷材应为150mm，合成高分子类卷材应为100mm，且上层卷材应盖过下层卷材。

检验方法：观察和尺量检查。

③ 侧墙卷材防水层的保护层与防水层应结合紧密，保护层厚度应符合设计要求。

检验方法：观察和尺量检查。

④ 卷材搭接宽度的允许偏差应为－10mm。

检验方法：观察和尺量检查。

3.4.1.4 涂料防水层

涂料防水层适用于受侵蚀性介质作用或受振动作用的地下工程；有机防水涂料宜用于主体结构的迎水面，无机防水涂料宜用于主体结构的迎水面或背水面。

① 有机防水涂料应采用反应型、水乳型、聚合物水泥等涂料；无机防水涂料应采用掺外加剂、掺合料的水泥基防水涂料或水泥基渗透结晶型防水涂料。

有机防水涂料基面应干燥。当基面较潮湿时，应涂刷湿固化型胶结剂或潮湿界面隔离剂；无机防水涂料施工前，基面应充分润湿，但不得有明水。

② 涂料防水层的施工应符合下列规定：

a. 多组分涂料应按配合比准确计量，搅拌均匀，并应根据有效时间确定每次配制的用量。

b. 涂料应分层涂刷或喷涂，涂层应均匀，涂刷应待前遍涂层干燥成膜后进行；每遍涂刷时应交替改变涂层的涂刷方向，同层涂膜的先后搭压宽度宜为30~50mm；

c. 涂料防水层的甩槎处接缝宽度不应小于100mm，接涂前应将其甩槎表面处理干净；

d. 采用有机防水涂料时，基层阴阳角处应做成圆弧；在转角处、变形缝、施工缝、穿墙管等部位应增加胎体增强材料和增涂防水涂料，宽度不应小于50mm；

e. 胎体增强材料的搭接宽度不应小于100mm，上下两层和相邻两幅胎体的接缝应错开1/3幅宽，且上下两层胎体不得相互垂直铺贴。

③ 涂料防水层完工并经验收合格后应及时做保护层。保护层应符合下列规定。

a. 顶板的细石混凝土保护层与防水层之间宜设置隔离层。细石混凝土保护层厚度：机械回填时不宜小于70mm，人工回填时不宜小于50mm；

b. 底板的细石混凝土保护层厚度不应小于50mm。

c. 侧墙宜采用软质保护材料或铺抹20mm厚1∶2.5水泥砂浆。

④ 涂料防水层分项工程检验批的抽检数量，应按铺贴面积每100m^{2}抽查1处，每处10m^2，且不得少于3处。

(1) 主控项目

① 涂料防水层所用的材料及配合比必须符合设计要求。

检验方法：检查产品合格证、产品性能检测报告、计量措施和材料进场检验报告。

② 涂料防水层的平均厚度应符合设计要求，最小厚度不得低于设计厚度的90%。

检验方法：用针测法检查。

③ 涂料防水层在转角处、变形缝、施工缝、穿墙管等部位做法必须符合设计要求。

检验方法：观察检查和检查隐蔽工程验收记录。

(2) 一般项目

① 涂料防水层应与基层黏结牢固、涂刷均匀，不得流淌、鼓泡、露槎。

检验方法：观察检查。

② 涂层间夹铺胎体增强材料时，应使防水涂料浸透胎体覆盖完全，不得有胎体外露现象。

检验方法：观察检查。

③ 侧墙涂料防水层的保护层与防水层应结合紧密，保护层厚度应符合设计要求。

检验方法：观察检查。

3.4.2 屋面防水工程质量控制

防水层施工前，基层应坚实、平整、干净、干燥。

基层处理剂应配比准确，并应搅拌均匀；喷涂或涂刷基层处理剂应均匀一致，待其干燥后应及时进行卷材、涂膜防水层和接缝密封防水施工。

防水层完工并经验收合格后，应及时做好成品保护。

防水与密封工程各分项工程每个检验批的抽检数量，防水层应按屋面面积每100m^{2}抽查一处，每处应为10m^2，且不得少于3处；接缝密封防水应按每50m抽查一处，每处应为5m，且不得少于3处。

3.4.2.1 卷材防水层

屋面坡度大于25%时,卷材应采取满粘和钉压固定措施。

① 卷材铺贴方向应符合下列规定:

a. 卷材宜平行于屋脊铺贴;

b. 上下层卷材不得相互垂直铺贴。

② 卷材搭接缝应符合下列规定:

a. 平行屋脊的卷材搭接缝应顺流水方向,卷材搭接宽度应符合表3-35的规定;

b. 相邻两幅卷材短边搭接缝应错开,且不得小于500mm;

c. 上下层卷材长边搭接缝应错开,且不得小于幅宽的1/3。

表3-35 卷材搭接宽度 单位:mm

卷材类别		搭接宽度
合成高分子防水卷材	胶黏剂	80
	胶粘带	50
	单缝焊	60,有效焊接宽度不小于25
	双缝焊	80,有效焊接宽度10×2+空腔宽
高聚物改性沥青防水卷材	胶黏剂	100
	自粘	80

③ 冷粘法铺贴卷材应符合下列规定:

a. 胶黏剂涂刷应均匀,不应露底,不应堆积;

b. 应控制胶黏剂涂刷与卷材铺贴的间隔时间;

c. 卷材下面的空气应排尽,并应辊压粘牢固;

d. 卷材铺贴应平整顺直,搭接尺寸应准确,不得扭曲、皱折;

e. 接锋口应用密封材料封严,宽度不应小于10mm。

④ 热粘法铺贴卷材应符合下列规定:

a. 熔化热熔型改性沥青胶结料时,宜采用专用导热油炉加热,加热温度不应高于200℃,使用温度不宜低于180℃;

b. 粘贴卷材的热熔型改性沥青胶结料厚度宜为1.0~1.5mm;

c. 采用热熔型改性沥青胶结料粘贴卷材时,应随刮随铺,并应展平压实。

⑤ 热熔法铺贴卷材应符合下列规定:

a. 火焰加热器加热卷材应均匀,不得加热不足或烧穿卷材;

b. 卷材表面热熔后应立即滚铺,卷材下面的空气应排尽,并应辊压粘贴牢固;

c. 卷材接缝部位应溢出热熔的改性沥青胶,溢出的改性沥青胶宽度宜为8mm;

d. 铺贴的卷材应平整顺直,搭接尺寸应准确,不得扭曲、皱折;

e. 厚度小于3mm的高聚物改性沥青防水卷材,严禁采用热熔法施工。

⑥ 自粘法铺贴卷材应符合下列规定:

a. 铺贴卷材时,应将自粘胶底面的隔离纸全部撕净;

b. 卷材下面的空气应排尽,并应辊压粘贴牢固;

c. 铺贴的卷材应平整顺直,搭接尺寸应准确,不得扭曲、皱折;

d. 接缝口应用密封材料封严，宽度不应小于10mm；
e. 低温施工时，接缝部位宜采用热风加热，并应随即粘贴牢固。
⑦ 焊接法铺贴卷材应符合下列规定：
a. 焊接前卷材应铺设平整、顺直，搭接尺寸应准确，不得扭曲、皱折；
b. 卷材焊接缝的结合面应干净、干燥，不得有水滴、油污及附着物；
c. 焊接时应先焊长边搭接缝，后焊短边搭接缝；
d. 控制加热温度和时间，焊接缝不得有漏焊、跳焊、焊焦或焊接不牢现象；
e. 焊接时不得损害非焊接部位的卷材。
⑧ 机械固定法铺贴卷材应符合下列规定：
a. 卷材应采用专用固定件进行机械固定；
b. 固定件应设置在卷材搭接缝内，外露固定件应用卷材封严；
c. 固定件应垂直钉入结构层有效固定，固定件数量和位置应符合设计要求；
d. 卷材搭接缝应黏结或焊接牢固，密封应严密；
e. 卷材周边800mm范围内应满粘。

(1) 主控项目
① 防水卷材及其配套料的质量，应符合设计要求。
检验方法：检查出厂合格证、质量检验报告和进场检验报告。
② 卷材防水层不得有渗漏和积水现象。
检验方法：雨后观察或淋水、蓄水试验。
③ 卷材防水层在檐口、檐沟、天沟、水落口、泛水、变形缝和伸出屋面管道的防水构造，应符合设计要求。
检验方法：观察检查。

(2) 一般项目
① 卷材的搭接缝应黏结或焊接牢固，密封应严密，不得扭曲、皱折和翘边。
检验方法：观察检查。
② 卷材防水层的收头应与基层黏结，钉压应牢固，密封应严密。
检验方法：观察检查。
③ 卷材防水层的铺贴方向应正确，卷材搭接宽度的允许偏差为－10mm。
检验方法：观察和尺量检查。
④ 屋面排汽构造的排汽道应纵横贯通，不得堵塞，排汽管应安装牢固，位置应正确，封闭应严密。
检验方法：观察检查。

3.4.2.2 涂膜防水层

防水涂料应多遍涂布，并应待前一遍涂布的涂料干燥成膜后，再涂布后一遍涂料，且前后两遍涂料的涂布方向应相互垂。

铺设胎体增强材料应符合下列规定：
① 胎体增强材料宜采用聚酯无纺布或化纤无纺布；
② 胎体增强材料长边搭接宽度不应小于50mm，短边搭接宽度不应小于70mm；
③ 上下层胎体增强材料的长边搭接缝应错开，且不得小于幅宽的1/3；
④ 上下层胎体增强材料不得相互垂直铺设。

多组分防水涂料应按配合比准确计量，搅拌应均匀，并应根据有效时间确定每次配制的数量。

(1) 主控项目

① 防水涂料和胎体增强材料的质量，应符合设计要求。

检验方法：检查出厂合格证、质量检验报告和进场检验报告。

② 涂膜防水层不得有渗漏和积水现象。

检验方法：雨后观察或淋水、蓄水试验。

③ 涂膜防水层在檐口、檐沟、天沟、水落口、泛水、变形缝和伸出屋面管道的防水构造，应符合设计要求。

检验方法：观察检查。

④ 涂膜防水层的平均厚度应符合设计要求，且最小厚度不得小于设计厚度的80%。

检验方法：针测法或取样量测。

(2) 一般项目

① 涂膜防水层与基层应黏结牢固，表面应平整，涂布应均匀，不得有流淌、皱折、起泡和露胎体等缺陷。

检验方法：观察检查。

② 涂膜防水层的收头应用防水涂料多遍涂刷。

检验方法：观察检查。

③ 铺贴胎体增强材料应平整顺直，搭接尺寸应准确，应排除气泡，并应与涂料黏结牢固；胎体增强材料搭接宽度的允许偏差为－10mm。

检验方法：观察和尺量检查。

3.4.2.3 复合防水层

卷材与涂料复合使用时，涂膜防水层宜设置在卷材防水层的下面。

卷材与涂料复合使用时，防水卷材的黏结质量应符合表3-36的规定。

表3-36 防水卷材的黏结质量

项目	自粘聚合物改性沥青防水卷材和带自粘层防水卷材	高聚物改性沥青防水卷材胶黏剂	合成高分子防水卷材胶黏剂
黏结剥离强度/(N/10mm)	≥10 或卷材断裂	≥8 或卷材断裂	≥15 或卷材断裂
剪切状态下的黏合强度/(N/10mm)	≥20 或卷材断裂	≥20 或卷材断裂	≥20 或卷材断裂
浸水168h后黏结剥离强度保持率/%	—	—	≥70

注：防水涂料作为防水卷材黏结材料复合使用时，应符合相应的防水卷材胶黏剂规定。

复合防水层施工质量应符合《屋面工程质量验收规范》(GB 50207—2012)的有关规定。

(1) 主控项目

① 复合防水层所用防水材料及其配套材料的质量，应符合设计要求。

检验方法：检查出厂合格证、质量检验报告和进场检验报告。

② 复合防水层不得有渗漏和积水现象。

检验方法：雨后观察或淋水、蓄水试验。

③ 复合防水层在天沟、檐沟、檐口、水落口、泛水、变形缝和伸出屋面管道的防水构造，应符合设计要求。

检验方法：观察检查。
（2）一般项目
① 卷材与涂膜应粘贴牢固，不得有空鼓和分层现象。
检验方法：观察检查。
② 复合防水层的总厚度应符合设计要求。
检验方法：针测法或取样量测。

3.4.2.4 接缝密封防水

密封防水部位的基层应符合下列要求：
① 基层应牢固，表面应平整、密实，不得有裂缝、蜂窝麻面、起皮和起砂现象；
② 基层应清洁、干燥，并应无油污、无灰尘；
③ 嵌入的背衬材料与接缝壁间不得留有空隙；
④ 密封防水部位的基层宜涂刷基层处理剂，涂刷应均匀，不得漏涂。
多组分密封材料应按配合比准确计量，拌合应均匀，并应根据有效时间确定每次配制的数量。
密封材料嵌填完成后，在固化前应避免灰尘、破损及污染，且不得踩踏。
（1）主控项目
① 密封材料及其配套材料的质量，应符合设计要求。
检验方法：检查出厂合格证、质量检验报告和进场检验报告。
② 密封材料嵌填应密实、连续、饱满，黏结牢固，不得有气泡、开裂、脱落等缺陷。
检验方法：观察检查。
（2）一般项目
① 密封防水部位的基层应符合《屋面工程质量验收规范》（GB 50207）的规定。
检验方法：观察检查。
② 接缝宽度和密封材料的嵌填深度应符合设计要求，接缝宽度的允许偏差为±10%。
检验方法：尺量检查。
③ 嵌填的密封材料表面应平滑，缝边应顺直，应无明显不平和周边污染现象。
检验方法：观察检查。

3.5 钢结构工程的质量控制

3.5.1 钢结构工程质量控制基本要求

① 钢结构工程施工单位应有相应的施工技术标准、质量管理体系、质量控制及检验制度，施工现场应有经审批的施工组织设计、施工方案等技术文件。
② 钢结构工程施工质量的验收，必须采用经计量检定、校准合格的计量器具。钢结构工程见证取样送样应由检测机构完成。
③ 钢结构工程施工中采用的工程技术文件、承包合同文件等对施工质量验收的要求不得低于《钢结构工程施工质量验收规范》（GB 50205）的规定。
④ 钢结构工程应按下列规定进行施工质量控制：
a. 采用的原材料及成品应进行进场验收，凡涉及安全、功能的原材料及成品应按《钢结构工程施工质量验收规范》（GB 50205）的规定进行复验，并应经监理工程师（建设单位技术负责人）见证取样送样；

b. 各工序应按施工技术标准进行质量控制，每道工序完成后应进行检查；

c. 相关各专业之间应进行交接检验，并经监理工程师（建设单位技术负责人）检查认可。

⑤ 钢结构工程施工质量验收在施工单位自检合格的基础上，按照检验批、分项工程、分部（子分部）工程分别进行验收，钢结构分部（子分部）工程中分项工程的划分，应按现行国家标准《建筑工程施工质量验收统一标准》(GB 50300)的规定执行。钢结构分项工程应由一个或若干检验批组成，其各分项工程检验批应按《钢结构工程施工质量验收规范》(GB 50205)的规定进行划分，并应经监理（或建设单位）确认。

⑥ 检验批合格质量标准应符合下列规定：

a. 主控项目必须满足本标准质量要求；

b. 一般项目的检验结果应有80％及以上的检查点值满足《钢结构工程施工质量验收规范》(GB 50205)的要求，且最大值（或最小值）不应超过其允许偏差值的1.2倍。

⑦ 分项工程合格质量标准应符合下列规定：

a. 分项工程所含的各检验批均应满足《钢结构工程施工质量验收规范》(GB 50205)的质量要求；

b. 分项工程所含的各检验批质量验收记录应完整。

⑧ 当钢结构工程施工质量不符合《钢结构工程施工质量验收规范》(GB 50205)的规定时，应按下列规定进行处理：

a. 经返修或更换（配）件的检验批，应重新进行验收；

b. 经法定的检测单位检测鉴定能够达到设计要求的检验批，应予以验收；

c. 经法定的检测单位检测鉴定达不到设计要求，但经原设计单位核算认可能够满足结构安全和使用功能的检验批，可予以验收；

d. 经返修或加固处理的分项、分部工程，仍能满足结构安全和使用功能要求时，可按处理技术方案和协商文件进行验收；

e. 通过返修或加固处理仍不能满足安全使用要求的钢结构分部工程，严禁验收。

3.5.2 原材料及成品验收质量检验

① 钢结构用主要材料、零（部）件、成品件、标准件等产品应进行进场验收。

② 进场验收的检验批划分原则上宜与各分项工程检验批一致，也可根据工程规模及进料实际情况划分检验批。

3.5.2.1 钢板

（1）主控项目

① 钢板的品种、规格、性能应符合国家现行标准的规定并满足设计要求。钢板进场时，应按国家现行标准的规定抽取试件且应进行屈服强度、抗拉强度、伸长率和厚度偏差检验，检验结果应符合国家现行标准的规定。

检查数量：质量证明文件全数检查；抽样数量按进场批次和产品的抽样检验方案确定。

检验方法：检查质量证明文件和抽样检验报告。

② 钢板应按《钢结构工程施工质量验收规范》(GB 50205—2020)附录A的规定进行见证抽样复验，其复验结果应符合国家现行标准的规定并满足设计要求。

检查数量：全数检查。

检验方法：见证取样送样，检查复验报告。

(2) 一般项目

① 钢板厚度及其允许偏差应满足其产品标准和设计文件的要求。

检查数量：每批同一品种、规格的钢板抽检10%，且不应少于3张，每张检测3处。

检验方法：用游标卡尺或超声波测厚仪量测。

② 钢板的平整度应满足其产品标准的要求。

检查数量：每批同一品种、规格的钢板抽检10%，且不应少于3张，每张检测3处。

检验方法：用拉线、钢尺和游标卡尺量测。

③ 钢板的表面外观质量除应符合国家现行标准的规定外，尚应符合下列规定：

a. 当钢板的表面有锈蚀、麻点或划痕等缺陷时，其深度不得大于该钢材厚度允许负偏差值的1/2，且不应大于0.5mm；

b. 钢板表面的锈蚀等级应符合现行国家标准《涂覆涂料前钢材表面处理表面清洁度的目视评定　第1部分：未涂覆过的钢材表面和全面清除原有涂层后的钢材表面的锈蚀等级和处理等级》（GB/T 8923.1—2011）规定的C级及C级以上等级；

c. 钢板端边或断口处不应有分层、夹渣等缺陷。

检查数量：全数检查。

检验方法；观察检查。

3.5.2.2 型材、管材

(1) 主控项目

① 型材和管材的品种、规格、性能应符合国家现行标准的规定并满足设计要求。型材和管材进场时，应按国家现行标准的规定抽取试件且应进行屈服强度、抗拉强度、伸长率和厚度偏差检验，检验结果应符合国家现行标准的规定。

检查数量：质量证明文件全数检查；抽样数量按进场批次和产品的抽样检验方案确定。

检验方法：检查质量证明文件和抽样检验报告。

② 型材、管材应按《钢结构工程施工质量验收规范》（GB 50205—2020）附录A的规定进行抽样复验，其复验结果应符合国家现行标准的规定并满足设计要求。

检查数量：按《钢结构工程施工质量验收规范》（GB 50205—2020）附录A复验检验批量检查。

检验方法：见证取样送样，检查复验报告。

(2) 一般项目

① 型材、管材截面尺度、厚度及允许偏差应满足其产品标准的要求。

检查数量：每批同一品种、规格的型材或管材抽检10%，且不应少于3根，每根检测3处。

检验方法：用钢尺、游标卡尺及超声波测厚仪量测。

② 型材、管材外形尺允许偏差应满足其产品标准的要求。

检查数量：每批同一品种、规格的型材或管材抽检10%，且不应少于3根。

检验方法：用拉线和钢尺量测。

③ 型材、管材的表面外观质量应符合《钢结构工程施工质量验收规范》（GB 50205）的规定。

检查数量：全数检查。

检验方法：观察检查。

3.5.2.3 焊接材料

(1) 主控项目

① 焊接材料的品种、规格、性能应符合国家现行标准的规定并满足设计要求。焊接材料进场时,应按国家现行标准的规定抽取试件且应进行化学成分和力学性能检验,检验结果应符合国家现行标准的规定。

检查数量:质量证明文件全数检查;抽样数量按进场批次和产品的抽样检验方案确定。

检验方法:检查质量证明文件和抽样检验报告。

② 对于下列情况之一的钢结构所采用的焊接材料应按其产品标准的要求进行抽样复验,复验结果应符合国家现行标准的规定并满足设计要求:

a. 结构安全等级为一级的一、二级焊缝;

b. 结构安全等级为二级的一级焊缝;

c. 需要进行疲劳验算构件的焊缝;

d. 材料混批或质量证明文件不齐全的焊接材料;

e. 设计文件或合同文件要求复检的焊接材料。

检查数量:全数检查。

检验方法:见证取样送样,检查复验报告。

(2) 一般项目

① 焊钉及焊接瓷环的规格、尺寸及允许偏差应符合国家现行标准的规定。

检查数量:按批量抽查1%,且不应少于10套。

检验方法:用钢尺和游标卡尺量测。

② 施工单位应按国家现行标准《电弧螺柱焊用圆柱头焊钉》(GB/T 10433)的规定,对焊钉的机械性能和焊接性能进行复验,复验结果应符合国家现行标准的规定并满足设计要求。

检查数量:每个批号进行一组复验,且不应少于5个拉伸和5个弯曲试验。

检验方法:见证取样送样,检查复验报告。

③ 焊条外观不应有药皮脱落、焊芯生锈等缺陷,焊剂不应受潮结块。

检查数量:按批量抽查1%,且不应少于10包。

检验方法:观察检查。

3.5.3 钢零件及钢部件加工质量检验

钢零件及钢部件加工工程可按相应的钢结构制作工程或钢结构安装工程检验批的划分原则划分为一个或若干个检验批。

3.5.3.1 切割

(1) 主控项目

钢材切割面或剪切面应无裂纹、夹渣、毛刺和分层。

检查数量:全数检查。

检验方法:观察或用放大镜,有疑义时应进行渗透、磁粉或超声波探伤检查。

(2) 一般项目

① 气割的允许偏差应符合表3-37的规定。

检查数量:按切割面数抽查10%,且不应少于3个。

检验方法:观察检查或用钢尺、塞尺检查。

表 3-37　气割的允许偏差

项目	允许偏差/mm	项目	允许偏差/mm
零件宽度、长度	±3.0	割纹深度	0.3
切割面平面度	$0.05t$，且不大于 2.0	局部缺口深度	1.0

注：t 为切割面厚度。

② 机械剪切的允许偏差应符合表 3-38 的规定。机械剪切的零件厚度不宜大于 12.0mm，剪切面应平整。碳素结构钢在环境温度低于 −16℃，低合金结构钢在环境温度低于 −12℃ 时，不得进行剪切、冲孔。

检查数量：按切割面数抽查 10%，且不应少于 3 个。

检验方法：观察检查或用钢尺、塞尺检查。

表 3-38　机械剪切的允许偏差

项目	允许偏差/mm	项目	允许偏差/mm
零件宽度、长度	±3.0	型钢端部垂直度	2.0
边缘缺棱	1.0		

③ 用于相贯连接的钢管杆件宜采用管子车床或数控相贯线切割机下料，钢管杆件加工的允许偏差应符合表 3-39 的规定。

检查数量：按杆件数抽查 10%，且不应少于 3 个。

检验方法：观察检查或用钢尺、塞尺检查。

表 3-39　钢管杆件加工的允许偏差

项目	允许偏差/mm	项目	允许偏差/mm
长度	±1.0	管口曲线	1.0
端面对管轴的垂直度	$0.005r$		

注：r 为钢管半径。

3.5.3.2　铸钢件加工

（1）主控项目

铸钢件与其他构件连接部位四周 150mm 的区域，应按现行国家标准《铸钢件　超声检测　第 1 部分：一般用途铸钢件》（GB/T 7233.1）和《铸钢件　超声检测　第 2 部分：高承压铸钢件》（GB/T 7233.2）的规定进行 100% 超声波探伤检测。检测结果应符合国家现行标准的规定并满足设计要求。

检查数量：全数检查。

检验方法：检查探伤报告。

（2）一般项目

① 铸钢件连接面的表面粗糙度 R_a 不应大于 25μm。连接孔、轴的表面粗糙度不应大于 12.5μm。

检查数量：按零件数抽查 10%，且不应少于 3 个。

检验方法：用粗糙度对比样板检查。

② 有连接要求的轴（外圆）和孔机械加工的允许偏差应符合表 3-40 的规定或设计要求。

检查数量：按规格抽查 10%，且不应少于 3 个。

检验方法：用卡尺、直尺、角度尺检查。

表 3-40　轴（外圆）和孔机械加工的允许偏差

项目	允许偏差	项目	允许偏差
轴（外圆）直径	$-d/200$，且不大于 -2.0mm	管口曲线	2.0mm
孔径	$d/200$，且不大于 2.0mm	同轴度	1.0mm
圆度	$d/200$，且不大于 2.0mm	相邻两轴线夹角	$\pm 25'$
端面垂直度	$d/200$，且不大于 2.0mm		

注：d 为轴（外圆）直径或孔径。

③ 有连接要求的平面、端面、边缘机械加工的允许偏差应符合表 3-41 的规定或设计要求。

检查数量：按零件数抽查 10%，且不应少于 3 个。

检验方法：用卡尺直尺、角度尺检查。

表 3-41　平面、端面、边缘机械加工的允许偏差

项目	允许偏差	项目	允许偏差
长度、宽度	$\pm 1.0\text{mm}$	平面度	$0.3/\text{m}^2$
平面平行度	0.5mm	加工边直线度	$L/3000$，且不大于 2.0mm
加工面对轴线的垂直度	$L/1500$，且不大于 2.0mm	相邻两加工边夹角	$30'$

注：L 为加工面边长或加工边长度。

④ 铸钢件可用机械、加热的方法进行矫正，矫正后的表面不得有明显的凹痕或其他损伤。

检查数量：全部检查。

检验方法：观察检查。

⑤ 铸钢件表面质量应符合《钢结构工程施工质量验收规范》（GB 50205）的规定。

检查数量：全部检查。

检验方法：观察检查。

焊接坡口采用气割方法加工时，其允许偏差应符合表 3-42 的规定或满足设计要求。

表 3-42　气割焊接坡口的允许偏差

项目	允许偏差	项目	允许偏差
切割面平面度	$0.05t$，且不应大于 2.0mm	坡口角度	$+5°$ / 0
割纹深度	0.3mm		
局部缺口深度	1.0mm	钝边	$\pm 1.0\text{mm}$
端面垂直度	$d/500$，且不大于 2.0mm		

注：t 为切割面厚度；d 为轴（外圆）直径或孔径。

3.5.4 钢构件组装工程质量检验

① 钢结构组装工程可按钢结构制作工程检验批的划分原则划分为一个或若干个检验批。

② 构件组装应根据设计要求、构件形式、连接方式、焊接方法和焊接顺序等确定合理的组装顺序。

③ 板材、型材的拼接应在构件组装前进行。构件的组装应在部件组装、焊接、校正并经检验合格后进行。构件的隐蔽部位应在焊接、栓接和涂装检查合格后封闭。

3.5.4.1 部件拼接与对接

（1）主控项目

钢材、钢部件拼接或对接时所采用的焊缝质量等级应满足设计要求。当设计无要求时，应采用质量等级不低于二级的熔透焊缝，对直接承受拉力的焊缝，应采用一级熔透焊缝。

检查数量：全数检查。

检验方法：检查超声波探伤报告。

（2）一般项目

① 焊接 H 型钢的翼缘板拼接缝和腹板拼接缝错开的间距不宜小于 200mm。翼缘板拼接长度不应小于 2 倍翼缘板宽且不小于 600mm；腹板拼接宽度不应小于 300mm，长度不应小于 600mm。

检查数量：全数检查。

检验方法：观察和用钢尺检查。

② 箱形构件的侧板拼接长度不应小于 600mm，相邻两侧板拼接缝的间距不宜小于 200mm；侧板在宽度方向不宜拼接，当截面宽度超过 2400mm 确需拼接时，最小拼接宽度不宜小于板宽的 1/4。

检查数量：全数检查。

检验方法：观察和用钢尺检查。

③ 热轧型钢可采用直口全熔透焊接拼接，其拼接长度不应小于 2 倍截面高度且不应小于 600mm。动载或设计有疲劳验算要求的应满足其设计要求。

检查数量：全数检查。

检验方法：观察和用钢尺检查。

④ 除采用卷制方式加工成型的钢管外，钢管接长时每个节间宜为一个接头，最短接长长度应符合下列规定：

a. 当钢管直径 $d \leqslant 800mm$ 时，不小于 600mm；

b. 当钢管直径 $d > 800mm$ 时，不小于 1000mm。

检查数量：全数检查。

检验方法：观察和用钢尺检查。

⑤ 钢管接长时，相邻管节或管段的纵向焊缝应错开，错开的最小距离（沿弧长方向）不应小于 5 倍的钢管厚。主管拼接焊缝与相贯的支管焊缝间的距离不应小于 80mm。

检查数量：全数检查。

检验方法：观察和用钢尺检查。

3.5.4.2 组装

（1）主控项目

钢吊车梁的下翼缘不得焊接工装夹具、定位板、连接板等临时工件。钢吊车梁和吊车架组装、焊接完成后在自重荷载下不允许有下挠。

检查数量：全数检查。

检验方法：构件直立，在两端支撑后，用水准仪和钢尺检查。

（2）一般项目

① 焊接 H 型钢组装尺寸的允许偏差应符合表 3-43 的规定。

检查数量：按钢构件数抽查 10%，且不应少于 3 件。

检验方法：用钢尺、角尺、塞尺等检查。

表 3-43 焊接 H 型钢组装尺寸的允许偏差　　　　单位：mm

项目		允许偏差
截面高度 h	$h<50$	±2.0
	$500 \leqslant h \leqslant 1000$	±3.0
	$h>1000$	±4.0
截面宽度 b		±3.0
腹板中心偏移 e		2.0
翼缘板垂直度 Δ		$b/100$，且不大于 3.0
弯曲矢高		$l/1000$，且不大于 10.0
扭曲		$h/250$，且不大于 5.0
腹板局部平面度 f	$t \leqslant 6$	4.0
	$6<t<14$	3.0
	$t \geqslant 14$	2.0

注：表中 b 为截面宽度；l 为 H 型钢长度；h 为截面高度；t 为钢板厚度。

② 焊接连接组装尺寸的允许偏差应符合表 3-44 的规定。

检查数量：按钢构件数抽查 10%，且不应少于 3 件。

检验方法：用钢尺、角尺、塞尺等检查。

表 3-44 焊接连接组装尺寸的允许偏差

项目	允许偏差/mm	图例
对口错边 Δ	$t/10$，且不大于 3.0	
间隙 a	1.0	

续表

项目	允许偏差/mm	图例
搭接长度 a	±5.0	
缝隙 Δ	1.5	
高度 h	±2.0	
垂直度 Δ	$b/100$，且不大于 3.0	
中心偏移 e	2.0	
型钢错位 Δ 连接处	1.0	
型钢错位 Δ 其他	2.0	
箱形截面高度 h	±2.0	
宽度 b	±2.0	
垂直度 Δ	$b/200$，且不大于 3.0	

③ 桁架结构组装时，杆件轴线交点偏移不宜大于 4.0mm。

检查数量：按钢构件数抽查 10%，且不应少于 3 件；每个抽查构件按节点数抽查 10%，且不应少于 3 个节点。

检验方法：尺量检查。

3.6 装饰装修工程的质量控制

3.6.1 装饰装修工程质量控制基本要求

建筑装饰装修是为保护建筑物的主体结构、完善建筑物的使用功能和美化建筑物，采用装饰装修材料或饰物，对建筑物的内外表面及空间进行的各种处理过程。

建筑装饰装修工程应进行设计，并应出具完整的施工图设计文件，应符合城市规划、防火、环保、节能、减排等有关规定。建筑装饰装修耐久性应满足使用要求。承担建筑装饰装修工程设计的单位应对建筑物进行了解和实地勘察，设计深度应满足施工要求。由施工单位完成的深化设计应经建筑装饰装修设计单位确认。

既有建筑装饰装修工程设计涉及主体和承重结构变动时，必须在施工前委托原结构设计单位或者具有相应资质条件的设计单位提出设计方案，或由检测鉴定单位对建筑结构的安全性进行鉴定。

建筑装饰装修工程的防火、防雷和抗震设计应符合现行国家标准的规定。

当墙体或吊顶内的管线可能产生冰冻或结露时，应进行防冻或防结露设计。

建筑装饰装修工程所用材料的品种、规格和质量应符合设计要求和国家现行标准的规定。不得使用国家明令淘汰的材料。

建筑装饰装修工程所用材料的燃烧性能应符合现行国家标准《建筑内部装修设计防火规范》（GB 50222）和《建筑设计防火规范》（GB 50016）的规定。

建筑装饰装修工程采用的材料、构配件应按进场批次进行检验。属于同一工程项目且同期施工的多个单位工程，对同一厂家生产的同批材料、构配件、器具及半成品，可统一划分检验批对品种、规格、外观和尺寸等进行验收，包装应完好，并应有产品合格证书、中文说明书及性能检验报告，进口产品应按规定进行商品检验。

进场后需要进行复验的材料种类及项目应符合《建筑装饰装修工程质量验收规范》（GB 50210）各章的规定，同一厂家生产的同一品种、同一类型的进场材料应至少抽取一组样品进行复验，当合同另有更高要求时应按合同执行。抽样样本应随机抽取，满足分布均匀、具有代表性的要求，获得认证的产品或来源稳定且连续三批均一次检验合格的产品，进场验收时检验批的容量可扩大一倍，且仅可扩大一次。扩大检验批后的检验中，出现不合格情况时，应按扩大前的检验批容量重新验收，且该产品不得再次扩大检验批容量。

施工单位应编制施工组织设计并经过审查批准。施工单位应按有关的施工工艺标准或经审定的施工技术方案施工，并应对施工全过程实行质量控制。

3.6.2 抹灰工程质量检验

本节内容适用于一般抹灰、保温层薄抹灰、装饰抹灰和清水砌体勾缝等分项工程的质量验收。一般抹灰工程分为普通抹灰和高级抹灰，当设计无要求时，按普通抹灰验收。一般抹灰包括水泥砂浆、水泥混合砂浆、聚合物水泥砂浆和粉刷石膏等抹灰；保温层薄抹灰包括保温层外面聚合物砂浆薄抹灰；装饰抹灰包括水刷石、斩假石、干粘石和假面砖等装饰抹灰；清水砌体勾缝包括清水砌体砂浆勾缝和原浆勾缝。

① 抹灰工程验收时应检查下列文件和记录：

a. 抹灰工程的施工图、设计说明及其他设计文件；

b. 材料的产品合格证书、性能检验报告、进场验收记录和复验报告；

c. 隐蔽工程验收记录；

d. 施工记录。

② 抹灰工程应对下列材料及其性能指标进行复验：

a. 砂浆的拉伸黏结强度；

b. 聚合物砂浆的保水率。

③ 抹灰工程应对下列隐蔽工程项目进行验收：

a. 抹灰总厚度大于或等于35mm时的加强措施；

b. 不同材料基体交接处的加强措施。

④ 各分项工程的检验批应按下列规定划分：

a. 相同材料、工艺和施工条件的室外抹灰工程每1000m^2应划分为一个检验批，不足

1000m² 应划分为一个检验批；

b. 相同材料、工艺和施工条件的室内抹灰工程每50个自然间应划分为一个检验批，不足50间也应划分为一个检验批，大面积房间和走廊可按抹灰面积每30m² 计为1间。

⑤ 检查数量应符合下列规定：

a. 室内每个检验批应至少抽查10%，并不得少于3间，不足3间时应全数检查。

b. 室外每个检验批每100m² 应至少抽查一处，每处不得小于10m²。

⑥ 外墙抹灰工程施工前应先安装钢木门窗框、护栏等，应将墙上的施工孔洞堵塞密实，并对基层进行处理。

⑦ 室内墙面、柱面和门洞口的阳角做法应符合设计要求。设计无要求时，应采用不低于M20的水泥砂浆做护角，其高度不应低于2m，每侧宽度不应小于50mm。

⑧ 当要求抹灰层具有防水、防潮功能时，应采用防水砂浆。

⑨ 各种砂浆抹灰层，在凝结前应防止快干、水冲、撞击、振动和受冻，在凝结后应采取措施防止污染和损坏。水泥砂浆抹灰层应在湿润条件下养护。

⑩ 外墙和顶棚的抹灰层与基层之间及各抹灰层之间应黏结牢固。

3.6.2.1 一般抹灰

(1) 主控项目

① 一般抹灰所用材料的品种和性能应符合设计要求及国家现行标准的有关规定。

检验方法：检查产品合格证书、进场验收记录、性能检验报告和复验报告。

② 抹灰前基层表面的尘土、污垢和油渍等应清除干净，并应洒水润湿或进行界面处理。

检验方法：检查施工记录。

③ 抹灰工程应分层进行。当抹灰总厚度大于或等于35mm时，应采取加强措施。不同材料基体交接处表面的抹灰，应采取防止开裂的加强措施，当采用加强网时，加强网与各基体的搭接宽度不应小于100mm。

检验方法：检查隐蔽工程验收记录和施工记录。

④ 抹灰层与基层之间及各抹灰层之间应黏结牢固，抹灰层应无脱层和空鼓，面层应无爆灰和裂缝。

检验方法：观察；用小锤轻击检查；检查施工记录。

(2) 一般项目

① 一般抹灰工程的表面质量应符合下列规定：

a. 普通抹灰表面应光滑、洁净、接槎平整、分格缝应清晰；

b. 高级抹灰表面应光滑、洁净、颜色均匀、无抹纹、分格缝和灰线应清晰美观。

检验方法：观察；手摸检查。

② 护角、孔洞、槽、盒周围的抹灰表面应整齐、光滑；管道后面的抹灰表面应平整。

检验方法：观察。

③ 抹灰层的总厚度应符合设计要求；水泥砂浆不得抹在石灰砂浆层上，罩面石膏灰不得抹在水泥砂浆层上。

检验方法：检查施工记录。

④ 抹灰分格缝的设置应符合设计要求，宽度和深度应均匀，表面应光滑，棱角应整齐。

检验方法：观察；尺量检查。

⑤ 有排水要求的部位应做滴水线（槽）。滴水线（槽）应整齐顺直，滴水线应内高外低，滴水槽的宽度和深度应满足设计要求，且均不应小于10mm。

检验方法：观察；尺量检查。

⑥ 一般抹灰工程的允许偏差和检验方法应符合表 3-45 的规定。

表 3-45　一般抹灰工程的允许偏差和检验方法

序号	项目	允许偏差/mm		检验方法
		普通抹灰	高级抹灰	
1	立面垂直度	4	3	用 2m 垂直检测尺检查
2	表面平整度	4	3	用 2m 靠尺和塞尺检查
3	阴阳角方正	4	3	用 200mm 直角检测尺检查
4	分格条（缝）直线度	4	3	拉 5m 线，不足 5m 拉通线，用钢直尺检查
5	墙裙、勒脚上口直线度	4	3	拉 5m 线，不足 5m 拉通线，用钢直尺检查

注：1. 普通抹灰，本表第 3 项阴角方正可不检查；
　　2. 顶棚抹灰，本表第 2 项表面平整度可不检查，但应平顺。

3.6.2.2　保温层薄抹灰工程

（1）主控项目

① 保温层薄抹灰所用材料的品种和性能应符合设计要求及国家现行标准的有关规定。

检验方法：检查产品合格证书、进场验收记录、性能检验报告和复验报告。

② 基层质量应符合设计和施工方案的要求。基层表面的尘土、污垢和油渍等应清除干净。基层含水率应满足施工工艺的要求。

检验方法：检查施工记录。

③ 保温层薄抹灰及其加强处理应符合设计要求和国家现行标准的有关规定。

检验方法：检查隐蔽工程验收记录和施工记录。

④ 抹灰层与基层之间及各抹灰层之间应黏结牢固，抹灰层应无脱层和空鼓，面层应无爆灰和裂缝。

检验方法：观察；用小锤轻击检查；检查施工记录。

（2）一般项目

① 保温层薄抹灰表面应光滑、洁净、颜色均匀、无抹纹，分格缝和灰线应清晰美观。

检验方法：观察；手摸检查。

② 护角、孔洞、槽、盒周围的抹灰表面应整齐、光滑；管道后面的抹灰表面应平整。

检验方法：观察。

③ 保温层薄抹灰层的总厚度应符合设计要求。

检验方法：检查施工记录。

④ 保温层薄抹灰分格缝的设置应符合设计要求，宽度和深度应均匀，表面应光滑，棱角应整齐。

检验方法：观察；尺量检查。

⑤ 有排水要求的部位应做滴水线（槽）。滴水线（槽）应整齐顺直，滴水线应内高外低，滴水槽宽度和深度均不应小于 10mm。

检验方法：观察；尺量检查。

⑥ 保温层薄抹灰工程的允许偏差和检验方法应符合表 3-46 的规定。

表 3-46 保温层薄抹灰工程的允许偏差和检验方法

序号	项目	允许偏差/mm	检验方法
1	立面垂直度	3	用2m垂直检测尺检查
2	表面平整度	3	用2m靠尺和塞尺检查
3	阴阳角方正	3	用200mm直角检测尺检查
4	分格条（缝）直线度	3	拉5m线，不足5m拉通线，用钢直尺检查

3.6.2.3 装饰抹灰工程

（1）主控项目

① 装饰抹灰工程所用材料的品种和性能应符合设计要求及国家现行标准的有关规定。

检验方法：检查产品合格证书、进场验收记录、性能检验报告和复验报告。

② 抹灰前基层表面的尘土、污垢和油渍等应清除干净，并应洒水润湿或进行界面处理。

检验方法：检查施工记录。

③ 抹灰工程应分层进行。当抹灰总厚度大于或等于35mm时，应采取加强措施。不同材料基体交接处表面的抹灰，应采取防止开裂的加强措施，当采用加强网时，加强网与各基体的搭接宽度不应小于100mm。

检验方法：检查隐蔽工程验收记录和施工记录。

④ 各抹灰层之间及抹灰层与基体之间应黏结牢固，抹灰层应无脱层、空鼓和裂缝。

检验方法：观察；用小锤轻击检查；检查施工记录。

（2）一般项目

① 装饰抹灰工程的表面质量应符合下列规定：

a. 水刷石表面应石粒清晰、分布均匀、紧密平整、色泽一致，应无掉粒和接槎痕迹；

b. 斩假石表面剁纹应均匀顺直、深浅一致，应无漏剁处；阳角处应横剁并留出宽窄一致的不剁边条，棱角应无损坏；

c. 干粘石表面应色泽一致、不露浆、不漏粘，石粒应黏结牢固、分布均匀，阳角处应无明显黑边；

d. 假面砖表面应平整、沟纹清晰、留缝整齐、色泽一致，应无掉角、脱皮和起砂等缺陷。

检验方法：观察；手摸检查。

② 装饰抹灰分格条（缝）的设置应符合设计要求，宽度和深度应均匀，表面应平整光滑，棱角应整齐。

检验方法：观察。

③ 有排水要求的部位应做滴水线（槽）。滴水线（槽）应整齐顺直，滴水线应内高外低，滴水槽的宽度和深度均不应小于10mm。

检验方法：观察；尺量检查。

④ 装饰抹灰工程的允许偏差和检验方法应符合表3-47的规定。

3.6.3 外墙防水工程质量检验

以下规定适用于外墙砂浆防水、涂膜防水和透气膜防水等分项工程的质量验收。

表 3-47　装饰抹灰工程的允许偏差和检验方法允许偏差

项次	项目	允许偏差/mm				检验方法
		水刷石	斩假石	干粘石	假面砖	
1	立面垂直度	5	4	5	5	用2m垂直检测尺检查
2	表面平整度	3	3	5	4	用2m靠尺和塞尺检查
3	阳角方正	3	3	4	4	用200mm直角检测尺检查
4	分格条（缝）直线度	3	3	3	3	拉5m线，不足5m拉通线，用钢直尺检查
5	墙裙、勒脚上口直线度	3	3	—	—	拉5m线，不足5m拉通线，用钢直尺检查

① 外墙防水工程验收时应检查下列文件和记录：
a. 外墙防水工程的施工图、设计说明及其他设计文件；
b. 材料的产品合格证书、性能检验报告、进场验收记录和复验报告；
c. 施工方案及安全技术措施文件；
d. 雨后或现场淋水检验记录；
e. 隐蔽工程验收记录；
f. 施工记录；
g. 施工单位的资质证书及操作人员的上岗证书。
② 外墙防水工程应对下列材料及其性能指标进行复验：
a. 防水砂浆的黏结强度和抗渗性能；
b. 防水涂料的低温柔性和不透水性；
c. 防水透气膜的不透水性。
③ 外墙防水工程应对下列隐蔽工程项目进行验收：
a. 外墙不同结构材料交接处的增强处理措施的节点；
b. 防水层在变形缝、门窗洞口、穿外墙管道、预埋件及收头等部位的节点；
c. 防水层的搭接宽度及附加层。
④ 相同材料、工艺和施工条件的外墙防水工程每 $1000m^2$ 应划分为一个检验批，不足 $1000m^2$ 时也应划分为一个检验批。
⑤ 每个检验批每 $100m^2$ 应至少抽查一处，每处检查不得小于 $10m^2$，节点构造应全数进行检查。

3.6.3.1　砂浆防水工程

（1）主控项目
① 砂浆防水层所用砂浆品种及性能应符合设计要求及国家现行标准的有关规定。
检验方法：检查产品合格证书、性能检验报告、进场验收记录和复验报告。
② 砂浆防水层在变形缝、门窗洞口、穿外墙管道和预埋件等部位的做法应符合设计要求。
检验方法：观察；检查隐蔽工程验收记录。
③ 砂浆防水层不得有渗漏现象。

检验方法：检查雨后或现场淋水检验记录。

④ 砂浆防水层与基层之间及防水层各层之间应黏结牢固，不得有空鼓。

检验方法：观察；用小锤轻击检查。

(2) 一般项目

① 砂浆防水层表面应密实、平整，不得有裂纹、起砂和麻面等缺陷。

检验方法：观察。

② 砂浆防水层施工缝位置及施工方法应符合设计及施工方案要求。

检验方法：观察。

③ 砂浆防水层厚度应符合设计要求。

检验方法：尺量检查；检查施工记录。

3.6.3.2 涂膜防水工程

(1) 主控项目

① 涂膜防水层所用防水涂料及配套材料的品种及性能应符合设计要求及国家现行标准的有关规定。

检验方法：检查产品出厂合格证书、性能检验报告、进场验收记录和复验报告。

② 涂膜防水层在变形缝、门窗洞口、穿外墙管道、预埋件等部位的做法应符合设计要求。

检验方法：观察；检查隐蔽工程验收记录。

③ 涂膜防水层不得有渗漏现象。

检验方法：检查雨后或现场淋水检验记录。

④ 涂膜防水层与基层之间应黏结牢固。

检验方法：观察。

(2) 一般项目

① 涂膜防水层表面应平整，涂刷应均匀，不得有流坠、露底、气泡、皱折和翘边等缺陷。

检验方法：观察。

② 涂膜防水层的厚度应符合设计要求。

检验方法：针测法或割取 20mm×20mm 实样用卡尺测量。

3.6.3.3 透气膜防水工程

(1) 主控项目

① 透气膜防水层所用透气膜及配套材料的品种及性能应符合设计要求及国家现行标准的有关规定。

检验方法：检查产品出厂合格证书、性能检验报告、进场验收记录和复验报告。

② 透气膜防水层在变形缝、门窗洞口、穿外墙管道和预埋件等部位的做法应符合设计要求。

检验方法：观察；检查隐蔽工程验收记录。

③ 透气膜防水层不得有渗漏现象。

检验方法：检查雨后或现场淋水检验记录。

④ 防水透气膜应与基层黏结固定牢固。

检验方法：观察。

(2) 一般项目

① 透气膜防水层表面应平整，不得有皱折、伤痕、破裂等缺陷。

检验方法：观察。

② 防水透气膜的铺贴方向应正确，纵向搭接缝应错开，搭接宽度应符合设计要求。

检验方法：观察；尺量检查。

③ 防水透气膜的搭接缝应黏结牢固、密封严密；收头应与基层黏结固定牢固，缝口应严密，不得有翘边现象。

检验方法：观察。

3.6.4 门窗工程质量检验

以下规定适用于木门窗、金属门窗、塑料门窗和特种门安装以及门窗玻璃安装等分项工程的质量验收。金属门窗包括钢门窗、铝合金门窗和涂色镀锌钢板门窗等；特种门包括自动门、全玻门和旋转门等；门窗玻璃包括平板、吸热、反射、中空、夹层、夹丝、磨砂、钢化、防火和压花玻璃等。

① 门窗工程验收时应检查下列文件和记录：

a. 门窗工程的施工图、设计说明及其他设计文件；

b. 材料的产品合格证书、性能检验报告、进场验收记录和复验报告；

c. 特种门及其配件的生产许可文件；

d. 隐蔽工程验收记录；

e. 施工记录。

② 门窗工程应对下列材料及其性能指标进行复验：

a. 人造木板门的甲醛释放量；

b. 建筑外窗的气密性能、水密性能和抗风压性能。

③ 门窗工程应对下列隐蔽工程项目进行验收：

a. 预埋件和锚固件；

b. 隐蔽部位的防腐和填嵌处理；

c. 高层金属窗防雷连接节点。

④ 各分项工程的检验批应按下列规定划分：

a. 同一品种、类型和规格的木门窗、金属门窗、塑料门窗和门窗玻璃每 100 樘应划分为一个检验批，不足 100 樘也应划分为一个检验批；

b. 同一品种、类型和规格的特种门每 50 樘应划分为一个检验批，不足 50 樘也应划分为一个检验批。

⑤ 检查数量应符合下列规定：

a. 木门窗、金属门窗、塑料门窗和门窗玻璃每个检验批应至少抽查 5%，并不得少于 3 樘，不足 3 樘时应全数检查；高层建筑的外窗每个检验批应至少抽查 10%，并不得少于 6 樘，不足 6 樘时应全数检查；

b. 特种门每个检验批应至少抽查 50%，并不得少于 10 樘，不足 10 樘时应全数检查。

⑥ 门窗安装前，应对门窗洞口尺寸及相邻洞口的位置偏差进行检验。同一类型和规格外门窗洞口垂直、水平方向的位置应对齐，位置允许偏差应符合下列规定：

a. 垂直方向的相邻洞区位置允许偏差应为 10mm；全楼高度小于 30m 的垂直方向洞口位置允许偏差应为 15mm，全楼高度不小于 30m 的垂直方向洞口位置允许偏差应为 20mm；

b. 水平方向的相邻洞口位置允许偏差应为 10mm；全楼长度小于 30m 的水平方向洞口位置允许偏差应为 15mm，全楼长度不小于 30m 的水平方向洞口位置允许偏差应为 20mm。

⑦ 金属门窗和塑料门窗安装应采用预留洞口的方法施工。

⑧ 木门窗与砖石砌体、混凝土或抹灰层接触处应进行防腐处理，埋入砌体或混凝土中的木砖应进行防腐处理。

⑨ 当金属窗或塑料窗为组合窗时，其拼樘料的尺寸、规格、壁厚应符合设计要求。

⑩ 建筑外门窗安装必须牢固。在砌体上安装门窗严禁采用射钉固定。

⑪ 推拉门窗扇必须牢固，必须安装防脱落装置。

⑫ 特种门安装除应符合设计要求外，还应符合国家现行标准的有关规定。

⑬ 门窗安全玻璃的使用应符合现行行业标准《建筑玻璃应用技术规程》（JGJ 113）的规定。

⑭ 建筑外窗口的防水和排水构造应符合设计要求和国家现行标准的有关规定。

3.6.4.1 木门窗安装工程

（1）主控项目

① 木门窗的品种、类型、规格、尺寸、开启方向、安装位置、连接方式及性能应符合设计要求及国家现行标准的有关规定。

检验方法：观察；尺量检查；检查产品合格证书、性能检验报告、进场验收记录和复验报告；检查隐蔽工程验收记录。

② 木门窗应采用烘干的木材，含水率及饰面质量应符合国家现行标准的有关规定。

检验方法：检查材料进场验收记录、复验报告及性能检验报告。

③ 木门窗的防火、防腐、防虫处理应符合设计要求。

检验方法：观察；检查材料进场验收记录。

④ 木门窗框的安装应牢固。预埋木砖的防腐处理、木门窗框固定点的数量、位置和固定方法应符合设计要求。

检验方法：观察；手扳检查；检查隐蔽工程验收记录和施工记录。

⑤ 木门窗扇应安装牢固、开关灵活、关闭严密、无倒翘。

检验方法：观察；开启和关闭检查；手扳检查。

⑥ 木门窗配件的型号、规格和数量应符合设计要求，安装应牢固，位置应正确，功能应满足使用要求。

检验方法：观察；开启和关闭检查；手扳检查。

（2）一般项目

① 木门窗表面应洁净，不得有刨痕和锤印。

检验方法：观察。

② 木门窗的割角和拼缝应严密平整。门窗框、扇裁口应顺直，刨面应平整。

检验方法：观察。

③ 木门窗上的槽和孔应边缘整齐，无毛刺。

检验方法：观察。

④ 木门窗与墙体间的缝隙应填嵌饱满。严寒和寒冷地区外门窗（或门窗框）与砌体间的空隙应填充保温材料。

检验方法：轻敲门窗框检查；检查隐蔽工程验收记录和施工记录。

⑤ 木门窗批水、盖口条、压缝条和密封条安装应顺直，与门窗结合应牢固、严密。

检验方法：观察；手扳检查。

⑥ 平开木门窗安装的留缝限值、允许偏差和检验方法应符合表 3-48 的规定。

表 3-48　平开木门窗安装的留缝限值、允许偏差和检验方法

序号	项目		留缝限值/mm	允许偏差/mm	检验方法
1	门窗框的正、侧面垂直度		—	2	用1m垂直检测尺检查
2	框与扇接缝高低差		—	1	用塞尺检查
	扇与扇接缝高低差		—	1	
3	门窗扇对口缝		1～4	—	用塞尺检查
4	工业厂房、围墙双扇大门对口缝		2～7	—	
5	门窗扇与上框间留缝		1～3	—	
6	门窗扇与合页侧框间留缝		1～3	—	
7	室外门扇与锁侧框间留缝		1～3	—	
8	门扇与下框间留缝		3～5	—	用塞尺检查
9	窗扇与下框间留缝		1～3	—	
10	双层门窗内外框间距		—	4	用钢直尺检查
11	无下框时门扇与地面间留缝	室外门	4～7	—	用钢直尺或塞尺检查
		室内门	4～8	—	
		卫生间门			
		厂房大门	10～20	—	
		围墙大门			
12	框与扇搭接宽度	门	—	2	用钢直尺检查
		窗	—	1	用钢直尺检查

3.6.4.2 金属门窗安装工程

（1）主控项目

① 金属门窗的品种、类型、规格、尺寸、性能、开启方向、安装位置、连接方式及门窗的型材壁厚应符合设计要求及国家现行标准的有关规定。金属门窗的防雷、防腐处理及填嵌、密封处理应符合设计要求。

检验方法：观察；尺量检查；检查产品合格证书、性能检验报告、进场验收记录和复验报告；检查隐蔽工程验收记录。

② 金属门窗框和附框的安装应牢固。预埋件及锚固件的数量、位置、埋设方式、与框的连接方式应符合设计要求。

检验方法：手扳检查；检查隐蔽工程验收记录。

③ 金属门窗扇应安装牢固、开关灵活、关闭严密、无倒翘。

推拉门窗扇应安装防止扇脱落的装置。

检验方法：观察；开启和关闭检查；手扳检查。

④ 金属门窗配件的型号、规格、数量应符合设计要求，安装应牢固，位置应正确，功能应满足使用要求。

检验方法：观察；开启和关闭检查；手扳检查。

（2）一般项目

① 金属门窗表面应洁净、平整、光滑、色泽一致，应无锈蚀、擦伤、划痕和碰伤。漆膜或保护层应连续。型材的表面处理应符合设计要求及国家现行标准的有关规定。

检验方法：观察。

② 金属门窗推拉门窗扇开关力不应大于50N。

检验方法：用测力计检查。

③ 金属门窗框与墙体之间的缝隙应填嵌饱满，并应采用密封胶密封。密封胶表面应光滑、顺直、无裂纹。

检验方法：观察；轻敲门窗框检查；检查隐蔽工程验收记录。

④ 金属门窗扇的密封胶条或密封毛条装配应平整、完好，不得脱槽，交角处应平顺。

检验方法：观察；开启和关闭检查。

⑤ 排水孔应畅通，位置和数量应符合设计要求。

检验方法：观察。

⑥ 钢门窗安装的留缝限值、允许偏差和检验方法应符合表3-49的规定。

表3-49 钢门窗安装的留缝限值、允许偏差和检验方法

项次	项目		留缝限值/mm	允许偏差/mm	检验方法
1	门窗槽口宽度、高度	≤1500mm	—	2	用钢卷尺检查
		>1500mm	—	3	
2	门窗槽口对角线长度差	≤2000mm	—	3	用钢卷尺检查
		>2000mm	—	4	
3	门窗框的正、侧面垂直度		—	3	用1m垂直检测尺检查
4	门窗横框的水平度		—	3	用1m垂直检测尺检查
5	门窗横框标高		—	5	用钢卷尺检查
6	门窗竖向偏离中心		—	4	用钢卷尺检查
7	双层门窗内外框间距		—	5	用钢卷尺检查
8	门窗框、扇配合间隙		≤2	—	用塞尺检查
9	平开门窗框扇搭接宽度	门	≥6	—	用钢直尺检查
		窗	—	—	用钢直尺检查
10	推拉门窗框扇搭接宽度		≥6	—	用钢直尺检查
11	无下框时门扇与地面间留缝		4～8	—	用塞尺检查

⑦ 铝合金门窗安装的允许偏差和检验方法应符合表3-50的规定。

表3-50 铝合金门窗安装的允许偏差和检验方法

项次	项目		允许偏差/mm	检验方法
1	门窗槽口宽度、高度	≤2000mm	2	用钢卷尺检查
		>2000mm	3	

续表

项次	项目		允许偏差/mm	检验方法
2	门窗槽口对角线长度差	≤2500mm	4	用钢卷尺检查
		>2500mm	5	
3	门窗框的正、侧面垂直度		2	用1m垂直检测尺检查
4	门窗横框的水平度		2	用1m水平尺和塞尺检查
5	门窗横框标高		5	用钢卷尺检查
6	门窗竖向偏离中心		5	用钢卷尺检查
7	双层门窗内外框间距		4	用钢卷尺检查
8	推拉门窗扇与框搭接宽度	门	2	用钢直尺检查
		窗	1	

⑧ 涂色镀锌钢板门窗安装的允许偏差和检验方法应符合表3-51的规定。

表3-51 涂色镀锌钢板门窗安装的允许偏差和检验方法

项次	项目		允许偏差/mm	检验方法
1	门窗槽口宽度、高度	≤1500mm	2	用钢卷尺检查
		>1500mm	3	
2	门窗槽口对角线长度差	≤2000mm	4	用钢卷尺检查
		>2000mm	5	
3	门窗框的正、侧面垂直度		3	用1m垂直检测尺检查
4	门窗横框的水平度		3	用1m水平尺和塞尺检查
5	门窗横框标高		5	用钢卷尺检查
6	门窗竖向偏离中心		5	用钢卷尺检查
7	双层门窗内外框间距		4	用钢卷尺检查
8	推拉门窗扇与框搭接宽度		2	用钢直尺检查

3.6.4.3 塑料门窗安装工程

（1）主控项目

① 塑料门窗的品种、类型、规格、尺寸、性能、开启方向、安装位置、连接方式和填嵌密封处理应符合设计要求及国家现行标准的有关规定，内衬增强型钢的壁厚及设置应符合现行国家标准《建筑用塑料门》（GB/T 28886）和《建筑用塑料窗》（GB/T 28887）的规定。

检验方法：观察；尺量检查；检查产品合格证书、性能检验报告、进场验收记录和复验报告；检查隐蔽工程验收记录。

② 塑料门窗框、附框和扇的安装应牢固。固定片或膨胀螺栓的数量与位置应正确，连接方式应符合设计要求。固定点应距窗角、中横框、中竖框150～200mm，固定点间距不应大于600mm。

检验方法：观察；手扳检查；尺量检查；检查隐蔽工程验收记录。

③ 塑料组合门窗使用的拼樘料截面尺寸及内衬增强型钢的形状和壁厚应符合设计要求。承受风荷载的拼樘料应采用与其内腔紧密吻合的增强型钢作为内衬，其两端应与洞口固定牢固。窗框应与拼樘料连接紧密，固定点间距不应大于 600mm。

检验方法：观察；手扳检查；尺量检查；吸铁石检查；检查进场验收记录。

④ 窗框与洞口之间的伸缩缝内应采用聚氨酯发泡胶填充。发泡胶填充应均匀、密实。发泡胶成型后不宜切割。表面应采用密封胶密封。密封胶应黏结牢固，表面应光滑、顺直、无裂纹。

检验方法：观察；检查隐蔽工程验收记录。

⑤ 滑撑铰链的安装应牢固，紧固螺钉应使用不锈钢材质。螺钉与框扇连接处应进行防水密封处理。

检验方法观察；手扳检查；检查隐蔽工程验收记录。

⑥ 推拉门窗扇应安装防止扇脱落的装置。

检验方法：观察。

⑦ 门窗扇关闭应严密，开关应灵活。

检验方法：观察；尺量检查；开启和关闭检查。

⑧ 塑料门窗配件的型号、规格和数量应符合设计要求，安装应牢固，位置应正确，使用应灵活，功能应满足各自的使用要求。平开窗扇高度大于 900mm 时，窗扇锁闭点不应少于 2 个。

检验方法：观察；手扳检查；尺量检查。

（2）一般项目

① 安装后的门窗关闭时，密封面上的密封条应处于压缩状态，密封层数应符合设计要求。密封条应连续完整，装配后应均匀、牢固，应无脱槽、收缩和虚压等现象；密封条接口应严密且应位于窗的上方。

检验方法：观察。

② 塑料门窗扇的开关力应符合下列规定：

a. 平开门窗扇平铰链的开关力不应大于 80N；滑撑铰链的开关力不应大于 80N，并不应小于 30N；

b. 推拉门窗扇的开关力不应大于 100N。

检验方法：观察；用测力计检查。

③ 门窗表面应洁净、平整、光滑，颜色应均匀一致。可视面应无划痕、碰伤等缺陷，门窗不得有焊角开裂和型材断裂等现象。

检验方法：观察。

④ 旋转窗间隙应均匀。

检验方法：观察。

⑤ 排水孔应畅通，位置和数量应符合设计要求。

检验方法：观察。

⑥ 塑料门窗安装的允许偏差和检验方法应符合表 3-52 的规定。

表 3-52 塑料门窗安装的允许偏差和检验方法

项次	项目		允许偏差/mm	检验方法
1	门、窗框外形（高、宽）尺寸长度差	≤1500mm	2	用钢卷尺检查
		>1500mm	3	

续表

项次	项目		允许偏差/mm	检验方法
2	门、窗框两对角线长度差	≤2000mm	3	用钢卷尺检查
		>2000mm	5	
3	门、窗框（含拼樘料）的正、侧面垂直度		3	用1m垂直检测尺检查
4	门、窗框（含拼樘料）水平度		3	用1m水平尺和塞尺检查
5	门、窗横框标高		5	用钢卷尺检查，与基准线比较
6	门、窗竖向偏离中心		5	用钢卷尺检查
7	双层门、窗内外框间距		4	用钢卷尺检查
8	平开门窗及上悬、下悬、中悬窗	门、窗扇与框搭接宽度	2	用深度尺或钢直尺检查
		同樘门、窗相邻扇的水平高度差	2	用靠尺和钢直尺检查
		门、窗框扇四周的配合间隙	1	用楔形塞尺检查
9	推拉门窗	门、窗扇与框搭接宽度	2	用深度尺或钢直尺检查
		门、窗扇与框或相邻扇立边平行度	2	用钢直尺检查
10	组合门窗	平整度	3	用2m靠尺和钢直尺检查
		缝直线度	3	用2m靠尺和钢直尺检查

思考题

1. 水泥粉煤灰碎石桩复合地基的施工质量应如何检验？
2. 土方开挖工程的施工质量应如何检验？
3. 砌筑工程不得在哪些墙体或部位设置脚手眼？
4. 混凝土小型空心砌块砌体工程施工质量检验应符合哪些规定？
5. 模板安装的主控项目有哪些？
6. 钢筋分项工程中钢筋质量验收的一般规定有哪些？
7. 地下防水工程是一个子分部工程，其分项工程如何划分？
8. 卷材防水层的施工要求有哪些？

第4章

建筑工程施工质量验收

4.1 建筑工程质量验收概述

工程施工质量验收是指工程施工质量在施工单位自行检查评定合格的基础上,由工程质量验收责任方组织,工程建设相关单位参加,对检验批、分项、分部、单位工程及其隐蔽工程的质量进行抽样检验,对技术文件进行审核,并根据设计文件和相关标准以书面形式对工程质量是否达到合格做出确认。

建筑工程的质量验收包括工程施工质量的中间验收和工程的竣工验收两个方面。中间验收是对施工过程中的检验批和分项工程质量进行控制,检验出不合格的各项工程,以便及时进行处理,使其达到质量标准的合格指标;竣工验收是对建筑工程施工的最终产品——单位工程的质量进行把关,这是项目建设程序的最后一个环节,是全面考核项目建设成果,检查设计与施工质量,确认项目能否投入使用的重要步骤。通过这两方面的验收,从过程控制和终端进行工程项目的质量控制,以确保达到业主所要求的功能和使用价值,实现建设投资的经济效益和社会效益。竣工验收的顺利完成,标志着项目建设阶段的结束和生产使用阶段的开始。尽快完成竣工验收工作,对促进项目的早日投产使用,发挥投资效益,有着非常重要的意义。

4.2 现行施工质量验收标准及配套使用的系列规范

4.2.1 建筑工程施工质量验收系列规范介绍

建筑工程施工质量验收统一标准、规范体系由《建筑工程施工质量验收统一标准》(GB 50300)和各专业验收规范共同组成,在使用过程中它们必须配套。

4.2.1.1 施工质量验收统一标准、规范体系的编制指导思想

施工质量验收规范编制的总体指导思想是"验评分离,强化验收,完善手段,过程控制"。

具体要解决以下几个方面的内容。

① 建立验收类规范和施工技术规范,要求同一个对象只能制定一个标准,以便于执行。这就要求标准规范之间应当协调一致,避免重复矛盾。《建筑工程施工质量验收统一标准》(GB 50300)提出了建筑安装工程质量验收标准规范体系的框架,这个体系框架将作为指导编制标准规范的指导思想。

② 统一编制原则。为便于将来的工程验收规范的修订加快,首先要结合当前我国的质

量方针政策,确定质量责任和要求深度,然后修改和完善不合理的指标;对于强制性的工程验收规范,将属于涉及工程安全、影响使用功能和质量的给予重点突出并具体化,对验收的方法和手段给予规范化,形成对施工质量全过程控制的要求;对于推荐性的施工工艺规范,将有关施工工艺和技术方面的内容作为企业标准或行业推荐性标准;对于质量检测方面的内容,应分清基本试验和现场检测,明确基本试验程序和确保第三方检测的公正性;结合当前有关建设工程质量的方针和政策,制定出评优良工程方面的推荐性标准,此外还应兼顾工程观感质量。

③ 措施应配套。制定的配套措施应围绕规范的贯彻实施,特别是强制性验收规范的贯彻执行。

4.2.1.2 施工质量验收统一标准、规范体系的编制依据及其相互关系

建筑工程施工质量验收统一标准、规范体系的编制依据,主要是《中华人民共和国建筑法》《建设工程质量管理条例》《建筑结构可靠度设计统一标准》及其他有关设计规范等。验收统一标准及专业验收规范的落实和执行,还需要有关标准的支持,所以需要建设以验收规范为主体的整体施工技术体系(支撑体系),这样就使工程建设技术标准体系有了基础,可以发挥全行业的力量,都来为提高建设工程的质量而努力。

4.2.2 建筑工程施工质量验收系列规范名称

《建筑工程施工质量验收统一标准》和与它配合使用的15项建筑工程各专业工程施工质量验收规范名称如下:

《建筑工程施工质量验收统一标准》(GB 50300);
《建筑地基基础工程施工质量验收标准》(GB 50202);
《砌体工程施工质量验收规范》(GB 50203);
《混凝土结构工程施工质量验收规范》(GB 50204);
《钢结构工程施工质量验收规范》(GB 50205);
《木结构工程施工质量验收规范》(GB 50206);
《屋面工程质量验收规范》(GB 50207);
《地下防水工程质量验收规范》(GB 50208);
《建筑地面工程施工质量验收规范》(GB 50209);
《建筑装饰装修工程质量验收规范》(GB 50210);
《建筑给水排水及采暖工程施工质量验收规范》(GB 50242);
《通风与空调工程施工质量验收规范》(GB 50243);
《建筑电气安装工程施工质量验收规范》(GB 50303);
《建筑电梯工程施工质量验收规范》(GB 50310);
《智能建筑工程施工质量验收规范》(GB 50339)。

4.3 建筑工程施工质量验收的划分

4.3.1 工程施工质量验收层次划分及目的

4.3.1.1 施工质量验收层次划分

随着我国经济发展和施工技术的进步,工程建设规模不断扩大,技术复杂程度越来越高,出现了大量工程规模较大的单体工程和具有综合使用功能的综合性建筑物。由于大型单

体工程可能在功能或结构上由若干个单体组成,且整个建设周期较长,可能出现已建成可使用的部分单体需先投入使用,或先将工程中的一部分提前建成使用等情况,再加之对规模特别大的工程进行一次验收也不方便等,所以需要进行分段验收。因此标准规定,可将此类工程划分为若干个子单位工程进行验收。同时为了更加科学地评价工程施工质量和有利于对其进行验收,根据工程特点,按结构分解的原则将单位或子单位工程又划分为若干个分部工程。在分部工程中,按相近的工作内容和系统又划分为若干个子分部工程。每个分部工程或子分部工程又可划分为若干个分项工程。每个分项工程中又可划分为若干个检验批。检验批是工程施工质量验收的最小单位。

4.3.1.2 施工质量验收层次划分的目的

工程施工质量验收涉及工程施工过程质量验收和竣工质量验收,是工程施工质量控制的重要环节。根据工程特点,按项目层次分解的原则合理划分工程施工质量验收层次,将有利于对工程施工质量进行过程控制和阶段质量验收,特别是不同专业工程的验收批的确定,将直接影响到工程施工质量验收工作的科学性、经济性、实用性和可操作性。因此,对施工质量验收层次进行合理划分非常必要,这有利于工程施工质量的过程控制和最终把关,确保工程质量符合有关标准。

4.3.2 单位工程的划分

单位工程是指具备独立的设计文件、独立的施工条件并能形成独立使用功能的建筑物或构筑物。对于建筑工程,单位工程的划分应按下列原则确定。

① 具备独立施工条件并能形成独立使用功能的建筑物或构筑物为一个单位工程。如一所学校中的一栋教学楼、办公楼、传达室,某城市的广播电视塔等。

② 对于规模较大的单位工程,可将其难成独立使用功能的部分划分为一个子单位工程。

子单位工程的划分一般可根据工程的建筑设计分区、使用功能的显著差异、结构缝的设置等实际情况,施工前,应由建设、监理、施工单位商定划分方案,并据此收集整理施工技术资料和验收。

室外工程可根据专业类别和工程规模划分单位工程或子单位工程、分部工程。室外工程的单位工程、分部工程按表 4-1 划分。

表 4-1 室外工程的单位工程、分部工程的划分

单位工程	子单位工程	分部工程
室外设施	道路	路基、基层、面层、广场与停车场、人行道、人行地道、挡土墙、附属构筑物
	边坡	土石方、挡土墙、支护
附属建筑及室外环境	附属建筑	车棚、围墙、大门、挡土墙
	室外环境	建筑小品、亭台、水景、连廊、花坛、场坪绿化、景观桥
室外安装	给水排水	室外给水系统、室外排水系统
	供热	室外供热系统
	电气	室外供电系统、室外照明系统

4.3.3　分部工程的划分

分部工程，是单位工程的组成部分。一般按专业性质、工程部位或特点、功能和工程量确定。对于建筑工程，分部工程的划分应按下列原则确定。

① 分部工程的划分应按专业性质、工程部位确定。如建筑工程划分为地基与基础、主体结构、建筑装饰装修、屋面、建筑给水排水及供暖、通风与空调、建筑电气、建筑智能化、建筑节能、电梯十个分部工程。

② 当分部工程较大或较复杂时，可按材料种类、施工特点、施工程序、专业系统及类别将分部工程划分为若干子分部工程。如建筑智能化分部工程中就包含了通信网络系统、计算机网络系统、建筑设备监控系统、火灾报警及消防联动系统、会议系统与信息导航系统、专业应用系统、安全防范系统、综合布线系统、智能化集成系统、电源与接地、计算机机房工程、住宅智能化系统等子分部工程。

4.3.4　分项工程的划分

分项工程是分部工程的组成部分，可按主要工种、材料、施工工艺、设备类别进行划分。如建筑工程主体结构分部工程中，混凝土结构子分部工程按主要工种分为模板、钢筋、混凝土等分项工程；按施工工艺又分为预应力、现浇结构、装配式结构等分项工程。

建筑工程分部或子分部工程、分项工程的具体划分详见《建筑工程施工质量验收统一标准》（GB 50300）及相关专业验收规范的规定。

4.3.5　检验批的划分

检验批在《建筑工程施工质量验收统一标准》（GB 50300—2013）中是指按相同的生产条件或按规定的方式汇总起来供抽样检验用的，由一定数量样本组成的检验体。它是建筑工程质量验收划分中的最小验收单位。

分项工程可由一个或若干个检验批组成，检验批可根据施工、质量控制和专业验收的需要，按工程量、楼层、施工段、变形缝进行划分。

4.4　建筑工程施工质量控制及验收

4.4.1　工程施工质量验收基本规定

施工现场应具有健全的质量管理体系、相应的施工技术标准、施工质量检验制度和综合施工质量水平评定考核制度。

① 施工现场质量管理检查记录应由施工单位填写，总监理工程师进行检查，并作出检查结论。

② 当工程未实行监理时，建设单位相关人员应履行有关验收规范涉及的监理职责。

③ 建筑工程的施工质量控制应符合下列规定。

a. 建筑工程采用的主要材料、半成品、成品、建筑构配件、器具和设备应进行进场检验。凡涉及安全、节能、环境保护和主要使用功能的重要材料、产品，应按各专业工程施工规范、验收规范和设计文件等规定进行复验，并应经专业监理工程师检查认可。

b. 各施工工序应按施工技术标准进行质量控制，每道施工工序完成后，经施工单位自检符合规定后，才能进行下道工序施工。各专业工种之间的相关工序应进行交接检验，并应记录。

c. 对于项目监理机构提出检查要求的重要工序,应经专业监理工程师检查认可,才能进行下道工序施工。

d. 当专业验收规范对工程中的验收项目未作出相应规定时,应由建设单位组织监理、设计、施工等相关单位制订专项验收要求。涉及结构安全、节能、环境保护等项目的专项验收要求应由建设单位组织专家论证。

④ 建筑工程施工质量应按下列要求进行验收:

a. 工程施工质量验收均应在施工单位自检合格的基础上进行;

b. 参加工程施工质量验收的各方人员应具备相应的资格;

c. 检验批的质量应按主控项目和一般项目验收;

d. 对涉及结构安全、节能、环境保护和主要使用功能的试块、试件及材料,应在进场时或施工中按规定进行见证检验;

e. 隐蔽工程在隐蔽前应由施工单位通知项目监理机构进行验收,并应形成验收文件,验收合格后方可继续施工;

f. 对涉及结构安全、节能、环境保护等的重要分部工程应在验收前按规定进行抽样检验;

g. 工程的观感质量应由验收人员现场检查,并应共同确认。

⑤ 建筑工程施工质量验收合格应符合下列规定:

a. 符合工程勘察、设计文件的规定;

b. 符合《建筑工程施工质量验收统一标准》(GB 50300)和相关专业验收规范的规定。

4.4.2 检验批质量验收

4.4.2.1 检验批质量验收程序

检验批是工程施工质量验收的最小单位,是分项工程乃至整个建筑工程质量验收的基础。检验批质量验收应由专业监理工程师组织施工单位项目专业质量检查员、专业工长等进行。

验收前,施工单位应先对施工完成的检验批进行自检,合格后由项目专业质量检查员填写检验批质量验收记录(表 4-2,有关监理验收记录及结论不填写)及检验批报审、报验表(表 4-3),并报送项目监理机构申请验收;专业监理工程师对施工单位所报资料进行审查,并组织相关人员到验收现场进行主控项目和一般项目的实体检查、验收。对验收不合格的检验批,专业监理工程师应要求施工单位进行整改,并自检合格后予以复验;对验收合格的检验批,专业监理工程师应签认检验批报审、报验表及质量验收记录,准许进行下道工序施工。

4.4.2.2 检验批质量验收合格的规定

(1) 一般规定

① 主控项目的质量经抽样检验均应合格。

② 一般项目的质量经抽样检验合格。当采用计数抽样时,合格点率应符合有关专业验收规范的规定,且不得存在严重缺陷。

③ 具有完整的施工操作依据、质量验收记录。

检验批质量验收合格条件除主控项目和一般项目的质量经抽样检验合格外,其施工操作依据、质量验收记录尚应完整且符合设计、验收规范的要求。只有符合检验批质量验收合格条件,该检验批质量方能判定合格。

表 4-2 检验批质量验收记录

工程名称					
分项工程名称			验收部位		
施工单位		项目负责人		专业工长	
分包单位		项目负责人		施工班组长	
施工执行标准名称及编号					

		验收规范的规定	施工、分包单位检查记录	监理单位验收记录
主控项目	1			
	2			
	3			
	4			
	5			
	6			
	7			
	8			
一般项目	1			
	2			
	3			
	4			
施工、分包单位检查结果			项目专业质量检查员： 年 月 日	

表 4-3 ＿＿＿＿＿＿报审、报验

工程名称： 编号：

致：＿＿＿＿＿＿＿＿＿（项目监理机构）
　　我方已完成 ＿＿＿＿＿＿＿ 工作，经自检合格，请予以审查或验收。
附件：□隐蔽工程质量检验资料
　　　□检验批质量检验资料：钢筋安装工程检验批质量验收记录表
　　　□分项工程质量检验资料
　　　☑施工实验室证明资料
　　　□其他

　　　　　　　　　　　　　　　　　　　　　　　施工项目经理部（盖章）
　　　　　　　　　　　　　　　　　　　　　　　项目经理或项目技术负责人（签字）
　　　　　　　　　　　　　　　　　　　　　　　　　　　　　　　年　月　日

审查或验收意见：

　　　　　　　　　　　　　　　　　　　　　　　项目监理机构（盖章）
　　　　　　　　　　　　　　　　　　　　　　　专业监理工程师（签字）
　　　　　　　　　　　　　　　　　　　　　　　　　　　　　　　年　月　日

（2）验收合格条件的注意事项

为加深理解检验批质量验收合格条件，应注意以下三个方面的内容。

① 主控项目的质量经抽样检验均应合格。

主控项目是指建筑工程中对安全、节能、环境保护和主要使用功能起决定性作用的检验项目，如钢筋连接的主控项目为：纵向受力钢筋的连接方式应符合设计要求。

主控项目是对检验批的基本质量起决定性影响的检验项目，是保证工程安全和使用功能的重要检验项目，因此必须全部符合有关专业验收规范的规定。主控项目如果达不到规定的质量指标，降低要求就相当于降低该工程的性能指标，就会严重影响工程的安全性能。这意味着主控项目不允许有不符合要求的检验结果，必须全部合格。如混凝土、砂浆强度等级是保证混凝土结构、砌体强度的重要性能，必须全部达到要求。

为了使检验批的质量符合工程安全和使用功能的基本要求，达到保工程质量的目的，各专业工程质量验收规范对各检验批的主控项目的合格质量给予明确的规定。如钢筋安装验收时的主控项目为：受力钢筋的品种、级别、规格和数量必须符合设计要求。

主控项目包括的主要内容如下。

a. 工程材料、构配件和设备的技术性能等。如水泥、钢材的质量；预制墙板、门窗等构配件的质量；风机等设备的质量。

b. 涉及结构安全、节能、环境保护和主要使用功能的检测项目。如混凝土、砂浆的强度；钢结构的焊缝强度；管道的压力试验；风管的系统测定与调整；电气的绝缘、接地测试；电梯的安全保护、试运转结果等。

c. 一些重要的允许偏差项目，必须控制在允许偏差限值之内。

② 一般项目的质量经抽样检验合格。当采用计数抽样时，合格点率应符合有关专业验收规范的规定，且不得存在严重缺陷。

一般项目是指除主控项目以外的检验项目。为了使检验批的质量符合工程安全和使用功能的基本要求，达到保证工程质量的目的，各专业工程质量验收规范对各检验批的一般项目的合格质量给予了明确的规定。如钢筋连接的一般项目为：钢筋的接头宜设置在受力较小处。同一纵向受力钢筋不宜设置两个或两个以上接头。接头末端至钢筋弯起点的距离不应小于钢筋直径的10倍。对于一般项目，虽然允许存在一定数量的不合格点，但某些不合格点的指标与合格要求偏差较大或存在严重缺陷时，仍将影响使用功能或感观的要求，对这些位置应进行维修处理。

一般项目包括的主要内容如下。

a. 允许有一定偏差的项目，可放在一般项目中，用数据规定的标准，可以有一定的偏差范围。

b. 对不能确定偏差值而又允许出现一定缺陷的项目，则以缺陷的数量来区分。如砖砌体预埋拉结筋，其留置间距偏差；混凝土钢筋露筋，露出一定长度等。

c. 其他一些无法定量的而采用定性的项目。如碎拼大理石地面颜色协调，无明显裂缝和坑洼等。

③ 具有完整的施工操作依据、质量验收记录。

质量控制资料反映了检验批从原材料到最终验收的各施工工序的操作依据、检查情况以及保证质量所必需的管理制度等。对其完整性的检查，实际是对过程控制的确认，这是检验批质量验收合格的前提。质量控制资料主要为：

a. 图纸会审记录、设计变更通知单、工程洽商记录、竣工图；

b. 工程定位测量、放线记录；

c. 原材料出厂合格证书及进场检验、试验报告；
d. 施工试验报告及见证检测报告；
e. 隐蔽工程验收记录；
f. 施工记录；
g. 按专业质量验收规范规定的抽样检验、试验记录；
h. 分项、分部工程质量验收记录；
i. 工程质量事故调查处理资料；
j. 新技术论证、备案及施工记录。

4.4.2.3 检验批质量检验方法

① 检验批质量检验，可根据检验项目的特点在下列抽样方案中选取：
a. 计量、计数的抽样方案；
b. 一次、两次或多次抽样方案；
c. 对重要的检验项目，当有简易快速的检验方法时，选用全数检验方案；
d. 根据生产连续性和生产控制稳定性情况，采用调整型抽样方案；
e. 经实践证明有效的抽样方案。

② 计量抽样的错判概率和漏判概率可按下列规定采取：
a. 错判概率 α，是指合格批被判为不合格批的概率，即合格批被拒收的概率；
b. 漏判概率 β，是指不合格批被判为合格批的概率，即不合格批被误收的概率。

抽样检验必然存在这两类风险，要求通过抽样检验的检验批 100% 合格是不合理的，也是不可能的。在抽样检验中，两类风险的一般控制范围是：

主控项目，α 和 β 均不宜超过 5%；

一般项目，α 不宜超过 5%，β 不宜超过 10%。

③ 检验批抽样样本应随机抽取，满足分布均匀、具有代表性的要求，抽样数量不应低于有关专业验收规范的规定。

明显不合格的个体可不纳入检验批，但必须进行处理，使其满足有关专业验收规范的规定，并对处理情况予以记录。

4.4.3 隐蔽工程质量验收

隐蔽工程是指在下道工序施工后将被覆盖或掩盖，不易进行质量检查的工程，如钢筋混凝土工程中的钢筋工程，地基与基础工程中的混凝土基础和桩基础等。因此隐蔽工程完成后，在被覆盖或掩盖前必须进行隐蔽工程质量验收。隐蔽工程可能是一个检验批，也可能是一个分项工程或子分部工程，所以可按检验批或分项工程、子分部工程进行验收。

如隐蔽工程为检验批时，其质量验收应由专业监理工程师组织施工单位项目专业质量检查员、专业工长等进行。

施工单位应对隐蔽工程质量进行自检，合格后填写隐蔽工程质量验收记录（表 4-2，有关监理验收记录及结论不填写）及隐蔽工程报审、报验表（表 4-3），并报送项目监理机构申请验收；专业监理工程师对施工单位所报资料进行审查，并组织相关人员到验收现场进行实体检查、验收，同时应留有照片、影像等资料。对验收不合格的工程，专业监理工程师应要求施工单位进行整改，自检合格后予以复查；对验收合格的工程，专业监理工程师应签认隐蔽工程报审、报验表及质量验收记录，准予进行下一道工序施工。

例如钢筋隐蔽工程质量验收：施工单位应对钢筋隐蔽工程进行自检，合格后填写钢筋隐蔽工程质量验收记录（表 4-2，有关监理验收记录及结论不填写）及钢筋隐蔽工程报审、报验表（表4-3），并报送项目监理机构申请验收。专业监理工程师对施工单位所报资料进行审查，并组织相关人员到验收现场进行检查、验收，同时应留有照片、影像等资料。对验收不合格的钢筋工程，专业监理工程师应要求施工单位进行整改，自检合格后予以复查；对验收合格的钢筋工程，专业监理工程师应签认钢筋隐蔽工程报审、报验表及质量验收记录，并准予进行下一道工序施工。

钢筋隐蔽工程验收的内容：纵向受力钢筋的品种、级别、规格、数量和位置等；钢筋的连接方式、接头位置、接头数量、接头面积百分率等；箍筋、横向钢筋的品种、规格、数量、间距等；预埋件的规格、数量、位置等。

检查要点：检查产品合格证、出厂检验报告和进场复验报告；检查钢筋力学性能试验报告；检查钢筋隐蔽工程质量验收记录；检查钢筋安装实物工程质量。

4.4.4 分项工程质量验收

4.4.4.1 分项工程质量验收程序

分项工程质量验收应由专业监理工程师组织施工单位项目技术负责人等进行。

验收前，施工单位应对施工完成的分项工程进行自检，合格后填写分项工程质量验收记录（表4-2）及分项工程报审、报验表（表4-3），并报送项目监理机构申请验收。专业监理工程师对施工单位所报资料逐项进行审查，符合要求后签认分项工程报审、报验表和质量验收记录。

4.4.4.2 分项工程质量验收合格的规定

（1）验收合格的规定

① 分项工程所含检验批的质量均应验收合格；

② 分项工程所含检验批的质量验收记录应完整。

分项工程的验收是在检验批的基础上进行的。一般情况下，检验批和分项工程两者具有相同或相近的性质，只是批量的大小不同而已，将有关的检验批汇集构成分项工程。

（2）验收注意事项

实际上，分项工程质量验收是一个汇总统计的过程，并无新的内容和要求。分项工程质量验收合格条件比较简单，只要构成分项工程的各检验批的质量验收资料完整，并且均已验收合格，则分项工程质量验收合格。因此，在分项工程质量验收时应注意以下三点：

① 核对检验批的部位、区段是否全部覆盖分项工程的范围，有没有缺漏的部位没有验收到；

② 一些在检验批中无法检验的项目，在分项工程中直接验收。如砖砌体工程中的全高垂直度、砂浆强度的评定；

③ 检验批验收记录的内容及签字人是否正确、齐全。

4.4.5 分部工程质量验收

4.4.5.1 分部（子分部）工程质量验收程序

分部（子分部）工程质量验收应由总监理工程师组织施工单位项目负责人和项目技术、质量负责人等进行。由于地基与基础、主体结构工程要求严格，技术性强，关系到整个工程的安全，为严把质量关，规定勘察、设计单位项目负责人和施工单位技术、质量负责人应参加地基与基础分部工程的验收。设计单位项目负责人和施工单位技术、质量负责人应参加主体结构、节能分部工程的验收。

验收前，施工单位应先对施工完成的分部工程进行自检，合格后填写分部工程质量验收记录及分部工程报验表，并报送项目监理机构申请验收。总监理工程师应组织相关人员进行检查、验收，对验收不合格的分部工程，应要求施工单位进行整改，自检合格后予以复查。对验收合格的分部工程，应签认分部工程报验表及验收记录。

4.4.5.2 分部（子分部）工程质量验收合格的规定

（1）验收合格的规定

① 所含分项工程的质量均应验收合格。

② 质量控制资料应完整。

③ 有关安全、节能、环境保护和主要使用功能的抽样检验结果应符合相应规定。

④ 观感质量应符合要求。

（2）抽样检验和观感质量验收的解释

分部工程质量验收是在其所含各分项工程质量验收的基础上进行的。首先，分部工程所含各分项工程必须已验收合格且相应的质量控制资料齐全、完整，这是验收的基本条件。此外，由于各分项工程的性质不尽相同，因此作为分部工程不能简单地组合而加以验收，尚需进行以下两方面的检查项目。

① 涉及安全、节能、环境保护和主要使用功能等的抽样检验结果应符合相应规定。即涉及安全、节能、环境保护和主要使用功能的地基与基础、主体结构和设备安装等分部工程应进行有关见证检验或抽样检验。如建筑物垂直度、标高、全高测量记录，建筑物沉降观测测量记录，给水管道通水试验记录，暖气管道、散热器压力试验记录，照明全负荷试验记录等。总监理工程师应组织相关人员，检查各专业验收规范中规定检测的项目是否都进行了检测；查阅各项检测报告（记录），核查有关检测方法、内容、程序、检测结果等是否符合有关标准规定；核查有关检测单位的资质，见证取样与送样人员资格，检测报告出具单位负责人的签署情况是否符合要求。

② 观感质量验收，这类检查往往难以定量，只能以观察、触摸或简单量测的方式进行观感质量验收，并由验收人主观判断，检查结果并不给出"合格"或"不合格"的结论，而是综合给出"好""一般""差"的质量评价结果。所谓"一般"是指观感质量检验能符合验收规范的要求；所谓"好"是指在质量符合验收规范的基础上，能到达精致、流畅的要求，细部处理到位、精度控制好；所谓"差"是指勉强达到验收规范要求，或有明显的缺陷，但不影响安全或使用功能。评为"差"的项目能进行返修的应进行返修，不能返修的只要不影响结构安全和使用功能的可通过验收。有影响安全和使用功能的项目，不能评价，应返修后再进行评价。

4.4.6 单位工程质量验收

4.4.6.1 单位（子单位）工程质量验收程序

（1）预验收

当单位（子单位）工程完成后，施工单位应依据验收规范、设计图纸等组织有关人员进行自检，对检查结果进行评定，符合要求后填写单位工程竣工验收报审表以及质量竣工验收记录、质量控制资料核查记录、安全和功能检验资料核查以及观感质量检查记录等，并将单位工程竣工验收报审表及有关竣工资料报送项目监理机构申请验收。

总监理工程师应组织专业监理工程师审查施工单位提交的单位工程竣工验收报审表及有关竣工资料，并对工程质量进行竣工预验收。存在质量问题时，应由施工单位及时整改，整改完毕且合格后，总监理工程师应签认单位工程竣工验收报审表及有关资料，并向建设单位提交工程质量评估报告。施工单位向建设单位提交工程竣工报告，申请工程竣工验收。

对需要进行功能试验的项目（包括单机试车和无负荷试车），专业监理工程师应督促施工单位及时进行试验，并对重要项目进行现场监督、检查，必要时请建设单位和设计单位参加；专业监理工程师应认真审查试验报告单并督促施工单位搞好成品保护和现场清理。

单位工程中的分包工程完工后，分包单位应对所施工的建筑工程进行自检，并应按规定的程序进行验收。验收时，总包单位应派人参加。验收合格后，分包单位应将所分包工程的质量控制资料整理完整后，移交给总包单位。建设单位组织单位工程质量验收时，分包单位负责人应参加验收。

（2）验收

建设单位收到施工单位提交的工程竣工报告和完整的质量控制资料，以及项目监理机构提交的工程质量评估报告后，由建设单位项目负责人组织设计、勘察、监理、施工等单位项目负责人进行单位工程验收。对验收中提出的整改问题，项目监理机构应督促施工单位及时整改。工程质量符合要求的，总监理工程应在工程竣工验收报告中签署验收意见。

《建设工程质量管理条例》规定，建设工程竣工验收应当具备下列条件：
① 完成建设工程设计和合同约定的各项内容；
② 有完整的技术档案和施工管理资料；
③ 有工程使用的主要建筑材料、建筑构配件和设备的进场试验报告；
④ 有勘察、设计、施工、工程监理等单位分别签署的质量合格文件；
⑤ 有施工单位签署的工程保修书。

对于不同性质的建设工程还应满足其他一些具体要求，如工业建设项目，还应满足环境保护设施、劳动、安全与卫生设施、消防设施以及必需的生产设施已按设计要求与主体工程同时建成，并经有关专业部门验收合格可交付使用。

在一个单位工程中，对满足生产要求或具备使用条件，施工单位经自行检验，专业监理工程师已预验收通过的子单位工程，建设单位可组织进行验收。有几个施工单位负责施工的单位工程，当其中的施工单位所负责的子单位工程已按设计完成，并经自行检验，也可按规定的程序组织正式验收，办理交工手续。在整个单位工程进行全部验收时，已验收的子单位工程验收资料应作为单位工程验收的附件。

单位工程验收时，如有因季节影响需后期调试的项目，单位工程可先行验收。后期调试项目可约定具体时间另行验收。如一般空调制冷性能不能在冬季验收，采暖工程不能在夏季验收。

4.4.6.2 单位（子单位）工程质量验收合格的规定

（1）验收合格的规定
① 所含分部（子分部）工程的质量均应验收合格；
② 质量控制资料应完整；
③ 所含分部工程中有关安全、节能、环境保护和主要使用功能等的检验资料应完整；
④ 主要使用功能的抽查结果应符合相关专业质量验收规范的规定；
⑤ 观感质量应符合要求。

单位工程质量验收也称质量竣工验收，是建筑工程投入使用前的最后一次验收，也是最重要的一次验收。参建各方责任主体和有关单位及人员，应加以重视，认真做好单位工程质量竣工验收，把好工程质量关。

（2）验收合格条件的注意事项

为加深理解单位（子单位）工程质量验收合格条件，应注意以下五个方面的内容。
① 所含分部（子分部）工程的质量均应验收合格。施工单位事前应认真做好验收准备，

将所有分部工程的质量验收记录表及相关资料,及时进行收集整理,并列出目次表,依序将其装订成册。在核查和整理过程中,应注意以下三点:

a. 核查各分部工程中所含的子分部工程是否齐全;

b. 核查各分部工程质量验收记录表及相关资料的质量评价是否完善;

c. 核查各分部工程质量验收记录表及相关资料的验收人员是否是规定的有相应资质的技术人员,并进行了评价和签认。

② 质量控制资料应完整。质量控制资料完整是指所收集到的资料,能反映工程所采用的建筑材料、构配件和设备的质量技术性能,施工质量控制和技术管理状况,涉及结构安全和使用功能的施工试验和抽样检测结果,以及工程参建各方质量验收的原始依据、客观记录、真实数据和见证取样等资料,能确保工程结构安全和使用功能,满足设计要求。它是客观评价工程质量的主要依据。

尽管质量控制资料在分部工程质量验收时已经检查过,但某些资料由于受试验龄期的影响,或受系统测试的需要等,难以在分部工程验收时到位。因此应对所有分部工程质量控制资料的系统性和完整性进行一次全面的核查,在全面梳理的基础上,重点检查资料是否齐全、有无遗漏,从而达到完整无缺的要求。

③ 所含分部工程中有关安全、节能、环境保护和主要使用功能等的检验资料应完整。对涉及安全、节能、环境保护和主要使用功能的分部工程的检验资料应复查合格,资料复查不仅要全面检查其完整性,不得有漏检缺项,而且对分部工程验收时的见证抽样检验报告也要进行复核,这体现了对安全和主要使用功能的重视。

④ 主要使用功能的抽查结果应符合相关专业质量验收规范的规定。

对主要使用功能的应进行抽查,使用功能的检查是对建筑工程和设备安装工程最终质量的综合检验,也是用户最为关心的内容,体现了过程控制的原则,也将减少工程投入使用后的质量投诉和纠纷。因此,在分项、分部工程质量验收合格的基础上,竣工验收时再作全面的检查。

主要使用功能抽查项目,已在各分部工程中列出,有的是在分部工程完成后进行检测,有的还要待相关分部工程完成后才能检测,有的则需要等单位工程全部完成后进行检测。这些检测项目应在单位工程完工,施工单位向建设单位提交工程竣工验收报告之前,全部进行完毕,并将检测报告写好。至于在竣工验收时抽查什么项目,应在检查资料文件的基础上由参加验收的各方人员商定,并用计量、计数的方法抽样检验,检验结果应符合有关专业验收规范的要求。

⑤ 观感质量应符合要求。观感质量验收不单纯是对工程外表质量进行检查,同时也是对部分使用功能和使用安全所作的一次全面检查。如门窗启闭是否灵活、关闭后是否严密;又如室内顶棚抹灰层的空鼓、楼梯踏步高差过大等。涉及使用的安全,在检查时应加以关注。观感质量验收须由参加验收的各方人员共同进行,检查的方法、内容、结论等已在分部工程的相应部分中阐述,最后共同协商确定是否通过验收。

4.4.6.3 单位(子单位)工程质量竣工验收报审表及竣工验收记录

单位(子单位)工程质量竣工验收报审表按表 4-4 填写。

质量竣工验收填写单位工程质量竣工验收记录,质量竣工验收记录按表 4-5 填写,安全和功能检验资料核查填写单位工程安全和功能检验资料核查记录,观感质量检查填写单位工程观感质量检查记录。表中的验收记录由施工单位填写,验收结论由监理单位填写。综合验收结论由参加验收各方共同商定,由建设单位填写,并应对工程质量是否符合设计和规范要求及总体质量水平作出评价。

表 4-4 单位工程竣工验收报审表

工程名称：　　　　　　　　　　　　　　　　　　　　　　　　编号：

致：_____（项目监理机构）
　　我方已按施工合同要求完成_____工程，经自检合格，请予以验收。
附件：1. 工程质量验收报告
　　　2. 工程功能检验资料

施工单位（盖章）
项目经理（签字）
　　　年　月　日

预验收意见：
　　经预验收，该工程合格/不合格，可以/不可以组织正式验收。

项目监理机构（盖章）
总监理工程师（签字、加盖执业印章）
　　　年　月　日

表 4-5 质量竣工验收记录

工程名称		结构类型		层数/建筑面积	
施工单位		技术负责人		开工日期	
项目经理		项目技术负责人		竣工日期	
序号	项目	验收记录		验收结论	
1	分部工程	共　项分部工程，经查　项分部工程，符合设计标准及要求　项分部工程			
2	质量控制资料核查	共　项，经审查符合要求　项，经核定符合规范要求　项			
3	安全和主要使用功能核查及抽查结果	共核查　项，符合要求　项，共抽查　项，符合要求　项，经返工处理符合要求　项			
4	观感质量验收	共抽查　项，符合要求　项，不符合要求　项			
5	综合验收结论				
参加验收单位	建设单位	监理单位	施工单位		设计单位
	（公章） 单位（项目）负责人 年　月　日	（公章） 总监理工程师 年　月　日	（公章） 单位负责人 年　月　日		（公章） 单位（项目）负责人 年　月　日

4.4.7　工程施工质量验收不符合要求的处理

一般情况下，不合格现象在检验批验收时就应发现并及时处理，但实际工程中不能完全避免不合格情况的出现，因此工程施工质量验收不符合要求的应按下列方法进行处理。

① 经返工或返修的检验批，应重新进行验收。在检验批验收时，对于主控项目不能满足验收规范规定或一般项目超过偏差限值时，应及时进行处理。其中，对于严重的质量缺陷应重新施工；一般的质量缺陷可通过返修或更换予以解决，允许施工单位在采取相应的措施后重新验收。如能够符合相应的专业验收规范要求，则应认为该检验批合格。

② 经有资质的检测单位检测鉴定能够达到设计要求的检验批，应予以验收。当个别检验批发现问题，难以确定能否验收时，应请具有资质的法定检测单位进行检测鉴定。当鉴定结果认为能够达到设计要求时，该检验批可以通过验收。这种情况通常出现在某检验批的材料试块强度不满足设计要求时。

经有资质的检测单位检测鉴定达不到设计要求，但经原设计单位核算认可能够满足安全和使用功能要求时，该检验批可予以验收。如经检测鉴定达不到设计要求，但经原设计单位核算、鉴定，仍可满足相关设计规范和使用功能的要求时，该检验批可予以验收。一般情况下，标准、规范规定的是满足安全和功能的最低要求，而设计往往在此基础上留有一些余量。在一定范围内，会出现不满足设计要求而符合相应规范要求的情况，两者并不矛盾。

③ 经返修或加固处理的分项、分部工程，满足安全及使用功能要求时，可按技术处理方案和协商文件的要求予以验收。经法定检测单位检测鉴定以后认为达不到规范的相应要求，即不能满足最低限度的安全储备和使用功能时，则必须按一定的技术处理方案进行加固处理，使之能满足安全使用的基本要求。这样可能会造成一些永久性的影响，如增大结构外形尺寸，影响一些次要的使用功能等。但为了避免建筑物的整体或局部拆除，避免社会财富更大的损失，在不影响安全和主要使用功能条件下，可按技术处理方案和协商文件的要求进行验收，责任方应按法律法规承担相应的经济责任和接受处罚。这种方法不能作为降低质量要求、变相通过验收的一种出路，这是应该特别注意的。

④ 经返修或加固处理仍不能满足安全或重要使用要求的分部工程及单位或子单位工程，严禁验收。分部工程及单位工程如存在影响安全和使用功能的严重缺陷，经返修或加固处理仍不能满足安全使用要求的，严禁通过验收。

⑤ 工程质量控制资料应齐全完整，当部分资料缺失时，应委托有资质的检测单位按有关标准进行相应的实体检测或抽样试验。实际工程中偶尔会遇到因遗漏检验或资料丢失而导致部分施工验收资料不全的情况，使工程无法正常验收。对此可有针对性地进行工程质量检验，采取实体检测或抽样试验的方法确定工程质量状况。上述工作应由有资质的检测单位完成，检验报告可用于工程施工质量验收。

4.5　工程项目的交接与回访保养

4.5.1　工程项目的交接

工程项目竣工和交接是两个不同的概念。所谓竣工是针对承包单位而言，它有以下几层含义：第一，承包单位按合同要求完成了工作内容；第二，承包单位按质量要求进行了自检；第三，项目的工期、进度、质量均满足合同的要求。工程项目交接则是由监理工程师对工程的质量进行验收之后，协助承包单位与业主进行移交项目所有权的过程。能否交接取决于承包单位所承包的工程项目是否通过了竣工验收。因此，交接是建立在竣工验收基础上的时间过程。

工程项目经竣工验收合格后，便可办理工程交接手续，即将工程项目的所有权移交给建设单位。交接手续应及时办理，以便项目早日投产使用，充分发挥投资效益。

在办理工程项目交接前，施工单位要编制竣工结算书，以此作为向建设单位结算最终拨付工程价款的依据。而竣工结算书通过监理工程师审核、确认并签证后，才能通知建设银行与施工单位办理工程价款的拨付手续。

竣工结算书的审核，是以工程承包合同、竣工验收单、施工图纸、设计变更通知书、施工变更记录、现行建筑安装工程预算定额、材料预算价格、取费标准等为依据，分别对各单位工程的工程量、套用定额、单价、取费标准及费用等进行核对，搞清有无多算、错算，与工程实际是否相符合，所增减的预算费用有无根据、是否合法。

在工程项目交接时，还应将成套的工程技术资料进行分类整理、编目建档后移交给建设单位，同时，施工单位还应当对施工中所占用的房屋设施进行维修清理，打扫干净，连同房门钥匙全部予以移交。

4.5.2　工程项目的回访与保修

工程项目在竣工验收交付使用后，按照合同和有关的规定，在一定的期限，即回访保修期内（例如一年左右的时间）应由项目经理部组织原项目人员主动对交付使用的竣工工程进行回访，听取用户对工程的质量意见，填写质量回访表，报有关技术与生产部门备案处理。

回访一般采用三种形式：一是季节性回访，大多数是雨期回访屋面、墙面的防水情况，冬期回访采暖系统的情况，发现问题，采取有效措施及时加以解决；二是技术性回访，主要了解在工程施工过程中可采用的新材料、新技术、新工艺、新设备等的技术性能和使用后的效果，发现问题及时加以补救和解决，同时也便于总结经验，获取科学依据，为改进、完善和推广创造条件；三是保修期满前的回访，这种回访一般是在保修期即将结束之前进行。

思考题

1. 简述施工质量验收层次划分的目的。
2. 对于建筑工程，单位工程应该如何划分？
3. 建筑工程施工质量验收应遵循哪些要求？
4. 工程施工质量验收不符合要求的应如何进行处理？

第5章

建筑工程质量事故的处理

5.1 建筑工程质量事故的概念和分类

5.1.1 建筑工程质量事故的概念

5.1.1.1 建筑工程质量事故与工程质量缺陷的区别

工程质量事故,指工程产品质量没有满足国家技术标准或质量达不到合格标准要求。

工程质量缺陷,指工程产品质量没有满足设计文件或合同中某个预期的使用要求或合理的期望(包括适用性与安全性的要求)。

在工程建设整个活动过程中,质量事故是应该防止发生的,也是能够防止发生的。质量缺陷存在发生的可能性。

建筑物在施工和使用过程中,经常会有各种缺陷。有些质量缺陷会随着时间的推移、环境的变化趋向严重,甚至出现局部或整体倒塌的重大事件。当遇到这些现象时,建筑工程师应该善于分析、判断其产生的原因,提出预防和治理的措施。要做到这些,必须对它们有一个准确的认识。

工程质量事故表现为建筑结构局部或整体的临近破坏、破坏和倒塌;工程质量缺陷表现为影响正常使用,承载力、耐久性、完整性的种种隐性的和显性的不足。但是,工程质量缺陷和工程质量事故又是同一类事物的两种程度不同的表现;工程质量缺陷往往是产生事故的直接或间接原因;而工程质量事故往往是缺陷的质变或经久不加处理的发展。

5.1.1.2 工程质量事故的界定

我国住房和城乡建设部规定:凡工程质量达不到合格标准的工程,必须进行返修、加固或报废,由此而造成的直接经济损失在10万元以上的称为重大质量事故;直接经济损失在10万元以下、5000元(含5000元)以上的为一般工程质量事故;经济损失不足5000元的称为质量缺陷。

建筑工程质量事故是指建筑工程不符合国家有关法规、技术标准的要求进行勘察、设计和施工,或者实际存在严重的错误;或者施工的工程(分项、分部和单位工程),按照《建筑工程施工质量验收统一标准》进行检验,评为不合格的工程。在建筑行业,也可泛称为质量事故。

5.1.2 建筑工程质量事故的分类

工程质量事故具有复杂性、严重性、可变性和多发性的特点。为了准确把握工程质量事故的症结所在,精确分析其原因,总结带有共性的规律,了解和掌握质量事故的分类方法是非常必要的。

5.1.2.1 按造成损失的严重程度分类

住房和城乡建设部发布的《关于做好房屋建筑和市政基础设施工程质量事故报告和调查处理工作的通知》规定，根据工程质量事故造成的人员伤亡或者直接经济损失，工程质量事故分为特别重大事故、重大事故、较大事故和一般事故4个等级。

① 特别重大事故：造成30人以上死亡；或者100人以上重伤；或者1亿元以上直接经济损失的事故。

② 重大事故：造成10人以上30人以下死亡；或者50人以上100人以下重伤；或者5000万元以上1亿元以下直接经济损失的事故。

③ 较大事故：指造成3人以上10人以下死亡；或者10人以上50人以下重伤；或者1000万元以上5000万元以下直接经济损失的事故。

④ 一般事故：造成3人以下死亡；或者10人以下重伤；或者100万元以上1000万元以下直接经济损失的事故。

该等级划分所称的"以上"包括本数，所称的"以下"不包括本数。

5.1.2.2 按事故产生的原因分类

（1）管理原因

从事建设工程活动，没有严格执行基本建设程序，没有坚持先勘察、后设计、再施工的原则。在基本建设的一系列规定程序中，勘察、设计、施工是保证工程质量最关键的三个阶段。

（2）技术原因

地质情况估计错误；结构设计计算错误；采用的技术不成熟或采用没有得到实践检验充分证实可靠的新技术；采用的施工方法和工艺不当等。

（3）社会原因

社会上存在的弊端和不正之风导致腐败，腐败引发建设中的错误行为，形成恶性循环。近年来，一些重大工程质量事故的确与社会原因有关。

5.1.2.3 按事故形态和性质分类

① 倒塌事故：建筑物局部或整体倒塌。

② 开裂事故：承重结构或围护结构等出现裂缝。

③ 错位偏差事故：建筑物上浮或下沉，平面尺寸错位，地基及结构构件尺寸、位置偏差过大以及预埋洞（槽）等错位偏差事故。

④ 变形事故：建（构）筑物倾斜、扭曲或过大变形等事故。

⑤ 材料质量不合格事故：钢材质量不合格，混凝土强度等级、砌体强度等级不合格等。

⑥ 构配件质量不合格事故：预制构件质量不合格，构件的尺寸、型号不配套等。

⑦ 承载能力不足事故：主要指地基、结构或构件承载力不足而留下隐患的事故。

⑧ 建筑功能事故：主要指房屋漏雨、渗水、隔热、保温、隔声功能不良等。

⑨ 环保问题：装修材料含有放射性，或含有有害元素会对人造成危害等。

⑩ 其他事故：塌方、滑坡、火灾、天灾等事故。

5.1.2.4 按事故发生的部位分类

按事故发生的部位分类，工程质量事故可分为地基基础事故、主体结构事故、装修工程事故等。

5.1.2.5 按结构类型分类

按结构类型分类，工程质量事故可分为砌体结构事故、混凝土结构事故、钢结构事故、组合结构事故等。

5.2 建筑工程质量事故处理的预防

建立健全施工质量管理体系，加强施工质量控制，就是为了预防施工质量问题和质量事故，在保证工程质量合格的基础上，不断提高工程质量。所以，施工质量控制的所有措施方法，都是预防施工质量事故的措施。具体来说，施工质量事故的预防，应运用风险管理的理论和方法，从寻找和分析可能导致施工质量事故发生的原因入手，抓住影响施工质量的各种因素和施工质量形成过程的各个环节，采取针对性的预防控制措施。

5.2.1 施工质量事故发生的原因

（1）技术原因

技术原因是指由于项目勘察、设计、施工中技术上的失误引发质量事故。例如，地质勘察过于疏略，对水文地质情况判断错误，致使地基基础设计采用不正确。方案或结构设计方案不正确。计算失误，构造设计不符合规范要求。施工管理及实操人员的技术素质差，采用了不合适的施工方法或施工工艺等。这些技术上的失误是造成质量事故的常见原因。

（2）管理原因

管理原因指管理上的不完善或失误引发质量事故。例如，施工单位或监理单位的质量管理体系不完善，质量管理措施落实不力，施工管理混乱，不遵守相关规范，违章作业，检验制度不严密，质量控制不严格，检测仪器设备因管理不善而失准以及材料质量检验不严等原因引起质量事故。

（3）社会、经济原因

社会、经济原因指引发的质量事故是社会上存在的不正之风及经济上的原因，滋长了建设中的违法、违规行为。例如违反基本建设程序，无立项、无报建、无开工许可、无招投标、无资质、无监理、无验收的"七无"工程，边勘察、边设计、边施工的"三边"工程。几乎所有的重大施工质量事故都能从这个方面找到原因；某些施工企业盲目追求利润而不顾工程质量，在投标报价中随意压低标价，中标后则依靠违法的手段或修改方案追加工程款，甚至偷工减料等，这些因素都会导致发生重大工程质量事故。

（4）人为事故和自然灾害原因

人为事故和自然灾害原因指造成质量事故是由于人为的设备事故、安全事故，导致连带发生质量事故。严重的自然灾害等不可抗力也可能造成质量事故。

5.2.2 施工质量事故预防的具体措施

（1）严格按照基本建设程序办事

首先要做好项目可行性论证，不可未经深入的调查分析和严格论证就盲目拍板定案；要彻底搞清工程地质水文条件方可开工；杜绝无证设计、无图施工；禁止任意修改设计和不按图纸施工；工程竣工不进行试车运转、不经验收不得交付使用。

（2）认真做好工程地质勘察

地质勘察时要适当布置钻孔位置和设定钻孔深度。钻孔间距过大，不能全面反映地基实际情况；钻孔深度不够，难以查清地下软土层、滑坡、墓穴、孔洞等有害地质构造。地质勘察报告必须详细、准确，防止因根据不符合实际情况的地质资料而采用错误的基础方案，导致地基不均匀沉降、失稳，使上部结构及墙体开裂、破坏、倒塌。

（3）科学地加固处理好地基

对软弱土、冲填土、杂填土、湿陷性黄土、膨胀土、岩层出露、岩溶、土洞等不均匀地基，要进行科学的加固处理。要根据不同地基的工程特性，按照地基处理与上部结构相结合使其共同工作的原则，从地基处理与设计措施、结构措施、防水措施、施工措施等方面综合考虑治理。

（4）进行必要的设计审查复核

应请具有合格专业资质的审图机构对施工图进行审查复核，防止因设计考虑不周、结构构造不合理、设计计算错误、沉降缝及伸缩缝设置不当、悬挑结构未通过抗倾覆验算等原因，导致质量事故的发生。

（5）严格把好建筑材料及制品的质量关

要从采购订货、进场验收、质量复验、存储和使用等几个环节，严格控制建筑材料及制品的质量，防止不合格或变质、损坏的材料和制品用在工程上。

（6）对施工人员进行必要的技术培训

要通过技术培训使施工人员掌握基本的建筑结构和建筑材料知识，使其懂得遵守施工验收规范对保证工程质量的重要性，从而在施工中自觉遵守操作规程，不蛮干，不违章操作，不偷工减料。

（7）依法进行施工组织管理

施工管理人员要认真学习、严格遵守国家相关政策法规和施工技术标准，依法进行施工组织管理；施工人员首先要熟悉图纸，对工程的难点和关键工序、关键部位，应编制专项施工方案并严格执行；施工作业必须按照图纸和施工验收规范、操作规程进行；施工技术措施要正确，施工顺序不可搞错，脚手架和楼面不可超载堆放构件和材料；要严格按照制度进行质量检查和验收。

（8）做好应对不利施工条件和各种灾害的预案

要根据对当地气象资料的分析和预测，事先针对可能出现的风、雨、高温、严寒、雷电等不利施工条件，制订相应的施工技术措施。还要对不可预见的人为事故和严重自然灾害做好应急预案，并有相应的人力、物力储备。

（9）加强施工安全与环境管理

许多施工安全和环境事故都会连带发生质量事故，加强施工安全与环境管理，也是预防施工质量事故的重要措施。

5.3　建筑工程质量事故处理的依据和程序

5.3.1　施工质量事故处理的依据

进行工程质量事故处理的主要依据有四个：质量事故的实况资料；具有法律效力的，得到有关当事各方认可的工程承包合同、设计委托合同、材料或设备购销合同以及监理合同或分包合同等合同文件；有关技术文件、档案；相关的建设法规。

在这四方面依据中，前三种是与特定的工程项目密切相关的具有特定性质的依据。第四种属法规性依据，是具有很高权威性、约束性、通用性和普遍性的依据，因而它在工程质量事故的处理事务中，也具有极其重要的、不容置疑的作用。现将这四方面依据详述如下。

5.3.1.1 质量事故的实况资料

质量事故的实况资料，包括质量事故发生的时间、地点；质量事故状况的描述；质量事故发展变化的情况；有关质量事故的观测记录、事故现场状态的照片或录像；事故调查组调查研究所获得的第一手资料。

有关质量事故实况的资料主要来自以下几个方面。

(1) 施工单位的质量事故调查报告

质量事故发生后，施工单位有责任就所发生的质量事故进行周密的调查研究，掌握情况，并在此基础上写出调查报告，提交监理工程师和业主。在调查报告中首先就与质量事故有关的实际情况做详尽的说明，其主要内容如下。

① 质量事故发生的时间、地点。

② 质量事故状况的描述。例如，发生的事故类型（如混凝土裂缝、砌砖体裂缝）；发生的部位（如楼层、梁、柱及其所在的具体位置）；分布状态及范围；严重程度（如裂缝长度、宽度、深度等）。

③ 质量事故发展变化的情况（其范围是否继续扩大，程度是否已经稳定等）。

④ 有关质量事故的观测记录、事故现场状态的照片或录像。

(2) 监理单位调查研究所获得的第一手资料

其内容大致与施工单位的调查报告中有关内容相似，可用来与施工单位所提供的情况对照、核实。

5.3.1.2 有关合同及合同文件

(1) 所涉及的合同文件

所涉及的合同文件可以是：工程承包合同；设计委托合同；设备与器材购销合同；监理合同等。

(2) 有关合同和合同文件在处理质量事故中的作用

确定在施工过程中有关各方是否按照合同有关条款实施其活动，借以探寻产生事故的可能原因。例如，施工单位是否在规定时间内通知监理单位进行隐蔽工程验收，监理单位是否按规定时间实施了检查验收；施工单位在材料进场时，是否按规定或约定进行了检验等。此外，有关合同文件还是界定质量责任的重要依据。

5.3.1.3 有关的技术文件和档案

(1) 有关的设计文件

有关的设计文件如施工图纸和技术说明等，它是施工的重要依据。在处理质量事故时，其作用一方面是可以对照设计文件，核查施工质量是否符合设计的规定和要求；另一方面是可以根据所发生的质量事故情况，核查设计中是否存在问题或缺陷，存在的问题和缺陷是否成为导致质量事故的一方面原因。

(2) 与施工有关的技术文件、档案和资料

① 施工组织设计或施工方法、施工计划。

② 施工记录、施工日志等。根据它们可以查对发生质量事故的工程施工时的情况，如施工时的气温、降雨、风、浪等有关的自然条件；施工人员的情况；施工工艺与操作过程的情况；使用的材料情况；施工场地、工作面、交通情况、地质及水文地质情况等。借助这些资料可以追溯和探寻事故的可能原因。

③ 有关建筑材料的质量证明资料。例如，材料批次、出厂日期、出厂合格证或检验报告、施工单位抽检或试验报告等。

④ 现场制备材料的质量证明资料。例如，混凝土拌合料的级配、水灰比、坍落度记录；混凝土试块强度试验报告，沥青拌合料配比、出机温度和摊铺温度记录等。

⑤ 质量事故发生后，对事故状况的观测记录、试验记录或试验报告等。例如，对地基沉降的观测记录；对建筑物倾斜或变形的观测记录；对地基的钻探取样记录与试验报告；对混凝土结构物钻取试样的记录与试验报告等。

⑥ 其他有关资料。

上述各类技术资料对于分析质量事故原因、判断其发展变化趋势、推断事故影响及严重程度、考虑处理措施等都是不可缺少的，起着重要的作用。

5.3.1.4 相关的建设法规

相关的建设法规，主要有《中华人民共和国建筑法》《建设工程质量管理条例》等与工程质量及事故处理有关的法规，勘察、设计、施工、监理等单位资质管理和从业者资格管理方面的法规，市场管理方面的法规，相关技术标准、规程和管理办法等。

5.3.2 施工质量事故报告和调查处理程序

建筑工程质量事故发生后，应围绕事故主体进行调查，分析原因，提出处理措施，增强防范意识。根据国务院发布的《特别重大事故调查程序暂行规定》要求，一般事故处理程序见图 5-1。

5.3.2.1 事故调查

事故调查的内容包括勘察、设计、施工、使用以及环境条件等方面的调查，一般可分为初步调查、详细调查和补充调查。

（1）初步调查

初步调查的内容如下。

① 工程情况。即建筑物所在场地的特征（如邻近建筑物情况、使用历史以及有无腐蚀性环境条件等）、建筑结构主要特征、事故发生时工程的现场情况或工程使用情况等。

② 事故情况。其包括发生事故的时间和经过，事故现况和实测数据，从发生到调查时的事故发展变化情况，人员伤亡和经济损失，事故的严重性（是否危及结构安全）和迫切性（不及时处理是否会出现严重后果）以及是否对事故做过处理等。

③ 图样资料检查。其包括设计图纸（建筑、结构、水电、设备）和说明书，工程地质和水文地质勘测报告等。

④ 施工内业资料检查。检查建筑材料、成品和半成品的出厂合格证和试验报告；施工

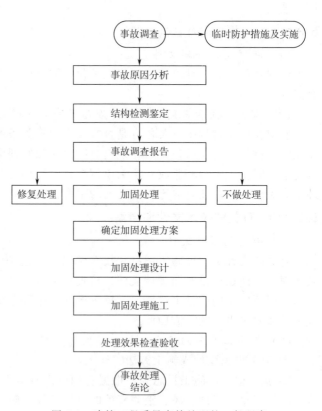

图 5-1 建筑工程质量事故处理的一般程序

中的各项原始记录和检查验收记录，如施工日志、打桩记录、混凝土施工记录、预应力张拉记录、隐蔽工程验收记录等。

⑤ 使用情况调查。对已交工使用的工程应做此专项调查，其内容包括房屋用途、使用荷载、腐蚀条件等方面的调查。

（2）详细调查

详细调查是在初步调查的基础上，认为有必要时，进一步对设计文件进行计算复核与审查，对施工质量进行检测，确定是否符合设计文件要求，对建筑物进行专项观测与测量。详细调查应包括以下内容。

① 设计情况。设计单位资质情况，设计图纸是否齐全，设计构造是否合理，结构计算简图和计算方法以及结果是否正确等。

② 环境调查。指气象条件、地质条件、操作条件、设备条件、建筑物变形情况及原因、结构连接部位的实际工作状况、与其他周围建筑物的互相影响等。

③ 地基基础情况。地基实际状况、基础构造尺寸与勘察报告、设计要求是否一致，必要时应开挖检查或进行试验检验。此外还应查清地基开挖的实际情况，材料、半成品、构件的质量，施工顺序与进度，施工荷载，施工日志，隐蔽工程验收记录等。

④ 结构上各种作用的调查。主要调查结构上的作用及其效应以及作用效应组合的分析，必要时进行实测统计。

⑤ 结构实际状况。其包括结构布置、结构构造、连接方式方法、结构构件状况、支撑系统及连接构造的检查等。

⑥ 施工情况。应检查是否按图施工，有关工种的施工工艺、施工方法是否符合施工规范的要求，施工进度、施工荷载值的统计分析，施工日志，隐蔽工程验收记录，质量检查验收有关数据资料等。

⑦ 建筑变形观测。其包括沉降观测记录，结构或构件变形观测记录等。

⑧ 裂缝观测。其包括裂缝形状与分布特征，裂缝宽度、长度、深度以及裂缝的发展变化规律等。

⑨ 房屋结构功能、结构附件与配件的检查。结构材料性能的检测与分析，结构几何参数的实测，结构构件的计算分析，必要时应进行现场实测或结构试验。

⑩ 使用调查。若事故发生在使用阶段，则应调查建筑物用途有无改变，荷载是否增大，已有建筑物附近是否有新建工程，地基状况是否变化。对生产性建筑物还应调查生产工艺有无重大变更，是否增设了振动大或温度高的机械设备，是否在构件上附设了重物、缆绳等。

（3）补充调查

补充调查是在已有调查资料还不能满足工程事故分析处理要求时，需增加的某些试验、检验和测试工作，通常包括以下六方面内容。

① 对有怀疑的地基进行补充勘察。当原设计的工程地质资料不足或可疑时，应进行补充勘察，重点要查清持力层的承载能力，不同土层的分布情况与性能，建（构）筑物下有无古墓、大的空洞，建筑场地的地震数据等。

② 设计复查。重点包括设计依据是否可靠，计算简图与设计计算是否正确无误，连接构造有无问题，新结构、新技术的使用是否有充分的根据。

③ 测定建筑物中所用材料的实际强度与有关性能。对构件所用的原材料（如水泥、钢材、焊条、砌块等）可抽样复查；考虑到施工中采用混凝土强度等级及预留的试块未必能真实反映结构中混凝土的实际强度，可用回弹法、声波法、取芯法等非破损或微破损方法测定构件中混凝土的实际强度。对于钢筋，可从构件中截取少量样品进行必要的化学成分分析和

强度试验。对砌体结构要测定砖或砌块及砂浆的实际强度。

④ 建筑结构内部缺陷的检查。可用锤击法、超声探伤仪、声发射仪等检查构件内部的孔洞、裂纹等缺陷。可用钢筋探测仪测定钢筋的位置、直径和数量。对砌体结构应检查砂浆饱满程度、砌体的搭接错缝等情况。

⑤ 载荷试验。对结构或构件进行载荷试验，检查其实际承载能力、抗裂性能与变形情况。

⑥ 较长时期的观测。对建筑物已出现的缺陷（如裂缝、变形等）进行跟踪观测，并做好记录，进一步寻找其发展变化的规律等。

综上所述，初步调查和详细调查可称为基本调查，是指对建（构）筑物现状和已有资料的调查，根据初步调查的结果，判别事故的危害程度，分析事故发生最可能的原因，对事故提出初步处理意见，并决定进一步调查及必要的检测项目。

补充调查的内容随工程与事故情况的不同有很大差别，实践经验表明，许多事故往往依靠补充调查的资料，才可以分析与处理，所以补充调查的重要作用不可忽视。

（4）需立即处理的情况

需要注意的是，有些严重的质量事故可能不断发展而恶化，有的甚至可能造成建筑物倒塌或人员伤亡。在事故调查与处理中，一旦发现存在这类危险性时，应采取有效的临时防护措施，并立即组织实施。通常有以下两类情况。

① 防止建筑物进一步损坏或倒塌。常用的措施有卸荷与支护两种。比如，发现大梁或屋架的柱、墙承载能力严重不足时，及时在梁或屋架下增设支撑，采取有效的支护措施。

② 避免人员伤亡。有些质量事故已达到濒临倒塌的危险程度，在没有充分把握时，切勿盲目抢险支护，导致无谓的人员伤亡。此时应划定安全区域，设置围栏，防止人员进入危险区。

5.3.2.2 事故原因分析

事故原因的分析应建立在事故调查及实际测试的基础上，其主要目的是分清事故的性质、类别及其危害程度，同时为事故处理提供必要的依据。原因分析是事故处理工作程序中的一项关键工作，其主要的分析方法如下。

（1）理论计算分析

它是对旧建筑物评定的重要手段之一，通过对建筑物的检测和查阅有关资料，运用结构理论加以分析和计算，从而分析结构的受力特征和出现异常现象（包括挠度、裂缝和其他变形等）的原因。分析计算须结合结构实际受力状态进行，需注意以下几点。

① 采用实际荷载进行计算。
② 材料强度和截面尺寸应以实测结果为准，而不是直接引用设计图规定的强度等级。
③ 计算简图、支座约束、计算公式等应符合实际情况。
④ 注意明确计算所依据的规范。

（2）荷载试验

当计算分析缺乏依据，其准确性不能满足要求时，或发生质量事故（如火灾、爆炸、撞伤等情况）后材料变质，或采用新材料、新技术、新理论、新工艺进行设计和施工时，或进行综合评定有争议时，往往采用试验的方法加以论证和澄清。

（3）事故原因分析的注意事项

在进行原因分析时，应注意以下事项。

① 确定事故原点。事故原点是事故发生的初始点，能反映出事故的直接原因。
② 正确区别同类型事故的不同原因。从大量的事故分析中可发现，同类型事故的原因有时差别甚大。只有经过严谨的分析后，才能找到事故的主要原因。

③ 注意事故原因的综合性。不少事故原因往往涉及设计、施工、材料质量和使用等方面。在事故分析中，必须全面估计各项原因对事故的影响，以便采取综合治理措施。

5.3.2.3 结构检测鉴定

结构可靠性是指结构在规定的时间内、规定的条件下完成预定功能的能力，包括安全性、适用性和耐久性。结构检测鉴定，就是根据事故调查取得的资料，对结构的安全性、适用性和耐久性进行科学评定，为事故的处理决策确定方向。

可靠性鉴定是在实测数据的基础上，按照国家现行标准，如《建筑结构荷载规范》（GB 50009）、《混凝土结构设计规范》（GB 50010）等的规定，对结构进行验算，最后作出结构可靠程度的评价。

结构可靠性鉴定一般由专门从事建筑物鉴定的机构做出。

5.3.2.4 事故调查报告

在调查、测试和分析的基础上，组织专家论证，请有关单位人员进行陈述与讨论，对事故发生原因进一步分析，专家综合与事故有关的各方面意见后得出结论。

事故的调查报告必须客观地反映事故的全部情况，要以事实为根据，以规范、规程为准绳，以科学分析为基础，完成调查报告。调查报告的内容一般应包括如下内容。

① 工程概况。重点介绍与事故有关的工程情况。

② 事故情况。事故发生的时间、地点，事故现场情况及所采取的应急措施；与事故有关的人员、单位情况。

③ 事故调查记录。事故是否做过处理，如对缺陷部分进行封堵或掩盖，为防止事故恶化而设置的临时支护措施；如已做过处理，但未达到预期效果，也应予以注明。

④ 现场检测报告。如实测数据和各种试验数据等。

⑤ 复核分析。事故原因推断，明确事故责任。

⑥ 对工程质量事故的处理建议。主要有三种：加固处理、修复处理、不处理。

⑦ 必要的附录。如事故现场照片、录像，实测记录，专家会协商的记录，复核计算书，测试记录，实验原始数据及记录等。

5.3.2.5 确定加固处理方案

根据工程事故的调查分析，事故处理一般有三种情况：不予处理、继续观察、必须处理。必须处理的情况主要有两种：对责任人的处理和对工程的处理。

（1）对责任人的处理

建设工程发生事故，有关单位应当立即向上级部门报告。任何单位和个人对建设工程的质量事故、质量缺陷都有权检举、控告、投诉。发生重大工程质量事故隐瞒不报、谎报或者故意拖延报告期限的，对直接负责的主管人员和其他责任人员视情节依法给予相应处分。

注册建造师、注册结构工程师、注册监理工程师等注册执业人员因过错造成质量事故的，吊销执业资格证书，5年以内不予注册；情节特别恶劣的，终身不予注册。

建设、勘察、设计、施工、工程监理单位的工作人员因调动工作、退休等原因离开该单位后，被发现在该单位工作期间违反国家有关建设工程质量管理规定，造成重大工程质量事故的，仍应当依法追究法律责任。

（2）对具体的工程质量事故的处理

根据鉴定结果，若事故会影响结构的安全，威胁人们的生命财产安全，则不能拖延，必须进行加固处理。工程加固处理的加固设计应按如下原则进行。

① 充分调查、研究并掌握建筑物的原始资料、受力性能和事故状况。

② 根据建筑物种类、结构特点、材料情况、施工条件以及使用要求等综合考虑。

③ 组织设计、施工等有关单位人员，对事故现场进行实地勘察，查清隐患；勘察事故直接原因，确定事故性质；认真记录所查的内容，必要时应拍摄照片或录像。

④ 加固设计时，应尽量保留可利用的原有结构体系，要保证保留部分的安全可靠和耐久，避免不必要的拆除。

⑤ 在确定加固方案和做法时，要尽量减小对使用者的影响、干扰或搬迁。

质量事故处理方案应根据事故调查报告、实地勘察成果和确认的事故性质以及用户的要求共同确定加固处理方案。加固方案应做到：

a. 切实可行、安全可靠；

b. 施工方便；

c. 注意建筑美观，尽量避免遗留加固的痕迹；

d. 核实事故调查报告中重点问题的处理方案，以确保处理工作顺利进行和处理效果达到要求。

5.3.2.6 加固处理设计

加固设计是在已确定加固处理方案的基础上进行的工作，应从既有建筑物实际条件出发，因地制宜、切实可行地进行设计，并绘制详细的加固施工图，经审批后，再行施工。

① 应按照有关的设计规范、规定进行。

② 除了选用合理的构造措施和按照结构承受的实际作用，进行承载能力极限状态、正常使用极限状态计算外，还应考虑施工的可行性，以确保加固处理施工的质量和安全。

③ 施工图设计，其内容应包括下列内容。

a. 编制施工图预算；

b. 材料、设备的订购和供应，非标准设备的加工制作；

c. 建筑施工安装；

d. 应重视结构所处的不良环境对结构的影响，如高温、腐蚀、冻融、振动等原因给结构带来的损坏，气温变化引起的结构裂缝和渗漏等，均应在设计中提出相应的处理方案，以防止事故再次发生。

5.3.2.7 事故处理施工

① 加固施工图审批通过后，即可开始施工准备工作，创造有利的施工条件，可保证工程加固能顺利进行。施工准备包括必要的材料、机械和人员组织的准备以及现场工作条件准备等。做好图样会审和技术交底工作。

② 加固施工应严格按设计图进行，认真编制施工方案或施工组织设计，对施工工艺、质量、安全等提出具体措施，并进行层层技术交底。严格执行各项施工操作规程，建立严格的质量检查制度。

③ 认真复查事故实际状况，并采取相应对策。施工中如发现事故情况与调查报告中所述内容及设计图差异较大，应停止施工，并会同设计等有关单位采取适当措施后再施工。施工中发现原结构的隐蔽工程有严重缺陷、可能危及结构安全时，应立即采取适当的支护措施，或紧急疏散现场人员。

④ 加固施工是细致而缓慢的工作，应随时观察加固过程中是否有异常现象。若有应停止操作，加设临时支撑，请有关人员共同研究解决，避免加固过程中又出现新的问题。

⑤ 施工材料的质量应符合有关材料标准的规定。根据有关规范的规定检查原材料和半成品的质量、混凝土和砂浆的强度以及施工操作质量等。选用复合材料，如树脂混凝土、微

膨胀混凝土、喷射混凝土、化学灌浆材料、胶黏剂等，应在施工前进行试配，并检验其实际物理力学性能，以确保处理质量和使施工顺利进行。

⑥ 加强施工检查，应着重检查节点和新旧部分连接的质量。质量检查应从施工准备时开始，直至竣工验收，及时记录隐蔽工程和各工序的验收。

⑦ 确保施工安全。事故现场中不安全因素较多，必须加强对参与施工的人员的教育，必须保证施工人员的安全。

5.3.2.8 处理效果检查与验收

① 工程验收。施工完成后，应根据施工验收规范和设计要求进行检查验收，验收分工程实物验收和施工资料验收，验收后办理竣工验收文件并及时归档备案。

② 为确保加固效果，凡涉及结构承载力等使用安全和其他重要性能的处理工作，还需做必要的试验、检验工作。常见的检验工作有：混凝土钻芯取样，用于检查密实性和裂缝修补效果，或检测实际强度；结构荷载试验；超声波检测焊接或结构内部质量；工程的渗漏检验等。

5.3.2.9 建筑事故处理结论

事故经过分析处理后，都应有明确的书面结论。若对后续工程施工有特定的要求，或对建筑物使用有一定限制条件，也应在结论中明确提出。有些质量事故在进行事故处理前需要先采取临时防护措施以防事故扩大。若加固处理后仍达不到标准，需要重新进行事故处理设计及施工，直至合格。

5.4 建筑工程质量事故处理的方法

5.4.1 临时防护措施及实施

在事故调查与处理中一旦发现质量事故可能不断发展而恶化，有的甚至可能造成建筑物损毁或人员伤亡危险时，应采取有效防护措施，并立即组织实施，通常有以下两类情况。

(1) 防止建筑物进一步损坏或倒塌

防止建筑物进一步损坏或倒塌常用的措施有支护（图 5-2）和卸荷两种。

图 5-2 防止坍塌支护措施

常见的支护措施，如发现梁或屋架的柱、墙承载能力严重不足时，及时在梁或屋架下增设支撑或粘钢卸荷；又如发现悬挑结构存在断裂或整体倾覆的危险时，应在悬出端或悬挑区内加设支撑；其他如砖墙变形过大，高厚比严重超过允许值，屋架安装后垂直度偏差太大等，均应及时采取有效的支护措施。

(2) 避免人员伤亡

有些质量事故已达到濒临倒塌的危险程度，在没有充分把握时，切勿盲目抢险支护，导致无谓的人员伤亡。此时应划定安全区域，设置围栏或警戒线，防止人员进入危险区。

5.4.2 建筑修补和封闭保护

5.4.2.1 裂缝修补

（1）表面处理法

一般用于裂缝宽度小于0.2mm时，常用环氧树脂浸渍玻璃丝布，沿裂缝铺贴在结构表面（图5-3、图5-4）。

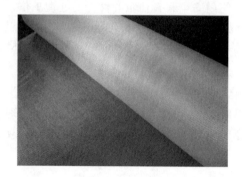

图5-3　玻璃丝布

图5-4　环氧树脂AB胶

（2）充填法

用于裂缝较宽，或用表面处理不能满足耐磨及防腐要求的情况。常见做法是沿着裂缝将混凝土表面凿成V形或U形槽，然后填充树脂砂浆或水泥砂浆、沥青等。

（3）注入法

该方法不仅可修补表面，而且能注入内部。用于修补裂缝宽度大于0.2mm的缺陷部位。使用这种方法时，需先沿裂缝埋设注入用管，间距10～50cm，裂缝表面需先采取用表面处理法或充填法封闭，然后用注浆管将树脂注入，如图5-5所示。

（4）钢锚栓及预应力法

钢锚栓法是将骑马钉（锚栓）锚于裂缝两边，形似缝合裂缝的方法，如图5-6所示。采用凿岩机打孔，并用水泥砂浆、树脂砂浆锚固。预应力法是用钻机在构件上打洞，穿入钢筋，施加预应力，使裂缝减小或闭合。

图5-5　裂缝注射法修补

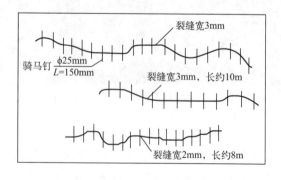

图5-6　骑马钉加固

(5) 其他方法

其他方法如凿开开裂部分的混凝土，配筋，再重新浇混凝土的方法；树脂胶粘贴钢板的方法；碳纤维加固等（图 5-7、图 5-8）。

图 5-7 树脂胶粘贴钢板

图 5-8 碳纤维加固

5.4.2.2 表面缺陷修补

数量不多的小蜂窝或露石的混凝土表面，可用（1∶2）～（1∶2.5）的水泥砂浆抹灰。在抹砂浆之前，须用钢丝刷或加压力的水清洗。

5.4.3 复位纠偏

（1）基础错位

常用两种方法纠偏：一种是吊移法，用机械设备将基础顶推移动或吊起移位使基础落到正确的位置上；另一种是扩大基础法，使上部结构仍能按原设计的要求与基础连接。

（2）结构构件错位

在现浇结构已施工部分产生了偏差，上部结构施工有可能恢复到正确位置，且不影响建筑结构使用和安全时，可在上部结构施工中缓慢地纠偏，到一定部位时，按原设计位置放线施工。在预制结构中，如因预制柱造成的偏差，可在安装中调整柱的中心线，以达到消除或减少偏差的目的。当结构构件出现下列两种情况时，还需要做处理。

① 构件错位影响结构强度、刚度和稳定性。此时，有的可以采取增设支撑来处理；有的则需按实际偏差情况进行验算。必要时，则需加固处理。

② 构件错位后影响上部结构安装。一般可以增加一些连接件将错位的构件与上部构件相连接，还可以将原来上部的预制构件改成现浇构件。

（3）整个建筑结构偏位

当建筑结构整体的强度、刚度较好时，可采取机械强力顶拉使之复位。

5.4.4 地基加固

（1）硅化加固法

利用硅酸钠溶液（水玻璃）加固地基，来增加地基的承载力和不透水性。

（2）柱基础加固法

一种是利用桩基础代替或分担原有基础，另一种是用砂桩、灰土桩、木桩起挤密作用，加固黏土或杂填土。

(3) 压力灌浆加固法

在岩石类或碎石土中钻孔,并用压力灌入水泥浆、沥青、黏土浆等来加强地基。

5.4.5 改变结构计算图形,减少结构内力

① 梁板等受弯构件增设新的支柱(支座)后,减小计算跨度,结构内力及变形可明显减小。

② 柱墙等竖向构件,采用增设新的斜支柱、支撑、支点或改善支承嵌固状态等方法,减少计算高度,从而增大承载力和结构稳定性。

③ 增设新的支柱、横梁、框架参与承载。如楼板、屋面板损坏时,可在楼板下或保温层中增设工字钢等参与承载。梁的承载力不足造成严重开裂和产生过大挠度时,可增设柱、托梁或框架;墙的承载力不足时可增设新的支柱参与受力等。

④ 增设预应力补强结构。此法不用将原来梁柱表面的混凝土全部凿掉来补焊钢筋,而是用预制补强钢筋从构件外部补强。施工时只在其接头处凿出孔槽,将补强钢筋锚固即可。此方法施工简便,取材容易,可在不影响使用的条件下进行结构补强。

5.4.6 结构卸荷

5.4.6.1 减少结构荷载

① 减轻建筑结构自重,如砖墙改为轻质墙,钢筋混凝土平屋顶改为钢屋盖,改用高效轻质的保温隔热材料等。

② 改善建筑使用条件,以减少结构荷载,如防积水、积灰等。

③ 改变建筑用途,对有缺陷的个别房间限制其使用荷载。

5.4.6.2 合理使用有缺陷的构件

① 在各建筑物之间调整使用。如将有缺陷的但尚可使用的构件降低等级,使用在荷载较小的其他建筑中。

② 在建筑物内合理调整使用。一般建筑端部和伸缩缝处的柱、梁、屋架的荷载较小,可以将有缺陷但可以使用的构件布置在这些部位。

5.4.7 结构补强

(1) 加大结构断面

加大结构断面,提高构件的强度、刚度、稳定性和抗裂性能。如砖柱外单侧或几个侧面增加钢筋混凝土(图5-9);又如砖或钢筋混凝土构件外包型钢、工程结构外粘FRP(片状纤维增强复合材料)加固技术等。

(2) 压浆法补强

混凝土中产生严重的蜂窝、孔洞时,常用水泥压力灌浆加固补强。补强前先对有缺陷的结构进行检查,确定补强范围,常用的检查方法有:小铁锤敲击,听其声音;较厚构件可进行灌水或压水检查;大体积混凝土可采用钻孔检查等。埋管间距视灌浆压力、结构尺寸、事故情况、水灰比等因素确定,一般为50cm。每一灌浆处埋2根管,1根灌浆,1根排气或排水,上述各项工作完成后养护3d,即可开始灌浆。

5.4.8 其他措施

① 修改设计:诸如改变结构类型;砖混结构梁下增加梁垫;将砖墙上裂缝改为伸缩缝;将底层大房间改为小房间,改变结构传力路线等。

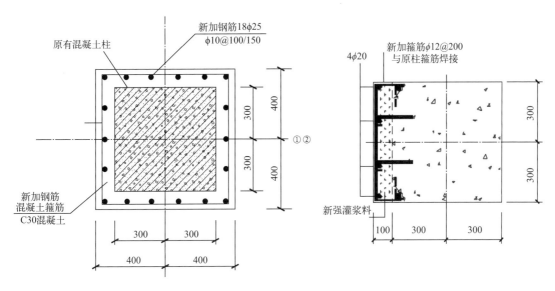

图 5-9 截面加大法截面图

② 局部拆除重建：除了常规方法拆除重建外，还有局部拆除重建方法。如，在后张法预应力构件中，调换不合格或出事故的钢筋；将上部结构临时支撑后的局部拆换，如托梁换柱等（图 5-10）。

③ 预制构件降低等级使用。

④ 利用混凝土后期强度。

⑤ 设备基础振动过大，增调配重。

⑥ 用热处理法改善钢筋点焊可能产生的脆断。

⑦ 控制爆破拆除部分建筑，减轻地基基础荷载。当地基基础出现明显的不均匀沉降，纠偏又无效或见效太慢，并可能因此引发恶性事故时，只好采用控制爆破拆除。

图 5-10 托梁换柱图

思考题

1. 建筑工程质量事故与工程质量缺陷的区别有哪些？
2. 施工质量事故发生的原因有哪些？
3. 预防施工质量事故的措施有哪些？
4. 施工质量事故的处理依据是什么？
5. 如何进行地基加固？

第6章 建筑工程安全管理基本知识

6.1 建筑工程安全管理概述

6.1.1 安全与安全管理的概念

6.1.1.1 安全

安全，顾名思义，"无危则安，无缺则全"，即安全意味着没有危险且尽善尽美，这是与人的传统安全观念相吻合的。随着对安全问题研究的逐步深入，人类对安全的概念有了更深的认识。人们普遍接受的定义为，安全是指没有引起死亡、伤害、职业病或财产、设备的损坏或损失或环境危害的条件。

6.1.1.2 安全生产

狭义的安全生产，是指生产过程处于避免人身伤害、物的损坏及其他不可接受的损害风险（危险）的状态。不可接受的损害风险（危险）通常是指超出了法律、法规和规章的要求，超出了安全生产的方针、目标和企业的其他要求，超出了人们普遍接受的（通常是隐含）要求的损害。

广义的安全生产除了直接对生产过程的控制外，还应包括劳动保护和职业卫生健康。

安全与否是相对危险的接受程度来判定的，是一个相对的概念。世上没有绝对的安全，任何事物都存在不安全的因素，即都具有一定的危险性，当危险降低到人们能普遍接受的程度时，就认为是安全的。

6.1.2 安全生产管理

6.1.2.1 管理的概念

管理是管理者在特定的环境下，为了实现一定的目标，对其所能支配的各种资源进行有效的计划、组织、领导和控制等一系列活动的过程。

一般地说，管理的基本要素包括人、财、物、信息、时间、机构、章法等，前五项是管理内容，后两项是管理手段。基本要素中的人既是被管理者，又是掌握管理手段的管理者，是身兼二任。人有巨大的能动性，是现代化管理中最为重要的因素。

6.1.2.2 安全管理的概念

企业管理系统中含有多个具有某种特定功能的子系统，安全管理就是其中的一个。这个子系统是由企业中有关部门的相应人员组成的。该子系统的主要目的就是通过管理的手段，实现控制事故、消除隐患、减少损失的目的，使整个企业达到最佳的安全水平，为劳动者创造一个安全舒适的工作环境。因而我们可以给安全管理下这样一个定义，即：以安全为目的，进行有关决策、计划、组织和控制方面的活动。

控制事故可以说是安全管理工作的核心，而控制事故最好的方式就是实施事故预防，即通过管理和技术手段的结合，消除事故隐患，控制不安全行为，保障劳动者的安全，这也是"预防为主"的本质所在。

但根据事故的特性可知，由于受技术水平、经济条件等各方面的限制，有些事故是不可能不发生的。因此，控制事故的第二种手段就是应急措施，即通过抢救、疏散、抑制等手段，在事故发生后控制事故的蔓延，把事故的损失减少到最小。

既然要有事故发生，必然要有经济损失。对于一个企业来说，一个重大事故在经济上的打击是相当沉重的，有时甚至是致命的。因而在实施事故预防和应急措施的基础上，通过购买财产、工伤、责任等保险，以保险补偿的方式，保证企业的经济平衡和在发生事故后恢复生产的基本能力，也是控制事故的手段之一。

所以，也可以说，安全管理的目的就是利用管理的活动，将事故预防、应急措施与保险补偿三种手段有机地结合在一起，以保障安全。

在企业安全管理系统中，专业安全工作者起着非常重要的作用。他们既是企业内部上下沟通的纽带，更是企业领导者在安全方面的得力助手。在掌握充分资料的基础上，为企业安全生产实施日常监管工作，并向有关部门或领导提出安全改造、管理方面的建议。归纳起来，专业安全工作者的工作可分为4个部分。

① 分析。对事故与损失产生的条件进行判断和估计，并对事故的可能性和严重性进行评价，即进行危险分析与安全评价，这是事故预防的基础。

② 决策。确定事故预防和损失控制的方法、程序和规划，在分析的基础上制订出合理可行的事故预防、应急措施及保险补偿的总体方案，并向有关部门或领导提出建议。

③ 信息管理。收集、管理并交流与事故和损失控制有关的资料、情报信息，并及时反馈给有关部门和领导，保证信息的及时交流和更新，为分析与决策提供依据。

④ 测定。对事故和损失控制系统的效能进行测定和评价，并为取得最佳效果做出必要的改进。

6.1.2.3　建筑工程安全生产管理的含义

所谓建筑安全生产管理是指为保证建筑生产安全所进行的计划、组织、指挥、协调和控制等一系列管理活动，目的在于保护职工在生产过程的安全与健康，保证国家和人民的财产不受到损失，保证建筑生产任务的顺利完成。建筑工程安全生产管理包括：建设行政主管部门对于建筑活动过程中安全生产的行业管理；安全生产行政主管部门对建筑活动过程中安全生产的综合性监督管理；从事建筑活动的主体（包括建筑施工企业、建筑勘察单位、设计单位和工程监理单位）为保证建筑生产活动的安全生产所进行的自我管理等。

6.1.2.4　安全生产管理的基本方针

"安全第一、预防为主，综合治理"是我国安全生产管理的基本方针。

（1）安全生产方针的含义

我国安全生产方针经历了一个从"安全生产"到"安全生产、预防为主"以及"安全生产、预防为主、综合治理"的产生和发展过程，且强调在生产中要做好预防工作，尽可能地将事故消灭在萌芽状态。因此，对于我国安全生产方针的含义，应从这一方针的产生和发展去理解，归纳起来主要有以下几个方面的内容。

① 安全与生产的辩证关系。在生产建设中，必须用辩证统一的观点处理好安全与生产

的关系。这就是说，项目领导者必须善于安排好安全工作与生产工作，特别是在生产任务繁忙的情况下，安全工作与生产工作发生矛盾时，更应处理好两者的关系，不要把安全工作挤掉。越是生产任务忙，越要重视安全，把安全工作搞好，否则招致工伤事故，既妨碍生产，又影响企业信誉，这是多年来生产实践证明了的一条重要经验。

② 安全生产工作必须强调"预防为主"，安全生产工作的预防为主是现代生产发展的需要。现代科学技术日新月异，而且往往又是多学科综合运用，安全问题十分复杂，稍有疏忽就会酿成事故。"预防为主"就是要在事故前做好安全工作，"防患于未然"，依靠科技进步，加强安全科学管理，搞好科学预测与分析工作，把工伤事故和职业危害消灭在萌芽状态中。"安全第一、预防为主"两者是相辅相成、相互促进的。"预防为主"是实现"安全第一"的基础。要做到"安全第一"，首先要做好预防措施，预防工作做好了，就可以保证安全生产，实现"安全第一"，否则"安全第一"就是一句空话。

③ 安全生产工作必须强调综合治理。现阶段我国的安全生产工作出现严峻形势的原因是多方面的，既有安全监管体制和制度方面的原因，也有法律制度不健全的原因，也有科技发展落后的原因，还与整个民族安全文化素质有密切的关系，等等。所以要搞好安全生产工作就要在完善安全生产管理的体制机制、加强安全生产法治建设、推动安全技术创新、弘扬安全文化等方面进行综合治理，才能真正搞好安全生产工作。

(2) 安全生产方针的要求

坚持"安全第一、预防为主，综合治理"的方针，应当做到以下几点。

① 从事建筑活动的单位的各级管理人员和全体职工，尤其是单位负责人，一定要牢固树立"安全第一"的意识，正确处理安全生产与工程进度、效益等方面的关系，把安全生产放在首位。

② 要加强劳动安全生产工作的组织领导和计划性。在建筑活动中加强对安全生产的统筹规划和各方面的通力协作。

③ 要建立健全安全生产的责任制度和群防群治制度。

④ 要对有关管理人员及职工进行安全教育培训，未经安全教育培训的，不得从事安全管理工作或者上岗作业。

⑤ 建筑施工企业必须为职工发放保障安全生产的劳动保护用品。

⑥ 使用的设备、器材、仪器和建筑材料必须符合保证生产安全的国家标准和行业标准。

6.1.2.5 建筑施工安全管理中的不安全因素

(1) 人的不安全因素

人的不安全因素是指对安全产生影响的人的方面的因素，即能够使系统发生故障或发生性能不良事件的人员、个人的不安全因素和违背设计和安全要求的错误行为。人的不安全因素可分为个人的不安全因素和人的不安全行为两大类。

① 个人的不安全因素。个人的不安全因素是指人员的心理、生理、能力中所具有的不能适应工作、作业岗位要求的影响安全的因素。个人的不安全因素主要包括：

a. 心理上的不安全因素，是指人在心理上具有影响安全的性格、气质和情绪，如急躁、懒散、粗心等；

b. 生理上的不安全因素，包括视觉、听觉等感觉器官、体能、年龄、疾病等不适合工作或作业岗位要求的影响因素；

c. 能力上的不安全因素，包括知识技能、应变能力、资格等不能适应工作和作业岗位要求的影响因素。

② 人的不安全行为。人的不安全行为是指造成事故的人为错误，是人为地使系统发生故障或发生性能不良事件，违背设计和操作规程的错误行为。

不安全行为在施工现场的类型，按《企业职工伤亡事故分类标准》(GB 6441—1986)，可分为 13 个大类：

a. 操作失误，忽视安全，忽视警告；
b. 造成安全装置失效；
c. 使用不安全设备；
d. 手代替工具操作；
e. 物体存放不当；
f. 冒险进入危险场所；
g. 攀坐不安全位置；
h. 在起吊物下作业、停留；
i. 在机器运转时进行检查、维修、保养等工作；
j. 有分散注意力行为；
k. 没有正确使用个人防护用品、用具；
l. 不安全装束；
m. 对易燃易爆等危险物品处理错误。

不安全行为产生的主要原因是：系统、组织的原因；思想责任心的原因；工作的原因。诸多事故分析表明，绝大多数事故不是因技术解决不了造成的，多是违规、违章所致。具体来说，可能是由于安全上降低标准、减少投入；安全组织措施不落实、不建立安全生产责任制；缺乏安全技术措施；没有安全教育、安全检查制度；不做安全技术交底、违章指挥、违章作业、违反劳动纪律等人为的原因造成的，所以必须重视和防止产生人的不安全因素。

（2）物的不安全状态

物的不安全状态是指能导致事故发生的物质条件，包括机械设备等物质或环境所存在的不安全因素。

① 物的不安全状态的内容

a. 物（包括机器、设备、工具、物质等）本身存在的缺陷；
b. 防护保险方面的缺陷；
c. 物的放置方法的缺陷；
d. 作业环境场所的缺陷；
e. 外部的和自然界的不安全状态；
f. 作业方法导致的物的不安全状态；
g. 保护器具信号、标志和个体防护用品的缺陷。

② 物的不安全状态的类型

a. 防护等装置缺乏或有缺陷；
b. 设备、设施、工具、附件有缺陷；
c. 个人防护用品用具缺少或有缺陷；
d. 施工生产场地环境不良。

（3）管理上的不安全因素

管理上的不安全因素，通常也称为管理上的缺陷，也是事故潜在的不安全因素，作为间接的原因共有以下方面：

a. 技术上的缺陷；
b. 教育上的缺陷；
c. 生理上的缺陷；
d. 心理上的缺陷；
e. 管理工作上的缺陷；
f. 教育和社会、历史上的原因造成的缺陷。

6.1.2.6 建设工程安全生产管理的特点

（1）安全生产管理涉及面广、涉及单位多

建设工程的特点是规模大、生产周期长，生产工艺复杂、工序多，在施工过程中流动作业多，高处作业多，作业位置多变及多工种的交叉作业等。由于遇到的不确定因素多，所以安全管理工作涉及范围大，控制面广。建筑施工企业是安全管理的主体，但安全管理不仅仅是施工单位的责任，材料供应单位、建设单位、勘察设计单位、监理单位以及建设行政主管部门等，这些单位也要为安全管理承担相应的责任与义务。

（2）安全生产管理具有动态性

① 建设工程项目的单件性及建筑施工的流动性。由于建设工程项目的单件性，使得每项工程所处的条件不同，所面临的危险因素和防范措施也会有所改变，员工在转移工地后，熟悉一个新的工作环境需要一定的时间，有些制度和安全技术措施会有所调整，员工同样有个熟悉的过程。

② 工程项目施工的分散性。现场施工分散于施工现场的各个部位，尽管有各种规章制度和安全技术交底的环节，但是面对具体的生产环境时，仍然需要自己的判断和处理，有经验的人员还必须适应不断变化的情况。

③ 产品多样性，施工工艺多变性

如一栋建筑物从基础、主体至竣工验收，各道施工工序均有其不同的特性，其不安全因素各不相同。同时，随着工程建设进度的推进，施工现场的不安全因素也在随时变化，要求施工单位必须针对工程进度和施工现场实际情况不断及时地采取安全技术措施和安全管理措施予以保证。

（3）产品的固定性导致作业环境的局限性

建筑产品坐落在一个固定的位置上，导致了必须在有限的场地和空间上集中大量的人力、物资、机具来进行交叉作业，导致作业环境的局限性，因而容易产生物体打击等伤亡事故。

（4）露天作业导致作业条件恶劣性

建设工程施工环境大多露天空旷，导致工作环境相当艰苦，容易发生伤亡事故。

（5）体积庞大带来了施工作业的高空性

建设产品的体积十分庞大，操作工人大多在十几米，甚至几百米的高度进行高空作业，因而容易产生高空坠落的伤亡事故。

（6）手工操作多、体力消耗大、强度高，导致个体劳动保护任务艰巨

在恶劣的作业环境下，施工工人的手工操作多，体能耗费大，劳动时间和劳动强度都比其他行业要大，其职业危害严重，带来了个人劳动保护的艰巨性。

（7）多工种立体交叉作业导致安全管理的复杂性

近年来，建筑由低向高发展，劳动密集型的施工作业只能在极其有限的空间展开，致使施工作业空间要求与施工条件供给的矛盾日益突出，这种多工种的立体交叉作业，将导致机械伤害、物体打击等事故增多。

(8) 安全生产管理的交叉性

建设工程项目是开放系统,受自然环境和社会环境影响很大,安全生产管理需要把工程系统和环境系统及社会系统结合起来。

(9) 安全生产管理的严谨性

安全状态具有触发性,安全管理措施必须严谨,一旦失控,就会造成损失和伤害。

6.1.2.7 施工现场安全管理的范围与原则

(1) 施工现场安全管理的范围

安全管理的中心问题,是在保护生产的活动中,使人的健康与安全以及财产不受损伤,保证生产顺利进行。

宏观的安全管理概括地讲包括劳动保护、施工安全技术和职业健康安全,是既相互联系又相互独立的三个方面。

① 劳动保护偏重于以法律、法规、规程、条例、制度等形式规范管理或操作行为,从而使劳动者的劳动安全与身体健康得到应有的法律保障。

② 施工安全技术侧重于对"劳动手段与劳动对象"的管理,包括预防伤亡事故的工程技术和安全技术规范、规程、技术规定、标准条例等,以规范物的状态,减轻对人或物的威胁。

③ 职业健康安全着重于施工生产中粉尘、振动、噪声、毒物的管理。通过防护、医疗、保健等措施,防止劳动者的安全与健康受到有害因素的危害。

(2) 施工现场安全管理的基本原则

① 管生产的同时管安全。安全寓于生产之中,并对生产发挥促进与保证作用,安全管理是生产管理的重要组成部分,安全与生产在实施过程中,两者存在着密切联系,没有安全就绝不会有高效益的生产。无数事实证明,只抓生产忽视安全管理的观念和做法是极其危险和有害的。因此,各级管理人员必须负责管理安全工作,在管生产的同时管安全。

② 明确安全生产管理的目标。安全管理的内容是对生产中人、物、环境因素状态的管理,有效地控制人的不安全行为和物的不安全状态,消除或避免事故,达到保护劳动者安全与健康和财物不受损的目标。

有了明确的安全生产目标,安全管理就有了清晰的方向。安全管理的一系列工作才可能朝着这一目标有序展开。没有目的明确的安全生产目标,安全管理就成了一种盲目的行为。在盲目的安全管理下,人的不安全行为和物的不安全状态就不会得到有效的控制,危险因素就会依然存在,事故最终不可避免。

③ 必须贯彻"预防为主"的方针。安全生产的方针是"安全第一,预防为主"。安全第一是把人身和财产安全放在首位,安全为了生产,生产必须保证人身和财产安全,充分体现"以人为本"的理念。

"预防为主"是实现安全第一的重要手段,采取正确的措施和方法进行安全控制,可使安全生产形势向安全生产目标的方向发展。进行安全管理不是处理事故,而是针对生产的特点,对各生产因素进行管理,有效地控制不安全因素的发生、发展与扩大,把事故隐患消灭在萌芽状态。

(3) 坚持"四全"动态管理

安全管理涉及生产活动中的方方面面,涉及参与安全生产活动的各个部门和每一个人,涉及从开工到竣工交付的全部生产过程,涉及全部的生产时间,涉及一切变化着的生产因素。因此,生产活动中必须坚持全员、全过程、全方位、全天候的动态安全管理。

（4）安全管理重在控制

进行安全管理的目的是预防，消灭事故，防止或消除事故伤害，保护劳动者的安全健康与财产安全。在安全管理内容中，为了达到安全管理的目标，安全生产因素的状态与安全管理的关系非常直接、尤为突出，因此对其的管理十分重要。尤其是对人的不安全行为和物的不安全状态的控制，必须看作是动态安全管理的重点。事故的发生，是由于人的不安全行为运动轨迹与物的不安全状态运动轨迹的交叉。事故发生的原理，也说明了对生产因素状态的控制，应该被当作安全管理的重点。把约束当作安全管理重点是不正确的，是因为约束缺乏带有强制性的手段。

（5）在管理中发展、提高

既然安全管理是在变化着的生产活动中的管理，是一种动态的过程，其管理就意味着是不断发展的、不断变化的，以适应变化的生产活动。然而更为重要的是要不间断地摸索新的规律，总结管理、控制的办法与经验，掌握变化后的管理方法，从而使安全管理不断地上升到新的高度。

6.1.3 危险源、重大风险的概念、识别与判断

6.1.3.1 危险源的概念

（1）危险源的定义

危险源是各种事故发生的根源，是指可能导致死亡、伤害或疾病、财产损失、工作环境破坏或这些情况组合的根源或状态。包括人的不安全行为、物的不安全状态、管理上的缺陷和环境上的缺陷等。定义包括四个方面的含义。

① 决定性。事故的发生以危险源的存在为前提，危险源的存在是事故发生的基础，离开了危险源就不会有事故。

② 可能性。危险源并不必然导致事故，只有失去控制或控制不足的危险源才可能导致事故。

③ 危害性。危险源一旦转化为事故，会给生产和生活带来不良影响，还会对人的生命健康、财产安全以及生存环境等造成危害。

④ 隐蔽性。危险源是潜在的，一般只有当事故发生时才会明确地显现出来。人们对危险源及其危险性的认识往往是一个不断总结教训并逐步完善的过程。

（2）危险源的分类

系统中的危险源即不安全因素种类繁多，非常复杂，它们在导致事故发生、造成人员伤害和财产损失方面所起的作用不同，它们识别、控制、评价方法也不同。根据危险源在事故发生、发展中的作用，把危险源划分为两大类，即第一类危险源和第二类危险源。

① 第一类危险源。系统中存在的、可能被意外释放的能量或危险物质称为第一类危险源。

根据能量意外释放论，事故是能量或危险物质的意外释放，作用于系统的过量的能量或干扰系统与外界能量交换的危险物质是造成人员伤害或财物损失的直接原因。于是，把系统中存在的、可能被意外释放的能量或危险物质称作第一类危险源。

一般地，能量被解释为物体做功的本领。做功的本领是无形的，只有在做功时才显现出来。因此，实际工作中往往把产生能量的能量源或拥有能量的能量载体看作第一类危险源来处理。

第一类危险源具有的能量越多，一旦发生事故其后果越严重。相反，第一类危险源处于低能量状态时比较安全。同样，第一类危险源包含的危险物质的量越多，干扰系统的能量越

大,其危险性就越大。

② 第二类危险源。导致约束、限制能量措施失效或破坏的各种不安全因素称为第二类危险源。

在生产、生活中,为了利用能量,使能量按照人们的意图在系统中流动、转换和做功,必须采取措施约束、限制能量,即必须控制危险源。约束、限制能量的屏蔽应该可靠地控制能量,防止能量意外地释放。实际上,绝对可靠的控制措施并不存在。在许多因素的复杂作用下,约束、限制能量的控制措施可能失效,能量屏蔽可能被破坏而发生事故。导致约束、限制能量措施失效或破坏的各种不安全因素称作第二类危险源。

从系统安全的观点来考察,使能量或危险物质的约束、限制措施失效、破坏的原因因素,即第二类危险源,包括人、物、环境三个方面的问题。

在以往的安全工程中,人的问题和物的问题可以归纳为人的不安全行为和物的不安全状态。

在系统安全中涉及人的因素问题时,采用术语"人失误"。人失误是指人的行为的结果偏离了预定的标准。人失误可能直接破坏对第一类危险源的控制,造成能量或危险物质的意外释放。例如,合错了开关使检修中的线路带电,误开阀门使有害气体泄漏等。人失误也可能造成物的故障,物的故障进而导致事故。例如,超载起吊重物造成钢丝绳断裂,发生重物坠落事故。

物的因素问题可以概括为物的故障。故障是指由于性能低下不能实现预定功能的现象。物的故障可能直接使约束、限制能量或危险物质的措施失效而发生事故。例如,电线绝缘损坏发生漏电;管路破裂使其中的有毒有害介质泄漏等。有时,一种物的故障可能导致另一种物的故障,最终造成能量或危险物质的意外释放。物的故障有时会诱发人失误,人失误会造成物的故障,实际情况比较复杂。

环境因素主要指系统运行的环境,包括温度、湿度、照明、粉尘、通风换气、噪声和振动等物理环境,还包括企业和社会的软环境。不良的物理环境会引起物的故障或人失误。例如,潮湿的环境会加速金属腐蚀而降低结构或容器的强度;工作场所强烈的噪声影响人的情绪、分散人的注意力而发生失误。企业的管理制度、人际关系或社会环境影响人的心理,可能引起失误。

第二类危险源往往是一些围绕第一类危险源随机发生的现象,它们出现的情况决定事故发生的可能性。第二类危险源出现得越频繁,发生事故的可能性越大。

6.1.3.2 危险源、重大风险的识别与判断

(1) 危险源的辨识

危险源辨识是识别危险源的存在并确定其特性的过程。施工现场危险源识别有:专家调查法、安全检查表法、现场调查法、危险与可操作性研究、事件树分析、故障树分析等。

(2) 危险源识别的注意事项

① 充分了解危险源的分布,从范围上讲,应包括施工现场内受到影响的全部人员、活动与场所以及受到影响的毗邻社区等,也包括相关方(分包单位、供应单位、建设单位、工程监理单位等)的人员、活动与场所可能施加的影响。从内容上,应涉及所有可能的伤害与影响,包括人为失误、物料与设备过期、老化、性能下降造成的问题。从状态上讲,应考虑三种状态:正常状态、异常状态、紧急状态。从时态上讲,应考虑三种时态:过去、现在、将来。

② 弄清危险源伤害的方式或途径。

③ 确认危险源伤害的范围。

④ 要特别关注重大危险源,防止遗漏。

⑤ 对危险源保持高度警觉,持续进行动态识别。

⑥ 充分发挥全体员工对危险源识别的作用,广泛听取每一个员工(包括供应商、分包商的员工)的意见和建议,必要时还可征求设计单位、工程监理单位、专家和政府主管部门等的意见。

(3) 风险评价方法

① 专家评估法。组织有丰富知识,特别是有系统安全工程知识的专家、熟悉本工程项目施工生产工艺的技术和管理人员组成评价组,通过专家的经验和判断能力,针对管理、人员、工艺、设备、设施、环境等方面已识别的危险源,评价出对本工程施工安全有重大影响的重大危险源。

② 定量风险评价法。将安全风险的大小用事故发生的可能性(P)与发生事故后果的严重程度(S)的乘积来衡量:

$$R=PS$$

式中,R 为风险的大小;P 为事故发生的概率;S 为事故后果的严重程度。

风险分级见表6-1。

表6-1 风险分级

可能性	轻度损失(轻微伤害)	中度损失(伤害)	重度损失(严重伤害)
很大	Ⅲ	Ⅳ	Ⅴ
中等	Ⅱ	Ⅲ	Ⅳ
极小	Ⅰ	Ⅱ	Ⅲ

③ 作业条件危险性评价法。用与系统危险性有关的三个因素指标之积来评价作业条件的危险性,危险性以下式表示:

$$D=LEC$$

式中,L 为发生事故的可能性大小,其赋值见表6-2;E 为人体暴露在危险环境中的频繁程度,其赋值见表6-3;C 为一旦发生事故会造成的后果,其赋值见表6-4;D 为风险值。

表6-2 发生事故的可能性大小 L

分数值	事故发生的可能性	分数值	事故发生的可能性
10	必然发生	0.5	很不可能,可以设想
6	相当可能	0.2	极不可能
3	可能,但不经常	0.1	实际不可能
1	可能性小,完全意外		

表6-3 人体暴露在危险环境中的频繁程度 E

分数值	暴露于危险环境的频繁程度	分数值	暴露于危险环境的频繁程度
10	连续暴露	2	每月一次暴露
6	每天工作时间内暴露	1	每年几次暴露
3	每周一次或偶然暴露	0.5	非常罕见暴露

表 6-4　发生事故产生的后果 C

分数值	发生事故产生的后果	分数值	发生事故产生的后果
100	大灾难，许多人死亡	7	严重伤害
40	数十人死亡	3	较严重伤害
15	1～2 人死亡	1	轻微伤害

根据公式可以计算作业的危险性程度，一般，$D \geqslant 70$ 分的显著危险、高度危险和极其危险统称为重大风险；$D < 70$ 分的一般危险和稍有危险统称为一般风险，见表 6-5。

表 6-5　危险性分值

D 值	危险程度	D 值	危险程度
>320	极其危险，不能继续作业	20～70	比较危险，需要注意
160～320	高度危险，需要立即整改	<20	稍微危险，或许可以接受
70～160	显著危险，需要整改		

④ 安全检查表法。把过程加以展开，列出各层次的不安全因素，然后确定检查项目，以提问的方式把检查项目按过程的组成顺序编制成表，按检查项目进行检查或评审。

（4）重大危险源的判断依据

凡符合以下条件之一的危险源，均可判定为重大危险源：

① 严重不符合法律法规、标准规范和其他要求；
② 相关方有合理抱怨和要求；
③ 曾经发生过事故，且未采取有效防范控制措施；
④ 直接观察到可能导致危险且无适当控制措施；
⑤ 通过作业条件危险性评价方法，总分＞160 分是高度危险的。

重大危险源具体评价时，应结合工程和服务的主要内容进行，并考虑日常工作中的重点。

6.2　建筑工程安全生产法律法规

安全生产法律法规，是指国家关于改善劳动条件，实现安全生产，为保护劳动者在生产过程中的安全和健康的各种法律、法规、规章和规范性文件的总和。在建筑活动中施工管理者必须遵循相关的法律、法规及标准，同时应当了解法律、法规及标准各自的地位及相互关系。

6.2.1　建筑法律

建筑法律一般是全国人大及其常务委员会制定，经国家主席签署主席令予以公布，由国家政权保证执行的规范性文件，是对建筑管理活动的宏观规定，侧重于对政府机关、社会团体、企事业单位的组织、职能、权利、义务等以及建筑产品生产组织管理和生产基本程序进行规定，是建筑法律的最高层次，具有最高法律效力，其地位和效力仅次于宪法。安全生产法律是制定安全生产行政法规、标准、地方性法规的依据。典型的建筑法律有：《中华人民共和国建筑法》《中华人民共和国安全生产法》《中华人民共和国消防法》。

6.2.1.1 《中华人民共和国建筑法》

《中华人民共和国建筑法》是我国第一部规范建筑活动的部门法律，它的颁布施行强化了建筑工程质量和安全的法律保障。《中华人民共和国建筑法》1997年11月1日由第八届全国人民代表大会常务委员会第二十八次会议通过，根据2011年4月22日第十一届全国人民代表大会常务委员会第二十次会议《关于修改〈中华人民共和国建筑法〉的决定》第一次修正，根据2019年4月23日第十三届全国人民代表大会常务委员会第十次会议《关于修改〈中华人民共和国建筑法〉等八部法律的决定》第二次修正。《中华人民共和国建筑法》通篇贯穿了质量与安全问题，具有很强的针对性，对影响建筑工程质量和安全的各方面因素作了较为全面的规范。

(1)《中华人民共和国建筑法》颁布意义

①《中华人民共和国建筑法》是规范了我国各类房屋建筑及其附属设施建造和安装活动的重要法律。

②《中华人民共和国建筑法》的基本精神是保证建筑工程质量与安全、规范和保障建筑各方主体的权益。

③《中华人民共和国建筑法》对建筑施工许可、建筑工程发包与承包、建筑安全生产管理、建筑工程质量管理等主要方面做出原则规定，对加强建筑质量管理发挥了积极的作用。

④《中华人民共和国建筑法》的颁布对加强建筑活动的监督管理，维护建筑市场秩序，保证建设工程质量和安全，促进建筑业的健康发展提供了法律保障。

⑤《中华人民共和国建筑法》实现了"三个规范"，即规范市场主体行为，规范市场主体的基本关系，规范市场竞争秩序。

(2)《中华人民共和国建筑法》的内容

《中华人民共和国建筑法》主要规定了建筑许可、建筑工程发包承包、建筑工程监理、建筑安全生产管理、建筑工程质量管理及相应法律责任等方面的内容。

《中华人民共和国建筑法》确立了施工许可制度、单位和人员从业资格制度、安全生产责任制度、群防群治制度、项目安全技术管理制度、施工现场环境安全防护制度、安全生产教育培训制度、意外伤害保险制度、伤亡事故处理报告制度等各项制度。

(3) 针对安全生产管理制度制定的相关措施

① 建筑工程设计应当符合按照国家规定制定的建筑安全规程和技术规范，保证工程的安全措施。

② 建筑施工企业在编制施工组织设计时，应当根据建筑工程的特点制定相应的安全技术措施。

③ 施工现场对毗邻的建筑物、构筑物的特殊作业环境可能造成损害的，建筑施工企业应当采取安全防护措施。

④ 建筑施工企业的法定代表人对本企业的安全生产负责，施工现场安全由建筑施工企业负责，实行施工总承包的，由总承包单位负责。

⑤ 建筑施工企业必须为从事危险作业的职工办理意外伤害保险，支付保险费。

⑥ 涉及建筑主体和承重结构变动的装修工程，施工前应提出设计方案，没有设计方案的不得施工。

⑦ 房屋拆除应当由具备保证安全条件的建筑施工单位承担，由建筑施工单位负责人对安全负责。

6.2.1.2 《中华人民共和国安全生产法》

《中华人民共和国安全生产法》是安全生产领域的综合性基本法，它是我国第一部全面规范安全生产的专门法律。《中华人民共和国安全生产法》2002年6月29日由第九届全国人民代表大会常务委员会第二十八次会议通过，根据2009年8月27日第十一届全国人民代表大会常务委员会第十次会议《关于修改部分法律的决定》第一次修正，根据2014年8月31日第十二届全国人民代表大会常务委员会第十次会议《关于修改〈中华人民共和国安全生产法〉的决定》第二次修正，根据2021年6月10日第十三届全国人民代表大会常务委员会第二十九次会议《关于修改〈中华人民共和国安全生产法〉的决定》第三次修正，自2021年9月1日起施行。

《中华人民共和国安全生产法》中提供了四种监督途径，即工会民主监督、社会舆论监督、公众举报监督和社区服务监督。

《中华人民共和国安全生产法》确立了其基本法律制度如：政府的监管制度、行政责任追究制度、从业人员的权利义务制度、安全救援制度、事故处理制度、隐患处置制度、关键岗位培训制度、生产经营单位安全保障制度、安全中介服务制度等。

6.2.1.3 其他有关建设工程安全生产的法律

《中华人民共和国劳动法》《中华人民共和国刑法》《中华人民共和国消防法》《中华人民共和国环境保护法》《中华人民共和国大气污染防治法》《中华人民共和国固体废物污染环境防治法》《中华人民共和国环境噪声污染防治法》等。

6.2.2 建筑行政法规

建筑行政法规是对法律的进一步细化，是国务院根据有关法律中的授权条款和管理全国建筑行政工作的需要制定的，是法律体系的第二层次，以国务院令的形式公布。

6.2.2.1 《建设工程安全生产管理条例》

《建设工程安全生产管理条例》2003年11月12日由国务院第28次常务会议通过，自2004年2月1日起施行，根据《中华人民共和国建筑法》《中华人民共和国安全生产法》制定。

该条例确立了建设工程安全生产的基本管理制度，其中包括明确了政府部门的安全生产监管制度和《中华人民共和国建筑法》对施工企业的五项安全生产管理制度的规定；规定了建设活动各方主体的安全责任及相应的法律责任，其中包括明确规定了建设活动各方主体应承担的安全生产责任；明确了建设工程安全生产监督管理体制；明确了建立生产安全事故的应急救援预案制度。

该条例较为详细地规定了建设、勘察、设计、工程监理、其他有关单位的安全责任和施工单位的安全责任以及政府部门对建设工程安全生产实施监督管理的责任等。

6.2.2.2 《安全生产许可证条例》

《安全生产许可证条例》2004年1月7日由国务院第34次常务会议通过，2004年1月13日起施行。

该条例的颁布实行标志着我国依法建立起了安全生产许可制度，其主要内容如下：国家对矿山企业、建筑施工企业和危险化学品、烟花爆竹、民用爆破器材生产企业（以下统称企业）实行安全生产许可制度；企业取得安全生产许可证应当具备的安全生产条件、企业进行生产前，应当依照条例的规定向安全生产许可证颁发管理机关申请领取安全生产许可证。该条例明确规定了企业要取得安全生产许可证应具备的安全生产条件。

6.2.2.3 《生产安全事故报告和调查处理条例》

根据生产安全事故（以下简称事故）造成的人员伤亡或者直接经济损失，事故一般分为以下等级：

①特别重大事故，是指造成30人以上死亡，或者100人以上重伤（包括急性工业中毒，下同），或者1亿元以上直接经济损失的事故；

②重大事故，是指造成10人以上30人以下死亡，或者50人以上100人以下重伤，或者5000万元以上1亿元以下直接经济损失的事故；

③较大事故，是指造成3人以上10人以下死亡，或者10人以上50人以下重伤，或者1000万元以上5000万元以下直接经济损失的事故；

④一般事故，是指造成3人以下死亡，或者10人以下重伤，或者1000万元以下直接经济损失的事故。

国务院安全生产监督管理部门可以会同国务院有关部门，制定事故等级划分的补充性规定。

规定所称的"以上"包括本数，所称的"以下"不包括本数。

6.2.2.4 《建筑安全生产监督管理规定》

该规定指出：建筑安全生产监督管理应当根据"管生产必须管安全"的原则，贯彻"预防为主"的方针，依靠科学管理和技术进步，推动建筑安全生产工作的开展，控制人身伤亡事故的发生。并规定了各级建设行政主管部门的安全生产监督管理工作的内容和职责。

6.2.2.5 《建设工程施工现场管理规定》

该规定指出：建设工程开工实行施工许可制度；规定了施工现场实行封闭式管理、文明施工；任何单位和个人，要进入施工现场开展工作，必须经主管部门的同意。还对施工现场的环境保护提出了明确的要求。

6.2.2.6 《特种设备安全监察条例》

《特种设备安全监察条例》（国务院令第373号）是于2003年3月11日公布的国家法规，自2003年6月1日起施行。依据《国务院关于修改〈特种设备安全监察条例〉的决定》（国务院令第549号）修订，修订版于2009年1月24日公布，自2009年5月1日起施行。

《特种设备安全监察条例》规定了特种设备的生产（含设计、制造、安装、改造、维修，下同）、使用、检验检测及其监督检查，应当遵守条例规定。军事装备、核设施、航空航天器、铁路机车、海上设施和船舶以及煤矿矿井使用的特种设备的安全监察不适用该条例。房屋建筑工地和市政工程工地用起重机械的安装、使用的监督管理，由建设行政主管部门依照有关法律、法规的规定执行。

6.2.3 工程建设标准

工程建设标准，是做好安全生产工作的重要技术依据，对规范建设工程各方责任主体的行为、保障安全生产具有重要意义。根据《中华人民共和国标准化法》的规定，标准包括国家标准、行业标准、地方标准和企业标准。

国家标准是指由国务院标准化行政主管部门或者其他有关主管部门对需要在全国范围内统一的技术要求制定的技术规范。

行业标准是指国务院有关主管部门对没有国家标准而又需要在全国某个行业范围内统一的技术要求所制定的技术规范。

6.2.3.1 《建筑施工安全检查标准》

《建筑施工安全检查标准》（JGJ 59—2011）是强制性行业标准，于2012年实施。该标准采用安全系统工程原理，结合建筑施工伤亡事故规律，依据国家有关法律法规、标准和规程，对安全生产检查提出了明确的要求，包括：要有定期安全检查制度；安全检查要有记录；检查出事故隐患整改要做到定人、定时间、定措施；对重大事故隐患整改通知书所列项目应如期完成。

制定该标准的目的是科学地评价建筑施工安全生产情况，提高安全生产工作和文明施工的管理水平、预防伤亡事故的发生、确保职工的安全和健康、实现检查评价工作的标准化和规范化。

6.2.3.2 《施工企业安全生产评价标准》

《施工企业安全生产评价标准》（JGJ/T 77—2010）是一部推荐性行业标准，于2010年正式实施。制定该标准的目的是加强施工企业安全生产的监督管理，科学地评价施工企业安全生产业绩及相应的安全生产能力，实现施工企业安全生产评价工作的规范化和制度化，促进施工企业安全生产管理水平的提高。

6.2.3.3 《施工现场临时用电安全技术规范》

《施工现场临时用电安全技术规范》（JGJ 46—2005）明确规定了：施工现场临时用电施工组织设计的编制、专业人员、技术档案管理要求，外电线路与电气设备防护、接地预防类、配电室及自备电源、配电线路、配电箱及开关箱、电动建筑机械及手持电动工具、照明以及实行TN-S三相五线制接零保护系统的要求等方面的安全管理及安全技术措施的要求。

6.2.3.4 《建筑施工高处作业安全技术规范》

《建筑施工高处作业安全技术规范》（JGJ 80—2016）规定了：高处作业的安全技术措施及其所需料具；施工前的安全技术教育及交底；人身防护用品的落实；上岗人员的专业培训考试、持证上岗和体格检查；作业环境和气象条件；临边、洞口、攀登、悬空作业、操作平台与交叉作业的安全防护设施的计算、安全防护设施的验收等。

6.2.3.5 《龙门架及井架物料提升机安全技术规范》

《龙门架及井架物料提升机安全技术规范》（JGJ 88—2010）规定：安全提升机架体人员应按高处作业人员的要求，经过培训持证上岗；使用单位应根据提升机的类型制订操作规程，建立管理制度及检修制度；应配备经正式考试合格持有操作证的专职司机；提升机应具有相应的安全防护装置并满足其要求。

6.2.3.6 《建筑施工扣件式钢管脚手架安全技术规范》

《建筑施工扣件式钢管脚手架安全技术规范》（JGJ 130—2011）对工业与民用建筑施工用落地式单、双排扣件式钢管脚手架的设计与施工以及水平混凝土结构工程施工中模板支架的设计与施工作了明确规定。

6.2.3.7 《建筑机械使用安全技术规程》

《建筑机械使用安全技术规程》（JGJ 33—2019）主要内容包括：总则、一般规定（明确了操作人员的身体条件要求、上岗作业资格、防护用品的配置以及机械使用的一般条件）和10大类建筑机械使用所必须遵守的安全技术要求。

6.3 建筑工程安全管理制度

6.3.1 建筑施工企业安全许可制度

为了严格规范建筑施工企业安全生产条件，进一步加强安全生产监督管理，防止和减少生产安全事故，建设部根据《安全生产许可证条例》《建设工程安全生产管理条例》等有关行政法规，于2004年7月发布建设部令第128号《建筑施工企业安全生产许可证管理规定》。

国家对建筑施工企业实行安全生产许可制度。建筑施工企业未取得安全生产许可证的，不得从事建筑施工活动。

《建筑施工企业安全生产许可证管理规定》的主要内容如下。

（1）安全生产许可证的申请条件

建筑施工企业取得安全生产许可证，应当具备下列安全生产条件：

① 建立、健全安全生产责任制，制订完备的安全生产规章制度和操作规程；

② 保证本单位安全生产条件所需资金的投入；

③ 设置安全生产管理机构，按照国家有关规定配备专职安全生产管理人员；

④ 主要负责人、项目负责人、专职安全生产管理人员经住房城乡建设主管部门或者其他有关部门考核合格；

⑤ 特种作业人员经有关业务主管部门考核合格，取得特种作业操作资格证书；

⑥ 管理人员和作业人员每年至少进行一次安全生产教育培训并考核合格；

⑦ 依法参加工伤保险，依法为施工现场从事危险作业的人员办理意外伤害保险，为从业人员交纳保险费；

⑧ 施工现场的办公、生活区及作业场所和安全防护用具、机械设备、施工机具及配件符合有关安全生产法律、法规、标准和规程的要求；

⑨ 有职业危害防治措施，并为作业人员配备符合国家标准或者行业标准的安全防护用具和安全防护服装；

⑩ 依法进行安全评价；

⑪ 有对危险性较大的分部分项工程及施工现场易发生重大事故的部位、环节的预防、监控措施和应急预案；

⑫ 有生产安全事故应急救援预案、应急救援组织或者应急救援人员，配备必要的应急救援器材、设备；

⑬ 法律、法规规定的其他条件。

（2）许可证的申请与颁发

建筑施工企业从事建筑施工活动前，应当依照《建筑施工企业安全生产许可证管理规定》向省级以上建设主管部门申请领取安全生产许可证。中央管理的建筑施工企业（集团公司、总公司）应当向国务院设主管部门申请领取安全生产许可证，其他的建筑施工企业，包括中央管理的建筑施工企业（集团公司、总公司）下属的建筑施工企业，应当向企业注册所在地省、自治区、直辖市人民政府建设主管部门申请领取安全生产许可证。

6.3.2 建筑施工企业安全教育培训管理制度

6.3.2.1 安全生产教育的基本要求

安全教育和培训要体现全面、全员、全过程。施工现场所有人均应接受过安全培训与教育，确保他们先接受安全教育、懂得相应的安全知识后才能上岗。企业主要责任人、项目负责人和专职安全生产管理人员必须经建设行政主管部门或其他有关部门安全生产考核，考试合格取得安全生产合格证书后方可担任相应职务；教育要做到经常性。根据工程项目的不同、工程进展和环境的不同，对所有人员，尤其是施工现场的一线管理人员和工人实行动态的教育，做到经常化和制度化。为达到经常性安全教育的目的，教育可采用出板报、上安全课、观看安全教育影视资料等形式,但更重要的是必须认真落实班前安全教育活动和安全技术交底制度,因为通过日常的班前教育活动和安全技术交底,告知工人在施工中应注意的问题和措施,也就可以让工人了解和掌握相关的安全知识,起到反复性和经常性的教育和学习的作用。《建筑施工安全检查标准》(JGJ 59—2011)对安全教育提出如下要求。

① 企业和项目部必须建立安全教育制度。
② 新工人应进行三级安全教育,即凡公司新招收的合同制工人,及分配来的实习和代培人员,分别由公司进行一级安全教育,项目经理部进行二级安全教育,现场施工员及班组长进行三级安全教育,并要有安全教育的内容、时间及考核结果记录。
③ 安全教育要有具体的安全教育内容。
④ 工人变换工种时要进行安全教育。
⑤ 工人应掌握和了解本专业的安全规程和技能。
⑥ 施工管理人员应按规定进行年度培训。
⑦ 专职安全管理人员应按规定参加年度培训和考核,年度培训考核合格才能上岗。

6.3.2.2　教育和培训时间

根据《建筑业企业职工安全培训教育暂行规定》的要求规定如下:
① 企业法人代表、项目经理每年不少于 30 学时;
② 专职管理和技术人员每年不少于 40 学时;
③ 其他管理和技术人员每年不少于 20 学时;
④ 特殊工种每年不少于 20 学时;
⑤ 其他职工每年不少于 15 学时;
⑥ 待、转、换岗位重新上岗前,接受一次不少于 20 学时的培训;
⑦ 新工人的公司、项目、班组三级培训教育时间分别不少于 15 学时、15 学时、20 学时。

6.3.2.3　教育和培训的内容

教育和培训按等级、层次和工作性质分别进行,三级安全教育是每个刚进企业的新工人必须接受的首次安全生产方面的基本教育,三级安全教育是指公司(即企业)、项目(或工程处、施工处、工区)、班组这三级。对新工人或调换工种的工人,必须按规定进行安全教育和技术培训,经考核合格,方准上岗。各级安全培训教育的主要内容如下。

(1) 公司教育

公司级安全培训教育的主要内容如下。
① 国家和地方有关安全生产、劳动保护的方针、政策、法律、法规、规范、标准及规章。
② 企业及其上级部门(主管局、集团、总公司、办事处等)印发的安全管理规章制度。
③ 安全生产与劳动保护工作的目的、意义等。

(2) 项目(或工程处、施工处、工区)级教育

项目级教育是新工人被分配到项目以后进行的安全教育。
项目级安全培训教育的主要内容如下。
① 建设工程施工生产的特点,施工现场的一般安全管理规定、要求。
② 施工现场的主要事故类别,常见多发性事故的特点、规律及预防措施,事故教训等。
③ 本工程项目施工的基本情况(工程类型、施工阶段、作业特点等),施工中应当注意的安全事项。

(3) 班组教育

班组教育又称岗位教育，其主要内容如下。

① 本工种作业的安全技术操作要求。

② 本班组施工生产概况，包括工作性质、职责、范围等。

③ 本人及本班组在施工过程中，所使用、所遇到的各种生产设备、设施、电气设备、机械、工具的性能、作用、操作要求、安全防护要求。

④ 个人使用和保管的各类劳动防护用品的正确穿戴、使用方法及劳动防护用品的基本原理与主要功能。

⑤ 发生伤亡事故或其他事故，如火灾、爆炸、设备及管理事故等，应采取的措施（救助抢险、保护现场、报告事故等）要求。

(4) 三级教育的要求

① 三级教育一般由企业的安全、教育、劳动、技术等部门配合进行；

② 受教育者必须经过考试合格后才准予进入生产岗位；

③ 给每一名职工建立职工劳动保护教育卡，记录三级教育、变换工种教育等教育考核情况，并由教育者与受教育者双方签字后入册。

6.3.2.4 特种作业人员培训

① 建筑企业特种作业人员一般包括建筑电工、焊工、建筑架子工、司炉工、爆破工、机械操作工、起重工、塔吊司机及指挥人员、人货两用电梯司机等。

② 建筑企业特种作业人员除进行一般安全教育外，还要按国家、部委、地方和企业规定进行本工种专业培训、资格考核，取得《特种作业人员操作证》后上岗。

③ 特种作业人员取得岗位操作证后每年仍应接受有针对性的安全培训。

6.3.2.5 三类人员考核任职制度

三类人员考核任职制度是从源头上加强安全生产监督的有效措施，是强化建筑施工安全生产管理的重要手段。

(1) 三类人员考核任职制度的对象

① 建筑施工企业的主要负责人、项目负责人、专职安全生产管理人员。

② 建筑施工企业主要负责人包括企业法定代表人、经理、企业分管安全生产工作的副经理等。

③ 建筑施工企业项目负责人，是指经企业法人授权的项目管理的负责人等。

④ 建筑施工企业专职安全生产管理人员，是指在企业专职从事安全生产管理工作的人员，包括企业安全生产管理机构的负责人及其工作人员和施工现场专职安全生产管理人员。

(2) 三类人员考核任职的主要内容

① 考核的目的和依据：根据《中华人民共和国安全生产法》《建筑工程安全生产管理条例》和《安全生产许可证条例》等法律法规，三类人员考核任职旨在提高建筑施工企业主要负责人、项目责任人和专职安全生产管理人员的安全生产知识水平和管理能力，保证建筑施工安全生产。

② 考核范围：在中华人民共和国境内从事建设工程施工活动的建筑施工企业管理人员以及实施和参与安全生产考核管理的人员、建筑施工企业管理人员必须经建设行政主管部门或者其他有关部门安全生产考核，考核合格取得安全生产考核合格证书后，方可担任相应职务。建筑施工企业管理人员安全生产考核内容包括安全生产知识和管理能力。

6.3.2.6 班前教育制度

《建筑施工安全检查标准》(JGJ 59—2011)对班前活动提出如下的要求。

① 建立班前活动制度。班前活动是安全管理的一个重要环节,是提高工人的安全素质,落实安全技术措施,减少事故发生的有效途径。班前安全活动内容是班组长或管理人员,在每天上班前,检查了解班组的施工环境、设备和工人的防护用品的佩戴情况,总结前一天的施工情况,根据当天施工任务特点和分工情况,讲解有关的安全技术措施,同时预知操作中可能出现的不安全因素,提醒大家注意和采取相应的防范措施。

② 班前安全活动要有记录,每次班前活动均应简单重点记录活动内容,活动记录应收录为安全管理档案资料。

6.3.2.7 安全生产的经常性教育

安全生产教育多种多样,应贯彻及时性、严肃性、真实性,做到简明、醒目,具体形式如下。

① 施工现场(车间)入口处的安全纪律牌。
② 举办安全生产训练班、讲座、报告会、事故分析会。
③ 建立安全保护教育室,举办安全保护展览。
④ 举办安全保护广播,印发安全保护简报、通报等,办安全保护黑板报、宣传栏。
⑤ 张挂安全生产标志和标语口号。
⑥ 举办安全保护文艺演出、放映安全保护音像制品。
⑦ 组织家属做好职工的安全生产思想工作。

6.3.2.8 安全教育与培训检查

安全教育与培训的监督检查主要包括以下几个方面。

① 检查施工单位的安全教育制度。建筑施工企业要广泛开展安全生产宣传教育,使各级领导和广大职工真正认识到安全生产的重要性、必要性,懂得安全生产、文明施工的科学知识,牢固树立安全第一的思想,自觉地遵守各项安全生产法令和规章制度。因此,企业要建立健全安全教育和培训考核制度。

② 检查新入场工人三级安全教育情况。现在临时劳务工多,伤亡事故多发生在临时劳务工之中,因此在三级安全教育上,应把临时劳务工作为新入场工人对待。新工人(包括合同工、临时工、学徒工、实习和代培人员)都必须进行三级安全教育。主要检查施工单位、工区、班组对新入场工人的三级教育考核记录。

③ 检查安全教育内容。安全教育要有具体内容,要把《建筑工人安全技术操作规程》作为安全教育的重要内容,做到人手一册。除此以外,企业、工程处、项目经理部、班组都要有具体的安全教育内容。电工、焊工、架子工、司炉工、爆破工、机械工及起重工、打桩机和各种机动车辆司机等特殊工种要有相应的安全教育内容。经教育合格后,方准独立操作,每年还要复审。对从事有尘毒危害作业的工人,要进行尘毒危害防治知识教育,也应有安全教育内容。主要检查每个工人包括特殊工种工人是否人手一册《建筑工人安全技术操作规程》,检查企业、工程处、项目经理部、班组的安全教育资料。

④ 检查交换工种时是否进行安全教育。各工种工人及特殊工种工人除懂得一般安全生产知识外,还要懂各自的安全技术操作规程,当采用新技术、新工艺、新设备施工和调换工作岗位时,要对操作人员进行新技术操作和新岗位的安全教育,未经教育不得上岗操作。主要检查变换工种的工人在调换工种时重新进行安全教育的记录;检查采用新技术、新工艺、新设备施工时,应进行新技术操作安全教育的记录。

⑤ 检查工人对本工种安全操作规程的熟悉程度。该条是考核各工种工人掌握《建筑工人安全技术操作规程》的熟悉程度，也是施工单位对各工种工人安全教育效果的检查。按《建筑工人安全技术操作规程》的内容，到施工现场（车间）进行随机抽查各工种工人对本工种安全技术操作规程的问答，各工种工人宜抽2人以上进行问答。

⑥ 检查施工管理人员的年度培训。若各级建设行政主管部门行文规定施工单位的施工管理人员应进行年度有关安全生产方面的培训，则施工单位应按各级建设行政主管部门的文件规定，安排施工管理人员去培训。施工单位内部也要规定施工管理人员每年进行一次有关安全生产工作的培训学习，主要检查施工管理人员是否进行年度培训的记录。

⑦ 检查专职安全员的年度培训考核情况。住房和城乡建设部、各省、自治区、直辖市建设行政主管部门规定专职安全员要进行年度培训考核，具体由县级、地区（市）级建设行政主管部门经办。建设企业应根据上级建设行政主管部门的规定，对本企业的专职安全员进行年度培训考核，提高专职安全员的专业技术水平和安全生产工作的管理水平。按上级建设行政管理部门和本企业有关安全生产管理文件，检查考核专职安全员是否进行年度培训考核及考核是否合格；未进行安全培训的或考核不合格的，是否仍在岗工作等。

6.3.3 安全生产责任制度

安全生产责任制度就是对各级负责人、职能部门以及各类施工人员在管理和施工过程中，应当承担的责任作出明确的规定。具体来说，就是将安全生产责任分解到施工单位的主要负责人、项目负责人、班组长以及每个岗位的作业人员身上。安全生产责任制度是施工企业最基本的安全管理制度，是施工企业安全生产管理的核心和中心环节。依据《建设工程安全生产管理条例》和《建筑施工安全检查标准》的相关规定，安全生产责任制度的主要内容如下。

6.3.3.1 安全生产责任制的基本要求

① 公司和项目部必须建立健全安全生产责任制，制定各级人员和部门的安全生产职责，并要打印成文。

② 各级管理部门及各类人员均要认真执行责任制。公司及项目部应制定与安全生产责任制相应的检查和考核办法，执行情况的考核结果应有记录。

③ 经济承包合同中必须要有具体的安全生产指标和要求。在企业与业主、企业与项目部、总包单位与分包单位、项目部与劳务队的承包合同中都应确定安全生产指标、要求和安全生产责任。

④ 项目部应为项目的主要工种印制相应的安全技术操作规程，并应将安全技术操作规程列为日常安全活动和安全教育的主要内容，并悬挂在操作岗位前。

⑤ 施工现场应按规定配备专（兼）职安全员。建筑工程、建筑装饰、装修工程应按规定配置足够的专职安全员（一般建筑面积1万平方米以及以下的工程至少1人；1万～5万平方米的工程至少2人；5万平方米以上的工程至少3人），并应设置安全主管，按土建、机电设备等专业设置专职安全生产管理人员。不论是兼职或是专职安全员都必须有安全员证。

⑥ 管理人员责任制考核要合格。企业或项目部要根据责任制的考核办法定期进行考核，督促和要求各级管理人员的责任制考核都要达到合格要求。各级管理人员也必须清楚了解自己的安全生产工作职责。

6.3.3.2 有关人员的安全职责

（1）项目经理的职责

项目经理是本项目安全生产的第一责任者，负责整个项目的安全生产工作，对所管辖工程项目的安全生产负直接领导责任。项目经理的职责如下。

① 对合同工程项目生产经营过程中的安全生产负全面领导责任。

② 在项目施工生产全过程中，认真贯彻落实安全生产方针政策、法律法规和各项规章制度，结合项目工程特点及施工全过程的情况，制订本项目工程的各项安全生产管理办法，或有针对性地提出安全管理要求，并监督其实施。严格履行安全考核指标和安全生产奖惩办法。

③ 在组织项目工程业务承包、聘用业务人员时，必须本着安全工作只能加强的原则，根据工程特点确定安全工作的管理制度、配备人员，并明确各业务承包人的安全责任和考核指标，支持、指导安全管理人员的工作。

④ 健全和完善用工管理手续，录用外包队必须及时向有关部门申报，严格用工制度与管理，适时组织上岗安全教育，要对外包工队的健康与安全负责，加强劳动保护工作。

⑤ 认真落实施工组织设计中的安全技术措施及安全技术管理的各项措施，严格执行安全技术审批制度，组织并监督项目工程施工中的安全技术交底制度和设备、设施验收制度的实施。

⑥ 领导、组织施工现场的定期安全生产检查，发现施工生产中的不安全问题，组织采取措施，及时解决。对上级提出的安全生产与管理方面的问题，要定时、定人、定措施予以解决。

⑦ 发生事故，及时上报，保护好现场，做好抢救工作，积极配合事故的调查，认真落实纠正和防范措施，吸取事故教训。

（2）项目技术负责人的职责

① 对项目工程生产经营中的安全生产负技术责任。

② 贯彻、落实安全生产方针、政策，严格执行安全技术规程、规范、标准，结合项目工程特点，主持项目工程的安全技术交底。

③ 参加或组织编制施工组织设计；编制、审查施工方案时，要制订、审查安全技术措施，保证其可行性与针对性，并随时检查、监督、落实。

④ 主持制订专项施工方案、技术措施计划和季节性施工方案的同时，制订相应的安全技术措施并监督执行，及时解决执行中出现的问题。

⑤ 及时组织应用新材料、新技术、新工艺的项目工程及相关人员的安全技术培训。认真执行安全技术措施与安全操作规程，预防施工中因化学物品引起的火灾、中毒或其新工艺实施中可能造成的事故。

⑥ 主持安全防护设施和设备的检查验收，发现设备、设施的不正常情况应及时采取措施，严格控制不符合标准要求的防护设备、设施投入使用。

⑦ 参加安全生产检查，对施工中存在的不安全因素，从技术方面提出整改意见和办法及时予以消除。

⑧ 参加、配合工伤事故及重大未遂事故的调查，从技术上分析事故的原因，提出防范措施、意见。

（3）施工员的职责

① 严格执行安全生产各项规章制度，对所管辖单位工程的安全生产负直接领导责任。

② 认真落实施工组织设计中的安全技术措施，针对生产任务特点，向作业班组进行详细的书面安全技术交底，履行签认手续并对规程、措施、交底要求执行情况随时检查，随时纠正违章作业。

③ 随时检查作业内的各项防护设施、设备的安全状况，随时消除不安全因素，不违章

指挥。

④ 配合项目安全员定期和不定期地组织班组学习安全操作规程，开展安全生产活动，督促、检查工人正确使用个人防护用品。

⑤ 对分管工程项目应用的新材料、新工艺、新技术严格执行申报和审批制度，发现问题及时停止使用，并报有关部门或领导。

⑥ 发生工伤事故、未遂事故要立即上报，保护好现场；参与工伤及其他事故的调查处理。

（4）安全员的职责

① 认真贯彻执行劳动保护、安全生产的方针、政策、法令、法规、规范标准，做好安全生产的宣传教育和管理工作，推广先进经验。对本项目的安全生产负检查、监督的责任。

② 深入施工现场，负责施工现场的生产巡视督查，并做好记录，指导下级安全技术人员工作，掌握安全生产情况，调查研究生产中的不安全问题，提出改进意见和措施，并对执行情况进行监督检查。

③ 协助项目经理组织安全活动和安全检查。

④ 参加审查施工组织设计和安全技术措施计划，并对执行情况进行监督检查。

⑤ 组织本项目新工人的安全技术培训、考核工作。

⑥ 制止违章指挥、违章作业，发现现场存在安全隐患时，应及时向企业安全生产管理机构和工程项目经理报告，遇有险情有权暂停生产，并报告领导处理。

⑦ 进行工伤事故统计分析和报告，参加工伤事故调查、处理。

⑧ 负责本项目部的安全生产、文明施工、劳务手续的办理及治安保卫的管理工作。

（5）班组长的职责

① 认真执行安全生产规章制度及安全操作规程，合理安排班组人员工作，对本班组人员在生产中的安全和健康负责。

② 经常组织班组人员学习安全操作规程，监督班组人员正确使用个人劳保用品，不断提高自保能力。

③ 认真落实安全技术交底，做好班前教育工作，不违章指挥、冒险蛮干。

④ 随时检查班组作业现场安全生产状况，发现问题及时解决并上报有关领导。

⑤ 认真做好新工人的岗位教育。

⑥ 发生因工伤及未遂事故，保护好现场，立即上报有关领导。

6.3.4 施工组织设计和专项施工方案的安全编审制度

施工组织设计或专项施工方案是组织建筑工程施工的纲领性文件，是指导施工准备和组织施工的全面性的技术、经济文件，是指导现场施工的规范性文件。

6.3.4.1 安全施工方案编审制度

① 施工组织设计中要有安全技术措施。《建筑工程安全生产管理条例》规定施工单位应在施工组织设计中编制安全技术措施和施工现场临时用电方案。

② 施工组织设计必须经审批以后才能实施施工。工程技术人员编制的安全专项施工方案，由施工企业技术部门专业技术人员及专业监理工程师进行审核，审核合格后由施工企业技术负责人，监理单位的总监理工程师签字。无施工组织设计（方案）或施工组织设计（方案）未经审批的不能开始该项目的施工。实施过程中，施工组织设计也不得擅自更改。

③ 对专业性较强的项目，应单独编制专项施工组织设计（方案）。建筑施工企业应按规定对达到一定规模的危险性较大的分部、分项工程在施工前由施工企业专业工程技术人员编

制安全专项施工方案，并附具安全验算结果，并由施工企业技术部门专业技术人员及专业监理工程师进行审核，审核合格，由施工企业技术负责人，监理单位的总监理工程师签字，由专职安全生产管理人员监督执行。对于特别重要的专项施工方案，还应组织安全专项施工方案专家组进行论证、审查。

④ 安全措施要全面、要有针对性。编制安全技术措施时要结合现场实际、工程具体特点以及企业或项目部的安全技术装备和安全管理水平等来制订，把施工中的各种不利因素和安全隐患考虑周全，并制订详尽的措施一一予以解决。安全技术措施要具体、要有针对性。

⑤ 安全措施要落实。安全技术措施不仅要具体、要有针对性，还要在施工中落实到实处，防止应付检查编计划，空喊口号不落实，使安全措施流于形式。

6.3.4.2 安全技术措施及方案变更管理

① 施工过程中如发生设计变更，原定的安全技术措施也必须随之变更，否则不准施工。
② 施工过程中确实需要修改拟定的技术措施时，必须经编制人同意，并办理修改审批手续。

6.3.5 安全技术交底制度

安全技术交底制度是安全制度的重要组成部分。为贯彻落实国家安全生产方针、政策、规程规范、行业标准及企业各种规章制度，及时对安全生产、工人职业健康进行有效预控，提高施工管理、操作人员的安全生产管理水平及其操作技能，努力创造安全生产环境，根据《中华人民共和国安全生产法》《建设工程安全生产管理条例》《施工企业安全检查标准》等有关规定，在进行工程技术交底的同时要进行安全技术交底。《建筑施工安全检查标准》对安全技术交底提出如下的要求。

① 施工企业应建立健全安全交底制度，并分级进行书面文字交底，并要履行签字手续。
② 安全技术交底是对施工方案的细化和补充，技术交底必须具体、明确、针对性强。分部分项工程的交底，不但要口头讲解，同时还应有书面文字交底资料。

6.3.6 安全检查制度

6.3.6.1 安全生产检查的意义

① 通过检查，可以发现施工（生产）中的不安全（人的不安全行为和物的不安全状态）、职业健康不卫生问题，从而采取对策，消除不安全因素，保障安全生产。
② 利用安全生产检查，进一步宣传、贯彻、落实党和国家安全生产方针、政策和各项安全生产规章制度。
③ 安全检查实质上也是一次群众性的安全教育。通过检查，增强领导和群众的安全意识，纠正违章指挥、违章作业行为，提高搞好安全生产的自觉性和责任感。
④ 通过检查可以互相学习、总结经验、吸取教训、取长补短，有利于进一步促进安全生产工作。
⑤ 通过安全生产检查，了解安全生产状态，为分析安全生产形式，研究加强安全管理提供信息和依据。

6.3.6.2 安全检查制度

以往安全检查主要靠感性和经验，进行目测、口讲。安全评价也往往是"安全"或"不安全"的定性估计多。随着安全管理科学化、标准化、规范化，安全检查工作也不断地进行改革、深化。目前安全检查基本上都采用安全检查表和实测的检测手段，进行定性定量的安全评价。《建筑施工安全检查标准》对安全检查提出了具体要求。

① 安全检查要有定期的检查制度。项目参建单位特别是建筑安装工程施工企业，要建立健全切实可行的安全检查制度，并把各项制度落实到工程实际当中。建筑安装工程施工企业除进行日常性的安全检查外，还要制订和实施定期的安全检查。

② 组织领导。各种安全检查都应该根据检查要求配备力量，特别是大范围、全国性安全检查，要明确检查负责人，抽调专业人员参加检查，进行分工，明确检查内容、标准及要求。

③ 要有明确的目的。各种安全检查都应有明确的检查目的和检查项目、内容及标准。重要内容（例如，安全管理，安全生产责任制的落实，安全技术措施经费的提取使用等）、关键部位，如安全设施要重点检查。大面积或数量多的相同内容的项目，可采取系统的观感和一定数量的测点相结合的检查方法。检查时尽量采用检测工具，用数据说话。对现场管理人员和操作工人不仅要检查是否有违章指挥和违章作业行为，还应进行应知安全知识抽查，以便了解管理人员及操作工人的安全素质。

④ 检查记录是安全评价的依据，因此要认真、详细。特别是对隐患的记录必须具体（如隐患的部位、危险性程度等），然后整理出需要立即整改的项目和在一段时间内必须整改的项目，并及时将检查结果通知有关人员，使安全技术交底和班前教育活动更具针对性。做好有关安全问题和隐患记录，并及时建立安全管理档案。

⑤ 安全评价。安全检查后要认真地、全面地进行系统分析，并进行安全评价。哪些检查项目已达标；哪些检查项目虽然基本上达标，但具体还有哪些方面需要进行完善，哪些项目没有达标，存在哪些问题需要整改。要及时填写安全检查评分表（安全检查评分表应记录每项扣分的原因）、事故隐患通知书、违章处罚通知书或停工通知等。受检单位（即使本单位自检也需要安全评价）根据安全评价结果，研究对策，进行整改和加强管理。

⑥ 整改是安全检查工作的重要组成部分，是检查结果的归宿。整改工作包括隐患登记、整改、复查、销案。

6.3.7　安全生产目标管理与安全考核奖惩制度

6.3.7.1　安全生产目标管理

① 安全生产目标管理的任务是确定奋斗目标，明确责任，落实措施，实行严格的考核和奖惩，以激励企业员工积极参与全员、全方位、全过程的安全生产管理，严格按照安全生产的奋斗目标和安全生产责任制的要求，落实安全措施，消除人的不安全行为和物的不安全状态。

② 项目要制订安全生产目标管理计划，经项目分管领导审查同意，由主管部门与实行安全生产目标管理的单位签订责任书，将安全生产目标管理纳入各单位的生产经营或资产经营目标管理计划，主要领导人应对安全生产目标管理计划的制订与实施负第一责任。

③ 安全生产目标管理的基本内容包括目标体系的确立、目标的实施及目标成果的检查与考核，主要包括以下几方面。

a. 确定切实可行的目标值（如：千人负伤率、万吨产品死亡率、尘毒作业点合格率、噪声作业点合格率及设备完好率等）。采用科学的目标预测法，根据需要和可能，采取系统分析的方法，确定合适的目标值，并研究达到该目标应采取的措施和手段。

b. 根据安全目标的要求，制订实施办法，做到有具体的保证措施，力求量化以便于实施和考核，包括组织技术措施，明确完成程序和时间，承担具体责任的负责人。并签订承诺书。

c. 规定具体的考核标准和奖惩办法，要认真贯彻执行《安全生产目标管理考核标准》。考核标准不仅应规定目标值，而且要把目标值分解为若干具体要求来考核。

d. 安全生产目标管理必须与企业安全生产责任制挂钩。层层分解，逐级负责，充分调动各级组织和全体员工的积极性，保证安全生产管理目标的实现。

e. 安全生产目标管理必须与企业生产经营资产经营承包制挂钩，作为整个企业目标管理的一个重要组成部分，实行经营管理者任期目标责任制、租赁制和各种经营承包责任制的单位负责人，应把安全生产目标管理的实现与他们的经济收入和荣誉挂起钩来，严格考核，兑现奖罚。

6.3.7.2 安全考核与奖惩制度

安全考核与奖惩制度要体现以下几个方面。

① 项目部必须将生产安全工作放在首位，列入日常安全检查、考核、评比内容。

② 对在生产安全工作中成绩突出的个人给予表彰和奖励，坚持"遵章必奖、违章必惩，权责挂钩、奖惩到人"的原则。

③ 对未依法履行生产安全职责、违反企业安全生产制度的行为，按照有关规定追究有关责任人的责任。

④ 企业各部门必须认真执行安全考核与奖惩制度，增强生产安全和消防安全的约束机制，以确保安全生产。

⑤ 杜绝安全考核工作中弄虚作假、敷衍塞责的行为。

⑥ 按照奖惩对等的原则，对所完成工作的良好程度给出结果并按一定标准给予奖惩。

⑦ 对奖惩情况及时进行张榜公示。

6.3.8 安全事故处理

6.3.8.1 安全事故等级划分

《生产安全事故报告和调查处理条例》规定：根据生产安全事故造成的人员伤亡或者直接经济损失，事故一般分为以下等级：

① 特别重大事故，是指造成 30 人以上死亡，或者 100 人以上重伤（包括急性工业中毒，下同），或者 1 亿元以上直接经济损失的事故；

② 重大事故，是指造成 10 人以上 30 人以下死亡，或者 50 人以上 100 人以下重伤，或者 5000 万元以上 1 亿元以下直接经济损失的事故；

③ 较大事故，是指造成 3 人以上 10 人以下死亡，或者 10 人以上 50 人以下重伤，或者 1000 万元以上 5000 万元以下直接经济损失的事故；

④ 一般事故，是指造成 3 人以下死亡，或者 10 人以下重伤，或者 1000 万元以下直接经济损失的事故。

6.3.8.2 事故报告

《生产安全事故报告和调查处理条例》对事故报告做了以下规定。

① 事故发生后，事故现场有关人员应当立即向本单位负责人报告；单位负责人接到报告后，应当于 1 小时内向事故发生地县级以上人民政府安全生产监督管理部门和负有安全生产监督管理职责的有关部门报告。

情况紧急时，事故现场有关人员可以直接向事故发生地县级以上人民政府安全生产监督管理部门和负有安全生产监督管理职责的有关部门报告。

② 安全生产监督管理部门和负有安全生产监督管理职责的有关部门接到事故报告后，

应当依照下列规定上报事故情况,并通知公安机关、劳动保障行政部门、工会和人民检察院:

a. 特别重大事故、重大事故逐级上报至国务院安全生产监督管理部门和负有安全生产监督管理职责的有关部门;

b. 较大事故逐级上报至省、自治区、直辖市人民政府安全生产监督管理部门和负有安全生产监督管理职责的有关部门;

c. 一般事故上报至设区的市级人民政府安全生产监督管理部门和负有安全生产监督管理职责的有关部门。

③ 安全生产监督管理部门和负有安全生产监督管理职责的有关部门逐级上报事故情况,每级上报的时间不得超过 2 小时。

④ 事故报告后出现新情况的,应当及时补报。

自事故发生之日起 30 日内,事故造成的伤亡人数发生变化的,应当及时补报。道路交通事故、火灾事故自发生之日起 7 日内,事故造成的伤亡人数发生变化的,应当及时补报。

⑤ 事故发生单位负责人接到事故报告后,应当立即启动事故相应应急预案或者采取有效措施,组织抢救,防止事故扩大,减少人员伤亡和财产损失。

⑥ 事故发生地有关地方人民政府、安全生产监督管理部门和负有安全生产监督管理职责的有关部门接到事故报告后,其负责人应当立即赶赴事故现场,组织事故救援。

⑦ 事故发生后,有关单位和人员应当妥善保护事故现场以及相关证据,任何单位和个人不得破坏事故现场、毁灭相关证据。因抢救人员、防止事故扩大以及疏通交通等原因,需要移动事故现场物件的,应当做出标志,绘制现场简图并做出书面记录,妥善保存现场重要痕迹、物证。

⑧ 事故发生地公安机关根据事故的情况,对涉嫌犯罪的,应当依法立案侦查,采取强制措施和侦查措施。犯罪嫌疑人逃匿的,公安机关应当迅速追捕归案。

⑨ 安全生产监督管理部门和负有安全生产监督管理职责的有关部门应当建立值班制度,并向社会公布值班电话,受理事故报告和举报。

⑩ 报告事故应当包括下列内容:

a. 事故发生单位的概况;

b. 事故发生的时间、地点以及事故现场情况;

c. 事故的简要经过;

d. 事故已经造成或者可能造成的伤亡人数(包括下落不明的人数)和初步估计的直接经济损失;

e. 已经采取的措施;

f. 其他应当报告的情况。

6.3.8.3 事故处理

《生产安全事故报告和调查处理条例》对事故处理做了如下规定。

① 重大事故、较大事故、一般事故,负责事故调查的人民政府应当自收到事故调查报告之日起 15 日内做出批复;特别重大事故,30 日内做出批复,特殊情况下,批复时间可以适当延长,但延长的时间最长不超过 30 日。

有关机关应当按照人民政府的批复,依照法律、行政法规规定的权限和程序,对事故发生单位和有关人员进行行政处罚,对负有事故责任的国家工作人员进行处分。

事故发生单位应当按照负责事故调查的人民政府的批复,对本单位负有事故责任的人员进行处理。

负有事故责任的人员涉嫌犯罪的，依法追究刑事责任。

② 事故发生单位应当认真吸取事故教训，落实防范和整改措施，防止事故再次发生。防范和整改措施的落实情况应当接受工会和职工的监督。

安全生产监督管理部门和负有安全生产监督管理职责的有关部门应当对事故发生单位落实防范和整改措施的情况进行监督检查。

③ 事故处理的情况由负责事故调查的人民政府或者其授权的有关部门、机构向社会公布，依法应当保密的除外。

6.3.8.4 法律责任

《生产安全事故报告和调查处理条例》对事故法律责任的规定如下。

① 事故发生单位及其有关人员有下列行为之一的，对事故发生单位处 100 万元以上 500 万元以下的罚款；对主要负责人、直接负责的主管人员和其他直接责任人员处上一年年收入 60%～100% 的罚款；属于国家工作人员的，并依法给予处分；构成违反治安管理行为的，由公安机关依法给予治安管理处罚；构成犯罪的，依法追究刑事责任：

 a. 谎报或者瞒报事故的；
 b. 伪造或者故意破坏事故现场的；
 c. 转移、隐匿资金、财产，或者销毁有关证据、资料的；
 d. 拒绝接受调查或者拒绝提供有关情况和资料的；
 e. 在事故调查中作伪证或者指使他人作伪证的；
 f. 事故发生后逃匿的。

② 事故发生单位对事故发生负有责任的，依照下列规定处以罚款：

 a. 发生一般事故的，处 10 万元以上 20 万元以下的罚款；
 b. 发生较大事故的，处 20 万元以上 50 万元以下的罚款；
 c. 发生重大事故的，处 50 万元以上 200 万元以下的罚款；
 d. 发生特别重大事故的，处 200 万元以上 500 万元以下的罚款。

③ 事故发生单位主要负责人未依法履行安全生产管理职责，导致事故发生的，依照下列规定处以罚款；属于国家工作人员的，并依法给予处分；构成犯罪的，依法追究刑事责任：

 a. 发生一般事故的，处上一年年收入 30% 的罚款；
 b. 发生较大事故的，处上一年年收入 40% 的罚款；
 c. 发生重大事故的，处上一年年收入 60% 的罚款；
 d. 发生特别重大事故的，处上一年年收入 80% 的罚款。

④ 有关地方人民政府、安全生产监督管理部门和负有安全生产监督管理职责的有关部门有下列行为之一的，对直接负责的主管人员和其他直接责任人员依法给予处分；构成犯罪的，依法追究刑事责任：

 a. 不立即组织事故抢救的；
 b. 迟报、漏报、谎报或者瞒报事故的；
 c. 阻碍、干涉事故调查工作的；
 d. 在事故调查中作伪证或者指使他人作伪证的。

⑤ 事故发生单位对事故发生负有责任的，由有关部门依法暂扣或者吊销其有关证照；对事故发生单位负有事故责任的有关人员，依法暂停或者撤销其与安全生产有关的执业资格、岗位证书；事故发生单位主要负责人受到刑事处罚或者撤职处分的，自刑罚执行完毕或者受处分之日起，5 年内不得担任任何生产经营单位的主要负责人。

⑥ 参与事故调查的人员在事故调查中有下列行为之一的，依法给予处分；构成犯罪的，依法追究刑事责任：

a. 对事故调查工作不负责任，致使事故调查工作有重大疏漏的；

b. 包庇、袒护负有事故责任的人员或者借机打击报复的。

⑦ 违反本条例规定，有关地方人民政府或者有关部门故意拖延或者拒绝落实经批复的对事故责任人的处理意见的，由监察机关对有关责任人员依法给予处分。

⑧《生产安全事故报告和调查处理条例》规定的罚款的行政处罚，由安全生产监督管理部门决定。

法律、行政法规对行政处罚的种类、幅度和决定机关另有规定的，依照其规定。

6.3.9 安全标志规范悬挂制度

安全标志由安全色、几何图形、图形符号构成，以此表达特定的安全信息。安全标志分为禁止标志、警告标志、指令标志、提示标志四类。

《建筑施工安全检查标准》(JGJ 59—2011) 对施工现场安全标志设置提出了以下具体要求。

① 由于建筑生产活动大多为露天、高处作业，不安全因素较多，有些工作危险性较大是事故多发的行业，为引起人们对不安全因素的注意，预防发生事故，建筑施工企业在施工组织设计或施工组织的安全方案中或其他相关的规划、方案中必须绘制安全标志平面图。

② 项目部必须按批准的安全标志平面图设置安全标志，坚决杜绝不按规定规范设置或不设置安全标志的行为。

6.3.10 其他制度

建筑施工企业、项目部建立以上制度的同时，尚应建立文明施工管理制度，施工起重机械使用登记制度，安全生产事故应急救援制度，意外伤害保险制度，消防安全管理制度，施工供电、用电管理制度，施工区交通管理制度，安全例会制度，防尘、防毒、防爆安全管理制度等。

6.4 建筑工程安全生产事故应急预案

建筑产品的生产不同于其他行业，有其特殊的生产特点，正是由于建筑产品自身的特点，使得建筑生产的安全管理工作不可能形成一套相对固定的行之有效的管理办法。在建筑施工这个特殊、复杂、因素多变的生产过程中存在着诸多的危险因素，因此，建筑业是一个事故多发的行业，据全国伤亡事故统计，建筑业伤亡事故率仅次于矿山行业。另外，建筑施工的对象是不同类型的工业、民用、公共建筑物或构筑物，而每个建筑物或构筑物的施工，从开工到完工都要历经诸如土方、打桩、砌筑、钢筋混凝土、吊装、装饰等若干个分部、分项工程，各个施工环节都具有不同的特点，各环节存在不同安全隐患，这就需要在工程实施前，针对工程的现场情况和工程的具体特点进行危险源辨识、评价与控制策划，并在实际工作中组织、实施针对性的防范措施。建筑施工必须事前进行安全施工组织设计、分部分项工程的安全措施或安全技术交底等安全预控措施才能确保安全生产。

6.4.1 安全施工组织设计

6.4.1.1 安全施工组织设计的概念

为了加强建筑行业的安全生产，《建设工程项目管理规范》(GB/T 50326—2017) 中规定；项目经理部应根据项目特点，制订安全施工组织设计或安全技术措施。

安全施工组织设计是以施工项目为对象，用以指导工程项目管理过程中各项安全施工活动的组织、协调、技术、经济和控制的综合性文件。安全施工组织设计的作用是统筹计划安全生产，科学组织安全管理，采用有效的安全措施，在配合技术部门实现设计意图的前提下，保证现场人员人身安全及建筑产品自身安全，同时完成环保、节能、降耗的目标。安全施工组织设计与项目技术部门、生产部门相关文件相辅相成，是用以规划、指导工程从施工准备贯穿到施工全过程直至工程竣工交付使用的全局性安全保证体系文件。安全施工组织设计要根据国家的安全方针和有关政策和规定，从拟建工程全局出发，结合工程的具体条件，合理组织施工，采用科学的管理办法，不断地革新管理技术，有效地组织劳动力、材料、机具等要素，安排好时间和空间，以期达到"零"事故、健康安全、文明施工的最优效果。安全施工组织设计应在施工前进行编制，并经过批准后实施。

6.4.1.2 安全施工组织设计的作用

安全施工组织设计是对综合性的大型的项目工程施工过程实行安全管理的全局策划，根据建筑工程的生产特点，从安全管理、安全防护、脚手架、现场料具、机械设备、施工用电、消防保卫等方面进行合理的安排，并结合工程生产进度，在一定的时间和空间内，实现有步骤、有计划地组织实施相应的安全技术措施，以期达到"安全生产、文明施工"的最终目的。

建筑工程施工前必须要有针对本工程的安全管理目标策划，有相应的安全管理部署和相应的实施计划，有相应的管理预控措施。安全施工组织设计是在充分研究工程的客观情况并辨识各类危险源及不利因素的基础上编制的，用以部署全部安全活动，制定合理的安全方案和专项安全技术组织措施。安全施工组织设计作为决策性的纲领性文件，直接影响施工现场的生产组织管理、工人施工操作、成本费用。从总的方面看，安全施工组织设计具有战略部署和战术安排的双重作用。从全局出发，按照客观的施工规律，统筹安排相应的安全活动，从"安全"的角度协调施工中各施工单位、各班组之间，资源与时间之间，各项资源之间，在程序、顺序上和现场部署的合理关系。

6.4.1.3 安全施工组织设计的编制与审批

（1）安全施工组织设计编制的要求

① 项目安全施工组织设计是项目施工组织总设计的组成部分，它应在施工图设计交底图纸会审后、开工前编制、审核、批准；专项施工方案的安全技术措施是专项施工方案的内容之一，它必须在施工作业前编制、审核、批准。

② 施工组织设计和专项施工方案，应当根据现行有关技术标准、规范、施工图设计文件，结合工程特点和企业实际技术水平编制。

③ 施工组织设计和专项施工方案要突出主要施工工序的施工方法和确保工程安全、质量的技术措施。措施要明确，要有针对性和可操作性，同时还要明确规定落实技术措施的各级责任人。

④ 对规模较大而图纸不能全面到位的工程可预先编制施工组织总设计，在分阶段施工图到位并设计交底、图纸会审后再编制施工组织设计。

⑤ 在编制施工组织设计的基础上，对技术要求高、施工难度大的分部分项工程须编制施工方案。较小单位工程可以直接编制施工方案。

（2）安全施工组织设计的主要内容

① 编制依据。

② 工程概况。
③ 现场危险源辨识及安全防护重点。
　a. 现场危险源清单；
　b. 现场重大危险源及控制措施要点；
　c. 项目安全防护重点部位。
④ 安全文明施工控制目标及责任分解。
⑤ 项目部安全生产管理机构及相关安全职责。
⑥ 项目部安全生产管理计划。
　a. 项目安全管理目标保证计划；
　b. 安全教育培训计划；
　c. 安全防护计划；
　d. 安全检查计划；
　e. 安全活动计划；
　f. 安全资金投入计划；
　g. 季节性施工安全生产计划；
　h. 特种作业人员管理计划。
⑦ 项目部安全生产管理制度。
　a. 安全生产责任制度；
　b. 安全教育培训制度；
　c. 安全事故管理制度；
　d. 安全检查与验收制度；
　e. 安全物资管理制度；
　f. 安全文施（安全生产、文明施工）资金管理制度；
　g. 劳务分包安全管理制度；
　h. 安全技术措施的编审制度；
　i. 安全技术交底制度；
　j. 班前教育活动制度。
⑧ 施工安全事故的应急与救援。

（3）施工组织设计的审批

《建筑施工安全检查标准》对施工组织设计或施工方案的审批提出了如下要求。

① 施工组织设计必须经审批以后才能实施施工。工程技术人员编制的安全专项施工方案，由施工企业技术部门专业技术人员及专业监理工程师进行审核，审核合格，由施工企业技术负责人，监理单位的总监理工程师签字。无施工组织设计（方案）或施工组织设计（方案）未经审批的不能开始该项目的施工。施工组织设计方案在实施过程中不得擅自更改。

② 对专业性较强的项目，应单独编制专项施工组织设计（方案）。建筑施工企业应按规定对达到一定规模的危险性较大的分部、分项工程在施工前由施工企业专业工程技术人员编制安全专项施工方案，并附具安全验算结果，并由施工企业技术部门专业技术人员及专业监理工程师进行审核。审核合格后由施工企业技术负责人，监理单位的总监理工程师签字，由专职安全生产管理人员监督执行。对于特别重要的专项施工方案还应组织安全专项施工方案专家组进行论证、审查。

（4）项目工程施工组织设计或安全专项施工方案的审批程序

① 规模较大、技术复杂的项目（重要项目或重要工程）由总公司审批；一般项目由分

公司审批（报总公司技术质量部门备案）。

② 重要项目或重要工程施工组织设计和专项施工方案，由分公司技术部门负责编制，经分公司总工审核后，送总公司技术质量部门会同安全生产部门审核，最后报总公司总工程师批准。

③ 对高、大、难、深、新工程的施工组织设计和危险性较大工程的技术（安全）专项施工方案，应当组织专家论证、审查安全专项施工方案，经审查批准后实施。

④ 施工组织设计和专项施工方案的编制、审核和批准人要逐一签字负责。

⑤ 施工组织设计及专项施工方案一旦批准必须严格执行，如有变更，必须根据审核程序，办理变更审批手续。

6.4.2 专项施工方案的安全技术措施

6.4.2.1 安全技术措施的概念

安全技术措施是指在施工项目生产活动中，针对工程特点、施工现场环境、施工方法、劳动组织、作业使用的机械、动力设备、变配电设施、架设工具以及各项安全防护设施等，从技术上采取的制定的确保安全施工、保护环境、防止工伤事故和职业病危害的预防措施。

6.4.2.2 安全技术措施的意义

安全技术措施是施工组织设计中的重要组成部分。安全技术措施是具体安排和指导工程安全施工的安全管理与技术文件，是针对每项工程在施工过程中可能发生的事故隐患和可能发生的安全问题的环节上进行的预测，从而在技术上和管理上采取措施，消除或控制施工过程中的不安全因素，防范发生事故。

建筑施工企业在编制施工组织设计时，应当根据建筑工程的特点制订相应的安全技术措施。因此，施工安全技术措施是工程施工中安全生产的指令性文件，在施工现场管理中具有安全生产法规的作用，必须认真编制和贯彻执行。

6.4.2.3 施工安全技术措施的主要内容

由于建筑工程的结构复杂多变，各施工工程所处地理位置、环境条件不尽相同，没有统一的安全技术措施，所以编制时应结合本企业的经验教训、工程所处位置和结构特点以及既定的安全目标。施工安全技术措施应具有超前性、针对性、可靠性和可操作性，一般工程安全技术措施的编制主要考虑以下内容。

① 进入施工现场的安全规定。
② 地面及深坑作业的防护。
③ 高处及立体交叉作业的防护。
④ 施工用电安全。
⑤ 机械设备的安全使用。
⑥ 为确保安全，对于采用的新工艺、新材料、新技术和新结构，制订有针对性的、行之有效的专门安全技术措施。
⑦ 预防因自然灾害（防台风、防雷击、防洪水、防地震、防暑降温、防冻、防寒、防滑等）造成事故的措施。
⑧ 防火防爆措施。

6.4.3 分部、分项工程安全技术交底

安全技术交底制度是安全制度的重要组成部分。为贯彻落实国家安全生产方针、政策、

规程规范、行业标准及企业各种规章制度，及时对安全生产、工人职业健康进行有效预控，提高施工管理、操作人员的安全生产管理、操作技能，努力创造安全生产环境。根据《中华人民共和国安全生产法》《建设工程安全生产管理条例》《施工企业安全检查标准》等有关规定，在进行工程技术交底的同时要进行安全技术交底。

6.4.3.1 安全技术交底的基本要求

（1）安全技术交底须分级进行

项目经理部必须实行逐级安全技术交底制度，纵向延伸到班组全体作业人员。根据安全措施要求和现场实际情况，各级管理人员需亲自逐级进行书面交底，职责明确，落实到人。

（2）安全技术交底必须贯穿于施工全过程，全方位

安全技术交底必须贯穿于施工全过程，全方位。分部（分项）工程的安全交底一定要细、要具体化，必要时画大样图。

对专业性较强的分项工程，要先编制施工方案，然后根据施工方案做针对性的安全技术交底，不能以交底代替方案，或以方案代替交底。

对特殊工种的作业、机械设备的安拆与使用，安全防护设施的搭拆等，必须由技术负责人、安全员等验收安全技术交底内容，验收合格后由工长对操作班组作书面安全技术交底。

安全技术交底应按工程结构层次的变化反复进行。要针对每层结构的实际状况，逐层进行有针对性的安全技术交底。

分部（分项）工程安全技术交底与验收，必须与工程同步进行。

（3）安全技术交底应实施签字制度

安全技术交底必须履行交底认签手续，由交底人签字，由被交底班组的集体签字认可，不准代签和漏签，必须准确填写交底作业部位和交底日期并存档以备查用。

6.4.3.2 安全技术交底的主要内容

安全交底要全面、具体、明确、有针对性、符合有关安全技术规程的规定；应优先采用新的安全技术措施；安全技术交底使用范本时，应在补充交底栏内填写有针对性的内容，按分项工程的特点进行交底，不准留有空白。

① 工程开工前，由公司环境安全监督部门负责向项目部进行安全生产管理首次交底，交底内容如下：

a. 国家和地方有关安全生产的方针、政策、法律法规、标准、规范、规程和企业的安全规章制度。

b. 项目安全管理目标、伤亡控制指标、安全达标和文明施工目标。

c. 危险性较大的分部分项工程及危险源的控制、专项施工方案清单和方案编制的指导、要求。

d. 施工现场安全质量标准化管理的一般要求。

e. 公司部门对项目部安全生产管理的具体措施要求。

② 项目部负责向施工队长或班组长进行书面安全技术交底，交底内容如下：

a. 工程概况、施工方法、施工程序、项目各项安全管理制度、办法、注意事项、安全技术操作规程。

b. 每一分部、分项工程施工安全技术措施、施工生产中可能存在的不安全因素以及防范措施等，确保施工活动安全。

c. 特殊工种的作业、机电设备的安拆与使用，安全防护设施的搭设等，项目技术负责人均要对操作班组作安全技术交底。

d. 两个以上工种配合施工时，项目技术负责人要按工程进度定期或不定期地向有关班组长进行交叉作业的安全交底。

③ 施工队长或班组长要根据交底要求，对操作工人进行有针对性的班前作业安全交底，操作人员必须严格执行安全交底的要求，交底内容如下。

a. 内容包括施工要求，作业环境、作业特点、相应的安全操作规程和标准。

b. 现场作业环境要求本工种操作的注意事项，即危险点，针对危险点的具体预防措施；应注意的安全事项。

c. 个人防护措施。

d. 发生事故后应及时采取的避难和急救措施。

6.4.4 施工安全事故的应急救援预案

《中华人民共和国安全生产法》明确规定生产经营单位要制订并实施本单位的生产安全事故应急救援预案；并要求建筑施工单位应当建立应急救援组织，生产经营规模较小的也应当指定兼职的应急救援人员等。《建筑工程安全生产条例》也规定施工单位应当根据建设工程的特点、范围，对施工现场容易发生重大事故的部位、环节进行监控，制订施工现场生产事故预案，建立应急救援组织。

为贯彻落实国家安全生产的法律法规，促进建筑企业依法加强对建筑安全生产的管理，执行安全生产责任制度；预防和控制施工现场、生活区、办公区潜在的事故、事件或紧急情况，做好事故、事件应急准备，以便发生紧急情况和突发事故、事件时能及时有效地采取应急控制，最大限度地预防和减少可能造成的疾病、伤害、损失和环境影响，建筑企业应根据自身特点，制订建筑施工安全事故应急救援预案。

重大事故安全预案由企业（现场）应急计划和场外的安全预案组成。现场应急计划由企业负责，场外应急计划由政府主管部门负责。现场应急计划和场外应急计划应分开，但应协调一致。

6.4.4.1 施工安全事故的应急与救援预案的编制步骤

编制施工安全事故的应急与救援预案一般分三个阶段进行，各阶段的主要步骤和内容如下。

（1）准备阶段

明确任务和组建编制组（人员）→调查研究、收集资料→危险源识别与风险评价→应急救援力量的评估→提出应急救援的需求→协调各级应急救援机构。

（2）编制阶段

制定目标管理→划分应急预案的类别、区域和层次→组织编写→分析汇总→修改完善。

（3）演练评估阶段

应急救援演练→全面评估→修改完善→审查批准→定期评审。

6.4.4.2 建筑施工安全事故应急救援预案的基本要素

（1）基本原则与方针

建筑施工安全事故应急救援预案要本着："安全第一、安全责任重如泰山""预防为主、自救为主、统一指挥、分工负责"的原则；坚持优先保护人和优先保护大多数人，优先保护贵重财产的方针；保证建筑施工事故应急处理措施的及时性和有效性。

（2）工程项目的基本情况

① 工程概况。介绍项目的工程建设概况、工程建筑结构设计概况；项目施工特点；项

目所在的地理位置，地形特点；现场周边环境、交通和安全注意事项等；现场气候特点等。

② 施工现场内及施工现场周边医疗设施及人员情况。说明现场及附近医疗机构的情况介绍，如医院（医务所）名称、位置、距离、联系电话等。并要说明施工现场医务人员名单、联系电话，有哪些常用医药和抢救设施。

③ 施工现场内及施工现场周边消防、救助设施及人员情况。介绍工地消防组成机构和成员，成立的义务消防队成员，消防、救助设施及其分布，消防通道等情况。应附施工消防平面布置图，画出消防栓、灭火器的设置位置，易燃易爆设施的位置，消防紧急通道，疏散路线等。

(3) 风险识别与评价（分析可能发生的事故与影响）

根据施工特点和任务，分析可能发生的事故类型、地点；事故影响范围（应急区域范围划定）及可能影响的人数；按所需应急反应的级别，划分事故严重度；分析本工程可能发生安全控制设备失灵、特殊气候、突然停电等潜在事故或紧急情况和发生位置、影响范围（应急区域范围划定）等。列出工程中常见的事故：建筑质量安全事故、施工毗邻建筑坍塌事故、土方坍塌事故、气体中毒事故、架体倒塌事故、高空坠落事故、掉物伤人事故、触电事故等；对于土方坍塌、气体中毒事故等应分析和预知其可能对周围的不利影响和严重程度。

(4) 应急机构及职责分工

① 指挥机构、成员及其职责与分工。企业或工程项目部应成立重大事故应急救援"指挥领导小组"，由企业经理或项目经理，有关副经理及生产、安全、设备、保卫等负责人组成，下设应急救援办公室或小组，日常工作由治安部兼管负责。发生重大事故时，领导小组成员迅速到达指定岗位。以指挥领导小组为基础，成立重大事故应急救援指挥部，由经理为总指挥，有关副经理为副总指挥，负责事故的应急救援工作的组织和指挥。

② 应急专业组、成员及其职责与分工。应急专业组如：义务消防小组、医疗救护应急小组、专业应急救援小组、治安小组、后勤及运输小组等。要列出各组的组织机构及人员名单。提醒注意的是：所有成员应由各专业部门的技术骨干、义务消防人员、急救人员和一些各专业的技术工人等组成。救援队伍必须由经培训合格的人员组成，明确各机构的职责。如写明指挥领导小组（部）的职责是负责本单位或项目预案的制订和修订，组建应急救援队伍，组织实施和演练，检查督促做好重大事故的预防措施和应急救援的各项准备工作，组织和实施救援行动；组织事故调查和总结应急救援工作；安全负责人负责事故的具体处置工作；后勤负责应急人员、受伤人员的生活必需品的供应工作。

(5) 报警信号与通信

① 有关部门、人员的联系电话或联系方式，各种救援电话，举例如下：

　　消防报警：119　　　　公安：110
　　医疗：120　　　　　　交通：122
　　市县建设局、应急管理局电话：×××
　　工地应急机构办公室电话：×××
　　各成员联系电话：×××
　　可提供求援协助邻近单位电话：×××
　　附近医疗机构电话：×××

② 施工现场报警联系地址及注意事项。报警者有时由于紧张而无法把地址和事故状况说明清楚，因此最好把施工现场的联系办法事先写明。如：××区××路××街××号，如果工地确实是不易找到的，还应派人到主要路口接应。并应把以上的报警信号与联系方式公示于办公室，方便紧急报警与联系。

（6）事故的应急与救援

① 应急响应和解除程序

a. 重大事故。首先发现者紧急大声呼救、同时可用手机或对讲机立即报告工地当班负责人→条件许可紧急施救→报告联络有关人员（紧急时立刻报警、打求助电话）→成立指挥部（组）→必要时向社会发出请求→实施应急救援、上报有关部门、保护事故现场等→善后处理。

b. 一般伤害事故或潜在危害。首先发现者紧急大声呼救→条件许可紧急施救→报告联络有关人员→实施应急救援、保护事故现场等→事故调查处理。

c. 应急救援的解除程序和要求。如写明决定终止应急、恢复正常秩序的负责人；确保不会发生未授权而进入事故现场的措施；应急取消、恢复正常状态的条件。

② 事故的应急与救援措施

a. 各有关人员接到报警救援命令后，应迅速到达事故现场。尤其是现场急救人员要在第一时间到达事故地点，以便能使伤者得到及时、正确的救治。

b. 当医生未到达事故现场之前，急救人员要按照有关救护知识，立即救护伤员，在等待医生救治或送往医院抢救过程中，不要停止和放弃施救。

c. 当事故发生后或发现事故预兆时，应立即分析事故的情况及影响范围，积极采取措施，并迅速组织疏散无关人员撤离事故现场，并组织治安队人员建立警戒，不让无关人员进入事故现场，并保证事故现场的救援道路畅通，以便救援的实施。

d. 安全事故的应急和救援措施应根据事故发生的环境、条件、原因、发展状态和严重程度的不同，而采取相应合理的措施。在应急和救援过程中应防止二次事故的发生而造成救援人员的伤亡。

（7）有关规定和要求

如有关学习、救援训练、规章、纪律设施的保养维护等。要写明有关的纪律，救援训练，学习和应急设备的保管和维护，更新和修订应急预案等各种制度和要求。

（8）附有关于常见事故的自救和急救常识等

因建筑施工安全事故的发生具有不确定性和多样性，因此全体施工人员掌握或了解常见的自救和急救的常识是非常必要的。因此，应急救援预案应根据本工程的具体情况附有关于常见事故的自救和急救常识，方便学习了解。

思考题

1. 什么是安全？什么是安全生产？
2. 什么是危险源？什么是第一类危险源？什么是第二类危险源？
3. 安全生产责任制的基本要求是什么？
4. 安全技术交底的基本要求是什么？
5. 施工现场安全标志设置的具体要求有哪些？
6. 简述施工安全事故的应急与救援预案的编制步骤。

第7章

建筑工程施工安全技术

7.1 建筑工程施工安全技术概述

建筑工程施工安全技术，就是以研究建筑施工安全生产保证要求为核心，以"安全第一，预防为主，综合治理"为指导，根据建筑工程的特点探索施工安全的内在规律性，对施工过程中可能发生的事故隐患和可能发生安全问题的环节进行预测，从而在技术上和管理上采取安全保证措施，以预防和控制安全意外事故的发生及减少其危害的技术。通常，根据施工现场常见的重大危险因素，提出施工现场安全技术措施。

7.1.1 建筑工程施工安全技术的意义

① 有利于实现建筑施工安全生产目标，提高施工安全管理水平，增强建筑企业竞争力。
② 有利于提高工人安全施工的技能水平，丰富劳动力市场，加快社会主义建设步伐。
③ 有利于促进社会经济的发展，是构建和谐社会的需要。

7.1.2 建筑工程施工安全技术基本措施

① 严格落实安全生产责任制和教育培训体系，设立安全生产管理机构，配备专职安全生产管理人员，做好安全检查工作。

施工单位主要负责人依法对本单位的安全生产工作全面负责。施工单位应当建立健全安全生产责任制度和安全生产教育培训制度，制订安全生产规章制度和操作规程。施工单位的项目负责人对建设工程项目的安全施工负责，落实安全生产责任制度、安全生产规章制度和操作规程，确保安全生产费用的有效使用。施工单位应当设立安全生产管理机构，配备专职安全生产管理人员。

② 做好施工组织设计工作，按照施工组织设计合理组织施工安全作业。

建筑工程施工组织设计是建筑工程前期的主要内容之一，是指导全局、统筹规划建筑工程施工活动全过程的组织、技术、经济文件，是施工生产中的一个重要阶段，也是保证各项建设项目顺利地连续施工，从而多、快、好、省地完成施工安全生产任务的前提。

施工单位应当在施工组织设计中编制安全技术措施和施工现场临时用电方案，对于基坑支护与降水工程，土方开挖工程，模板工程，起重吊装工程，脚手架工程，拆除、爆破工程及其他达到一定规模的危险性较大的分部分项工程要编制专项施工方案，并附具安全验算结果，经施工单位技术负责人、总监理工程师签字后实施，由专职安全生产管理人员进行现场监督。

③ 做好技术交底工作，在施工现场设置明显的安全警示标志，做好季节性施工准备工作。

建设工程施工前，施工单位负责项目管理的技术人员应当对有关安全施工的技术要求向施工作业班组、作业人员作出详细说明，并由双方签字确认。施工单位应当在施工现场入口处、施工起重机械、临时用电设施、脚手架、出入通道口、楼梯口、电梯井口、孔洞口、桥梁口、隧道口、基坑边沿、爆破物及有害危险气体和液体存放处等危险部位，设置明显的符合国家标准的安全警示标志。

④ 经常进行预防性试验，对机械设备做好经常性维护保养和定期检修，确保设备性能符合安全标准要求。

预防性试验就是对现场使用的设备、工具、材料、用品等，在使用前或使用中定期进行机械强度或绝缘性能等特征的试验，避免"带病"运行或使用不合格的材料。

要对施工现场使用的机械设备做好经常性的保养和有计划的检修，使其保持在安全运行使用状态，从而确保使用操纵人员的人身安全。

施工单位采购、租赁的安全防护用具、机械设备、施工机具及配件，应当具有生产（制造）许可证、产品合格证，并在进入施工现场前进行查验。施工现场的安全防护用具、机械设备、施工机具及配件必须由专人管理，定期进行检查、维修和保养，建立相应的资料档案，并按照国家有关规定及时报废。

⑤ 施工现场临时搭建的建筑物应当符合安全使用要求，对因建设工程施工可能造成损害的毗邻建筑物、构筑物和地下管线等，应当采取专项防护措施。

施工单位应当将施工现场的办公、生活区与作业区分开设置，并保持安全距离；办公、生活区的选址应当符合安全性要求。职工的膳食、饮水、休息场所等应当符合卫生标准；施工单位不得在尚未竣工的建筑物内设置员工集体宿舍；施工现场使用的装配式活动房屋应当具有产品合格证。

施工单位应遵守有关环境保护法律、法规的规定，在施工现场采取措施，防止或减少粉尘、废气、废水、固体废物、噪声、振动和施工照明对人和环境的危害和污染。在市区内的建设工程，施工单位应对施工现场实行封闭围挡。

⑥ 及时发放和正确使用个人防护用品，作业人员应当遵守安全施工的强制性标准、规章制度和操作规程，正确使用安全防护用具、机械设备等。

施工单位应当向作业人员提供安全防护用具和安全防护服装，并书面告知危险岗位的操作规程和违章操作的危害。施工单位应当对管理人员和作业人员每年至少进行一次安全生产教育培训，其教育培训情况记入个人工作档案。安全生产教育培训考核不合格的人员不得上岗。作业人员进入新的岗位或者新的施工现场前，应当接受安全生产教育培训。未经教育培训或者教育培训考核不合格的人员，不得上岗作业。

在施工中发生危及人身安全的紧急情况时，作业人员有权立即停止作业或者在采取必要的应急措施后撤离危险区域。施工单位在采用新技术、新工艺、新设备、新材料时，应当对作业人员进行相应的安全生产教育培训。

7.2 基坑作业安全技术

7.2.1 岩土的分类和性能

7.2.1.1 岩土的工程分类

（1）按不同粒组的相对含量分类

根据《土的工程分类标准》（GB/T 50145）的规定，土按其不同粒组的相对含量可划分为巨粒类土、粗粒类土、细粒类土三类。

① 巨粒土和含有巨粒的土：巨粒组质量大于总质量的50%的土称为巨粒土；巨粒组质量为总质量15%～50%的土称为巨粒混合土（包括混合巨粒土和巨粒混合土）。

② 粗粒土：粗粒组质量大于总质量的50%的土称为粗粒土。砾粒组质量大于总质量的50%的粗粒土称为砾类土；砾粒组质量小于或等于总质量的50%的粗粒土称砂类土。

③ 细粒土：细粒组质量大于或等于总质量的50%且粗粒组质量小于总质量的25%的土称为细粒土。粗粒组质量为总质量的25%～50%的土称含粗粒的细粒土。

(2) 按坚硬程度分类

根据《岩土工程勘察规范》（GB 50021）的规定，岩石坚硬程度分类为：坚硬岩、较硬岩、较软岩、软岩、极软岩。

(3) 按地质成因分类

根据地质成因，土可划分为残积土、坡积土、洪积土、冲积土、淤积土、冰积土和风积土等。

(4) 根据工程特性分类

根据工程特性分为湿陷性土、红黏土、软土（包括淤泥和淤泥质土）、冻土、膨胀土、盐渍土、混合土、填土和污染土。

(5) 按颗粒级配和塑性指数分类

土按颗粒级配和塑性指数可分为碎石土、砂土、粉土和黏性土。

① 碎石土：粒径大于2mm的颗粒质量大于总质量50%的土。碎石土又分为：漂石、块石、卵石、碎石、圆砾、角砾。

② 砂土：粒径大于2mm的颗粒质量小于或等于总质量50%，粒径大于0.075mm的颗粒质量大于总质量50%的土。砂土又分为：砾砂、粗砂、中砂、细砂、粉砂。

③ 粉土：粒径大于0.075mm的颗粒质量小于或等于总质量50%，且塑性指数小于或等于10的土。

④ 黏性土：塑性指数大于10的土。黏性土又分为：粉质黏土和黏土。

(6) 根据《建筑地基基础设计规范》分类

根据《建筑地基基础设计规范》（GB 50007）的分类方法，作为建筑地基的岩土，可分为岩石、碎石土、砂土、粉土、黏性土和人工填土。

(7) 根据开挖的难易程度分类

在土石方工程中，根据土的开挖难易程度，将土分为松软土、普通土、坚土、砂砾坚土、软石、次坚石、坚石、特坚石，前四类为一般土，后四类为岩石。土的工程分类与现场鉴别方法见表7-1。

表7-1 土的工程分类与现场鉴别方法

土的分类	土的名称	现场鉴别方法
一类土（松软土）	砂土、粉土、冲积砂土层、疏松的种植土、淤泥（泥炭）	能用锹、锄头挖掘，少许用脚蹬
二类土（普通土）	粉质黏土；潮湿的黄土；夹有碎石、卵石的砂；粉土混卵（碎）石；种植土、填土	用锹、锄头挖掘，少许用镐翻松
三类土（坚土）	软及中等密实黏土；重粉质黏土、砾石土；干黄土、含有碎石卵石的黄土、粉质黏土；压实的填土	主要用镐，少许用锹、锄头挖掘，部分用撬棍

续表

土的分类	土的名称	现场鉴别方法
四类土（砂砾坚土）	坚硬密实的黏性土或黄土；含碎石卵石的中等密实的黏性土或黄土；粗卵石；天然级配砂石；软泥灰岩	整个先用镐、撬棍，后用锹挖掘，部分使用楔子及大锤
五类土（软石）	硬质黏土；中密的页岩、泥灰岩、白垩土；胶结不紧的砾岩；软石灰及贝壳石灰石	用镐或撬棍、大锤挖掘，部分使用爆破方法
六类土（次坚石）	泥岩、砂岩、砾岩；坚实的页岩、泥灰岩，密实的石灰岩；风化花岗岩、片麻岩及正长岩	用爆破方法开挖，部分用风镐
七类土（坚石）	大理石；辉绿岩；玢岩；粗、中粒花岗岩；坚实的白云石、砂岩、砾岩、片麻岩、石灰岩；微风化安山岩、玄武岩	爆破方法开挖
八类土（特坚石）	安山岩；玄武岩；花岗片麻岩；坚实的细粒花岗岩、闪长岩、石英岩、辉长岩、辉绿岩、玢岩、角闪岩	爆破方法开挖

7.2.1.2 岩土的工程性能

岩土的工程性能主要包括内摩擦角、强度（包括抗剪强度、抗压强度、抗拉强度、残余强度等）、黏聚力、天然含水量、天然密度、干密度、密实度、可松性、弹性模量、变形模量、压缩模量等物理力学性能，各种性能应按标准试验方法经过试验确定。

① 内摩擦角：土体中颗粒间相互移动和胶合作用形成的摩擦特性。其数值为强度包线与水平线的夹角。内摩擦角是土的抗剪强度指标，是工程设计的重要参数。土的内摩擦角反映了土的摩擦特性。

② 抗剪强度：是指土体抵抗剪切破坏的极限强度，包括内摩擦力和内聚力。抗剪强度可通过剪切试验测定。

当土中某点由外力所产生的剪应力达到土的抗剪强度，发生了土体的一部分相对于另一部分的移动时，便认为该点发生了剪切破坏。工程实践和室内试验都验证了土受剪产生的破坏。剪切破坏是强度破坏的重要特点，所以强度问题是土力学中最重要的基本内容之一。

③ 黏聚力：是在同种物质内部相邻各部分之间的相互吸引力，这种相互吸引力是同种物质分子之间存在分子力的表现。只有在各分子十分接近时（小于 10^{-6} cm）才显示出来。黏聚力能使物质聚集成液体或固体。特别是在与固体接触的液体附着层中，由于黏聚力与附着力相对大小的不同，致使液体浸润固体或不浸润固体。

④ 天然含水量：土中所含水的质量与土的固体颗粒质量之比的百分率，称为土的天然含水量。土的天然含水量对挖土的难易、土方边坡的稳定、填土的压实等均有影响。

⑤ 天然密度：土在天然状态下单位体积的质量，称为土的天然密度。土的天然密度随着土的颗粒组成、孔隙的多少和水分含量而变化，不同的土密度不同。

⑥ 干密度：单位体积内土的固体颗粒质量与总体积的比值，称为土的干密度。干密度越大，表明土越坚实。在土方填筑时，常以土的干密度控制土的夯实标准。

⑦ 密实度：是指土被固体颗粒所充实的程度，反映了土的紧密程度。

⑧ 可松性：天然土经开挖后，其体积因松散而增加，虽经振动夯实，仍不能完全恢复到原来的体积，这种性质称为土的可松性。它是挖填土方时，计算土方机械生产率、回填土方量、运输机具数量、进行场地平整规划竖向设计、土方平衡调配的重要参数。

7.2.2 土石方开挖工程安全技术

7.2.2.1 基本规定

土石方工程开挖施工前,必须掌握完备的地质勘察资料及工程附近管线、建筑物、构筑物和其他公共设施的构造情况,必要时应做施工勘察和调查以确保工程质量及邻近建筑的安全。

土石方工程应编制安全专项施工方案,并应严格按照方案实施。超过一定规模的危险性较大的土石方开挖工程,必须按《危险性较大的分部分项工程安全管理规定》的规定执行。

施工现场发现危及人身安全和公共安全的隐患时,必须立即停止作业,排除隐患后方可恢复施工。

7.2.2.2 开挖准备

① 施工单位应根据环境条件、地质条件、设计文件等基础性资料和相关工程建设标准,结合自身施工经验,针对各级风险工程编制安全专项施工方案。深基坑工程的安全专项施工方案,应经施工单位技术负责人签认后,报监理单位。

② 监理单位应组织对安全专项施工方案的审查,深基坑工程应填报施工方案安全性评估表和施工组织合理性评估表。

③ 深基坑的安全专项施工方案应包括以下内容:

a. 工程概况;

b. 工程地质与水文地质条件;

c. 风险因素分析;

d. 工程危险控制重点与难点;

e. 施工方法和主要施工工艺;

f. 基坑与周边环境安全保护要求;

g. 监测实施要求;

h. 变形控制指标与报警值;

i. 施工安全技术措施;

j. 应急方案;

k. 组织管理措施。

④ 在深基坑土方开挖前,要进行施工现场勘察和环境调查,进一步了解施工现场基坑影响范围内地下管线、建筑物地基基础情况,必要时制订预先加固方案;要对支护结构、地下水位及周围环境进行必要的监测和保护。

⑤ 石方开挖应根据岩石的类别、风化程度和节理发育程度确定开挖方式。对软地质岩石和强风化岩石,可以采用机械开挖或人工开挖;对于坚硬岩石宜采取爆破开挖;对开挖区周边有防震要求的重要结构或设施的地区进行开挖,宜采用机械和人工开挖或控制爆破。

7.2.2.3 土石方开挖的作业要求

(1) 开挖方式

土石方开挖宜根据支护形式分为无围护结构的放坡开挖、有围护结构无内支撑的基坑开挖及有围护结构有内支撑的基坑开挖等方式。

① 深基坑工程的挖土方案,主要有放坡挖土、岛式挖土、盆式挖土、逆作法挖土,面积较大的基坑宜采用中心岛式、盆式挖土。

② 有内支撑结构的深基坑土石方开挖,可以分为明挖法和暗挖法(盖挖法)。

③ 多道内支撑基坑开挖遵循"分层支撑、分层开挖、限时支撑、先撑后挖"的原则，且分层厚度须满足设计工况要求。

④ 分层支撑和开挖的基坑上部可采用大型施工机械开挖，下部宜采用小型施工机械和人工挖土，在内支撑以下挖土时，每层开挖深度不得大于2m，施工机械不得损坏和挤压工程桩及降水井。

（2）施工安全作业要求

① 土石方开挖顺序、方法应与设计工况相一致，必须严格遵循先设计后施工的原则，按照分层、分段、分块、对称、均衡、限时的方法，确定开挖顺序。

② 土石方开挖应防止碰撞支护结构。基坑开挖前，支护结构、基坑土体加固、降水等应达到设计和施工要求。当基坑开挖面上方的锚杆、土钉、支撑未达到设计要求时，严禁向下超挖土方。

③ 基坑边界周围地面应设排水沟，对坡顶、坡面、坡脚采取降排水措施，防止地面水流入或渗入坑内，以免发生边坡塌方。

④ 挖土机械、运输车辆等直接进入基坑进行施工作业时，应采取保证坡道稳定的措施，坡道坡度不宜大于1:7，坡道的宽度应满足车辆行驶的安全要求。

⑤ 基坑周边、放坡平台的施工荷载应按照设计要求进行控制；基坑开挖的土方不应在邻近建筑及基坑周边影响范围内堆放，并应及时外运。除基坑支护设计要求允许外，基坑边1m范围内不得堆土、堆料、放置机具。

⑥ 基坑开挖时，两人操作间距应大于2.5m。多台机械开挖，挖土机间距应大于10m。在挖土机工作范围内，不允许进行其他作业。挖土应由上而下，逐层进行，严禁先挖坡脚或逆坡挖土。

⑦ 土石方开挖不得在危岩、孤石或贴近未加固的危险建筑物的下方进行。

⑧ 基坑开挖过程中发现地质条件或环境条件与原地质报告、环境调查报告不相符合时，应停止施工，及时会同相关设计、勘察单位进行设计验算或设计修改后方可恢复施工。

⑨ 基坑开挖期间，支护结构达到设计强度要求前，严禁在设计预计的滑裂面范围内堆载；临时土石方的堆放设计应进行包括自身稳定性、邻近建筑物地基和基坑稳定性验算。

⑩ 采用放坡开挖的基坑，应验算基坑边坡的稳定性，边坡坡度应根据土层性质、开挖深度确定，各级边坡坡度不宜大于1:1.5，淤泥质土层中不宜大于1:2.0；多级放坡开挖的基坑，坡间放坡平台宽度不宜小于3.0m。

⑪ 在坡体整体稳定的情况下，如地质条件良好、土（岩）质较均匀，高度在3m以内的临时性挖方边坡坡度应符合表7-2的规定。

表7-2 高度在3m内的临时性挖方边坡坡度

土的类别		边坡坡度
砂土	不包括细砂、粉砂	(1:1.25)～(1:1.50)
一般性黏土	坚硬	(1:0.75)～(1:1.00)
	硬塑	(1:1.00)～(1:1.25)
碎石类土	密实、中密	(1:0.50)～(1:1.00)
	稍密	(1:1.00)～(1:1.50)

⑫ 采用复合土钉支护的基坑开挖施工应符合下列要求。

a. 隔水帷幕的强度和龄期应达到设计要求后方可进行土方开挖。

b. 基坑开挖应与土钉施工分层交替进行，应缩短无支护暴露时间。

c. 面积较大的基坑可采用岛式开挖方式，先挖除距基坑边 8～10m 的土方，再挖除基坑中部的土方。

d. 应采用分层分段方法进行土方开挖，每层土方开挖的底标高应低于相应土钉位置，且距离不宜大于 200mm，每层分段长度不应大于 30m。

e. 应在土钉养护时间达到设计要求后开挖下一层土方。

⑬ 岛式土方开挖应符合下列要求。

a. 边部土方的开挖范围应根据支撑布置形式、围护墙变形控制等因素确定；边部土方应采用分段开挖的方法，应减小围护墙无支撑或无垫层暴露时间。

b. 中部岛状土体的高度不宜大于 6m。高度大于 4m 时，应采用二级放坡形式，坡间放坡平台宽度不应小于 4m，每级边坡坡度不宜大于 1∶1.5，总边坡坡度不应大于 1∶2.0。高度不大于 4m 时，可采取单级放坡形式，坡度不宜大于 1∶1.5。

c. 中部岛状土体的各级边坡和总边坡应验算边坡稳定性。

d. 中部岛状土体的开挖应均衡对称进行，高度大于 4m 时，应采用分层开挖的方法。

⑭ 盆式土方开挖应符合下列要求。

a. 中部土方的开挖范围应根据支撑形式、围护墙变形控制、坑边土体加固等因素确定；中部有支撑时应先完成中部支撑，再开挖盆边土方。

b. 盆边土体的高度不宜大于 6m，盆边上口宽度不宜小于 8m；盆边土体的高度大于 4m 时，应采用二级放坡形式，坡间放坡平台宽度不应小于 3m。

c. 盆边土体应分块对称开挖，分块大小应根据支撑平面布置确定，应限时完成支撑。

（3）基坑开挖的监控

基坑开挖前应做出系统的开挖监控方案，监控方案应包括监控目的、监测项目、监控报警值、监测方法及精度要求、监测点的布置、监测周期、工序管理和记录制度以及信息反馈系统等。

① 基坑工程的监测包括支护结构的监测和周围环境的监测，应采用仪器检测与巡视检查相结合的方法。

② 基坑监测的重点是做好支护结构水平位移，周围建筑物、地下管线变形，地下水位等的监测。

③ 基坑开挖应采用信息化施工和动态控制方法，应根据基坑支护体系和周边环境的监测数据，适时调整基坑开挖的施工顺序和施工方法。

（4）安全防护措施

① 开挖深度超过 2m 的基坑周边必须安装防护栏杆，防护栏高度不应低于 1.2m，安装牢固，材料应有足够的强度。

② 基坑内宜设置供施工人员上下的专用梯道。梯道应设扶手栏杆，宽度不应小于 1m。

③ 同一垂直作业面的上下层不宜同时作业。需要同时作业时，上下层之间应采取隔离防护措施。

④ 采用井点降水时，井口应设置防护盖板或围栏，警示标志应明显。降水停止后，应及时将井填实。

⑤ 当夜间进行土石方施工时，设置的照明必须充足，灯光布局合理，防止强光影响作业人员视力，不得照射坑上建筑物，必要时应配备应急照明。

⑥ 雨季施工时，应有防洪、防暴雨的排水措施及应急材料、设备，备用电源应处在良

好的技术状态。

7.2.2.4 土石方开挖的安全应急预案与响应

当施工过程中发生安全事故时,必须采取有效措施,首先确保施工人员及建筑物内人员的生命安全,保护好事故现场,按规定程序立即上报,并及时分析原因,采取有效措施避免再次发生事故。

① 施工单位应根据施工现场安全管理、工程特点、环境特征和危险等级,制订建筑施工安全应急预案,并报监理审核,建设单位批准、备案。当出现基坑坍塌或人身伤亡事故时,应急响应必须由建设单位或工程总承包单位组织实施。

② 当坑体渗水、积水或有渗流时,应及时进行疏导、排泄,截断水源。

③ 基坑变形超过报警值时应调整分层、分段土方开挖施工方案,加大预留土墩。坑内堆砂袋、回填土,增设锚杆、支撑等。

④ 开挖施工引起邻近建筑物开裂或倾斜时,应立即停止基坑开挖、回填反压、基坑侧壁卸载,必要时及时疏散人员。

⑤ 邻近地下管线破裂时,应立即关闭危险管道阀门,防止发生火灾、爆炸等安全事故;停止基坑开挖,回填反压、基坑侧壁卸载;及时加固、修复或更换破裂管线。

⑥ 当发现不能辨认的液体、气体及弃物时,应立即停止作业,排除隐患后方可恢复施工。

⑦ 当地下管线不能移位时,根据专项方案的要求,采取保护措施,确保管线正常使用。

7.2.3 基坑支护安全技术

基坑支护是指为保证地下主体结构施工和基坑周边环境的安全,对基坑采用的临时性支挡、加固、保护与地下水控制的措施。

(1) 基坑支护的安全等级

基坑支护设计应规定其设计使用期限。基坑支护的设计使用期限不应小于一年。基坑工程按破坏后果的严重程度分为三个安全等级,见表 7-3。

表 7-3 基坑工程的安全等级

安全等级	破坏后果
一级	支护结构破坏、土体失稳或过大变形对基坑周边环境及地下结构施工影响很严重
二级	支护结构破坏、土体失稳或过大变形对基坑周边环境及地下结构施工影响一般
三级	支护结构破坏、土体失稳或过大变形对基坑周边环境及地下结构施工影响不严重

(2) 基坑支护的功能要求
① 保证基坑周边建(构)筑物、地下管线、道路的安全和正常使用。
② 保证主体地下结构的施工空间。

(3) 基坑支护的选型依据
根据基坑支护在功能上的要求,支护结构选型时,应综合考虑下列因素。
① 基坑深度。
② 土的性状及地下水条件。
③ 基坑周边环境对基坑变形的承受能力及支护结构一旦失效可能产生的后果。
④ 主体地下结构及其基础形式、基坑平面尺寸及形状。

⑤ 支护结构施工工艺的可行性。
⑥ 施工场地条件及施工季节。
⑦ 经济指标、环保性能和施工工期。

7.2.3.1 基坑支护的种类

基坑工程按其开挖深度及地质条件和周边环境等因素可分为浅基坑工程和深基坑工程，根据《危险性较大的分部分项工程安全管理规定》的规定：开挖深度超过 3m（含 3m）或虽未超过 3m 但地质条件和周围环境和地下管线复杂，或影响毗邻建、构筑物安全的基坑（槽）的土方开挖、支护、降水工程；开挖深度超过 5m（含 5m）的基坑（槽）的土方开挖、支护、降水工程属于深基坑工程。

浅基坑和深基坑适用不同的支护结构形式，分别如下。

(1) 浅基坑的支护

① 锚拉支撑：水平挡土板支在柱桩的内侧，柱桩一端打入土中，另一端用拉杆与锚桩拉紧，在挡土板内侧回填土。适于开挖较大型、深度较深的基坑或使用机械挖土，不能安设横撑时使用。

② 斜柱支撑：水平挡土板钉在柱桩内侧，柱桩外侧用斜撑支顶，斜撑底端支在木桩上，在挡土板内侧回填土。适于开挖较大型、深度不大的基坑或使用机械挖土时。

③ 型钢桩横挡板支撑：沿挡土位置预先打入钢轨、工字钢或 H 型钢桩，间距 1.0～1.5m，然后边挖方，边将 3～6cm 厚的挡土板塞进钢桩之间挡土，并在横向挡板与型钢桩之间打上楔子，使横板与土体紧密接触。适用于地下水位较低、深度不很大的一般黏性或砂土层中使用。

④ 短桩横隔板支撑：打入小短木桩或钢桩，部分打入土中，部分露出地面，钉上水平挡土板，在背面填土、夯实。适于开挖宽度大的基坑，当部分地段下部放坡不够时使用。

⑤ 临时挡土墙支撑：沿坡脚用砖、石叠砌或用装水泥的聚丙烯扁丝编织袋、草袋装土、砂堆砌，使坡脚保持稳定。适于开挖宽度大的基坑，当部分地段下部放坡不够时使用。

⑥ 挡土灌注桩支护：在开挖基坑的周围，用钻机或洛阳铲成孔，桩径 400～500mm，现场灌注钢筋混凝土桩，桩间距为 1.0～1.5m，在桩间土方挖成外拱形使之起土拱作用。适用于开挖较大、较浅（<5m）基坑，邻近有建筑物，不允许背面地基有下沉、位移时采用。

⑦ 叠袋式挡墙支护：采用编织袋或草袋装碎石（砂砾石或土）堆砌成重力式挡墙作为基坑的支护，在墙下部砌 500mm 厚块石基础，墙底宽 1500～2000mm，顶宽适当放坡卸土 1.0～1.5m，表面抹砂浆保护。适用于一般黏性土、面积大、开挖深度在 5m 以内的浅基坑支护。

(2) 深基坑的支护

深基坑土方开挖，当施工现场不具备放坡条件，放坡无法保证施工安全，通过放坡及加设临时支撑已经不能满足施工需要时，一般采用支护结构进行临时支挡，以保证基坑的土壁稳定。支护结构的选型有排桩、地下连续墙、水泥土桩墙、逆作拱墙或采用上述形式的组合等。

① 排桩支护：通常由支护桩、支撑（或土层锚杆）及防渗帷幕等组成。排桩可根据工程情况分为悬臂式支护结构、拉锚式支护结构、内撑式支护结构和锚杆式支护结构。

适用条件：基坑侧壁安全等级为一级、二级、三级；适用于可采取降水或止水帷幕的基坑。

② 地下连续墙：地下连续墙可与内支撑、逆作法、半逆作法结合使用，施工振动小、噪声低，墙体刚度大，防渗性能好，对周围地基扰动小，可以组成具有很大承载力的连续墙。地下连续墙宜同时用作主体地下结构外墙。

适用条件：基坑侧壁安全等级为一级、二级、三级；适用于周边环境条件复杂的深基坑。

③ 水泥土桩墙：水泥土桩墙，依靠其本身自重和刚度保护坑壁，一般不设支撑，特殊情况下经采取措施后亦可局部加设支撑。水泥土桩墙有深层搅拌水泥土桩墙、高压旋喷桩墙等类型，通常呈格构式布置。

适用条件：基坑侧壁安全等级宜为二、三级；水泥土桩施工范围内地基土承载力宜≤150kPa；基坑深度宜≤6m。

④ 逆作拱墙：当基坑平面形状适合时，可采用拱墙作为围护墙。拱墙有圆形闭合拱墙、椭圆形闭合拱墙和组合拱墙。对于组合拱墙，可将局部拱墙视为两铰拱。

适用条件：基坑侧壁安全等级宜为二、三级；淤泥和淤泥质土场地不宜采用；拱墙轴线的矢跨比宜≥1/8；基坑深度宜≤12m；地下水位高于基坑底面时，应采取降水或截水措施。

（3）支护结构选型

应综合考虑功能、安全等级、工程特点等因素选择合适的支护结构形式，各类支护结构适用条件见表7-4。

表7-4 各类支护结构特点及适用条件统计表

结构形式		适用条件		
		安全等级	基坑深度、环境条件、土类和地下水条件	
支挡式结构	锚拉式结构	一级、二级、三级	适用于较深的基坑	（1）排桩适用于可采用降水或截水帷幕的基坑。（2）地下连续墙宜同时用作主体地下结构外墙，可同时用于截水。（3）锚杆不宜用在软土层和高水位的碎石土、砂土层中。（4）当邻近基坑有建筑物地下室、地下构筑物等，锚杆的有效锚固长度不足时，不应采用锚杆。（5）当锚杆施工会造成基坑周边建（构）筑物的损害或违反城市地下空间规划等规定时，不应采用锚杆
	支撑式结构		适用于较深的基坑	
	悬臂式结构		适用于较浅的基坑	
	双排桩		当锚拉式、支撑式和悬臂式结构不适用时，可考虑采用双排桩	
	支护结构与主体结构结合的逆作法		适用于基坑周边环境条件很复杂的深基坑	
土钉墙	单一土钉墙	二级、三级	适用于地下水位以上或经降水的非软土基坑，且基坑深度不宜大于12m	当基坑潜在滑动面内有建筑物、重要地下管线时，不宜采用土钉墙
	预应力锚杆复合土钉墙		适用于地下水位以上或经降水的非软土基坑，且基坑深度不宜大于15m	
	水泥土桩垂直复合土钉墙		用于非软土基坑时，基坑深度不宜大于12m；用于淤泥质土基坑时，基坑深度不宜大于6m；不宜用在高水位的碎石土、砂土、粉土层中	
	微型桩垂直复合土钉墙		适用于地下水位以上或经降水的基坑，用于非软土基坑时，基坑深度不宜大于12m；用于淤泥质土基坑时，基坑深度不宜大于6m	

续表

结构形式	适用条件	
	安全等级	基坑深度、环境条件、土类和地下水条件
重力式水泥土墙	二级、三级	适用于淤泥质土、淤泥基坑,且基坑深度不宜大于7m
放坡	三级	(1)施工场地应满足放坡条件。 (2)可与上述支护结构形式结合

注:1. 当基坑不同部位的周边环境条件、土层性状、基坑深度等不同时,可在不同部位分别采用不同的支护形式。
  2. 支护结构可采用上、下部以不同结构类型组合的形式。

7.2.3.2 基坑施工作业要求

(1) 基坑的安全级别

根据《建筑地基基础工程施工质量验收规范》(GB 50202)的划分方法,将基坑安全划分为三个等级,见表7-5。

表7-5 基坑安全等级

类别	分类标准
一级	重要工程或支护结构作为主体结构的一部分; 开挖深度大于10m; 与邻近建筑物、重要设施的距离在开挖深度以内的基坑; 基坑范围内有历史文物、近代优秀建筑、重要管线等需要严加保护的基坑
二级	除一级基坑和三级基坑外的基坑均属二级基坑
三级	开挖深度小于7m,且周围环境无特别要求的基坑

(2) 专项方案要求

基坑开挖前,要制订土方开挖工程及基坑支护专项方案,深基坑工程实行专业分包的,其专项方案可由专业承包单位组织编制,专项方案应当由施工单位技术部门组织本单位施工技术、安全、质量等部门的专业技术人员进行审核。经审核合格的,由施工单位技术负责人签字。实行施工总承包的,专项方案应当由总承包单位技术负责人及相关专业承包单位技术负责人签字。不需专家论证的专项方案,经施工单位审核合格后报监理单位,由项目总监理工程师审核签字后方可实施。

超过一定规模的危险性较大的深基坑工程专项方案应当由施工单位组织召开专家论证会。实行施工总承包的,由施工总承包单位组织召开专家论证会。施工单位应当根据论证报告修改完善专项方案并经施工单位技术负责人、项目总监理工程师签字后,方可组织实施。

专项方案编制应当包括以下内容。

① 工程概况:分部分项工程概况、施工平面布置、施工要求和技术保证条件。

② 编制依据:相关法律、法规、规范性文件、标准、规范及图纸(国标图集)、施工组织设计等。

③ 施工计划:施工进度计划、材料与设备计划。

④ 施工工艺技术:技术参数、工艺流程、施工方法、检查验收等。

⑤ 施工安全保证措施:组织保障、技术措施、应急预案、监测监控等。

⑥ 劳动力计划：专职安全生产管理人员、特种作业人员等。

⑦ 计算书及相关图纸。

（3）土方开挖的要求

① 土方开挖的顺序、方法必须与设计要求相一致，并遵循"开槽支撑，先撑后挖，分层开挖，严禁超挖"的原则。

② 当开挖基坑土体含水量大而不稳定或基坑较深，或受到周围场地限制而需要用较陡的边坡或直立开挖而土质较差时，应采用临时性支撑加固。

③ 挖至坑底时，应避免扰动基底持力土层的原状结构。

④ 相邻基坑开挖时，应遵循先深后浅或同时进行的施工顺序。

⑤ 开挖时，挖土机械不得碰撞或损害支撑结构，不得损害已施工的基础桩。

⑥ 基坑开挖时，应对平面控制桩、水准点、平面位置、水平标高、边坡坡度、排水、降水系统等经常复测检查。

⑦ 当基坑采用降水时，应在降水后开挖地下水位以下的土方，且地下水位应保持在开挖面 50cm 以下。

⑧ 软土基坑开挖尚应符合下列规定。

a. 应按分层、分段、对称、均衡、适时的原则开挖。

b. 当主体结构采用桩基础且基础桩已施工完成时，应根据开挖面下软土的性状，限制每层开挖厚度。

c. 对采用内支撑的支护结构，宜采用开槽方法浇筑混凝土支撑或安装钢支撑；开挖到支撑作业面后，应及时进行支撑的施工。

d. 对重力式水泥土墙，沿水泥土墙方向应分区段开挖，每一开挖区段的长度不宜大于 40m。

（4）支护的作业要求

① 应按支护结构设计规定的施工顺序和开挖深度分层开挖。

② 当支护结构构件强度达到开挖阶段的设计强度时，方可向下开挖；对采用预应力锚杆的支护结构，应在施加预加力后，方可开挖下层土方；对土钉墙，应在土钉、喷射混凝土面层的养护时间大于 2 天后，方可开挖下层土方。

③ 开挖至锚杆、土钉施工作业面时，开挖面与锚杆、土钉的高差不宜大于 500mm。

④ 采用锚杆或支撑的支护结构，在未达到设计规定的拆除条件时，严禁拆除锚杆或支撑。

⑤ 基坑周边施工材料、设施或车辆荷载严禁超过设计要求的地面荷载限值。

⑥ 基坑开挖和支护结构使用期内，应按下列要求对基坑进行维护。

a. 雨期施工时，应在坑顶、坑底采取有效的截排水措施；排水沟、集水井应采取防渗措施。

b. 基坑周边地面宜作硬化或防渗处理。

c. 基坑周边的施工用水应有排放系统，不得渗入土体内。

d. 当坑体渗水、积水或有渗流时，应及时进行疏导、排泄，截断水源。

e. 开挖至坑底后，应及时进行混凝土垫层和主体地下结构施工。

f. 主体地下结构施工时，结构外墙与基坑侧壁之间应及时回填。

⑦ 支护结构或基坑周边环境出现下列规定的报警情况或其他险情时，应立即停止开挖，并应根据危险产生的原因和进一步可能发展的破坏形式，采取控制或加固措施。危险消除后，方可继续开挖。必要时，应对危险部位采取基坑回填、地面卸土、临时支撑等应急措

施。当危险由地下水管道渗漏、坑体渗水造成时，尚应及时采取截断渗漏水水源、疏排渗水等措施。上述报警情况或其他险情包括：

    a. 支护结构位移达到设计规定的位移限值，且有继续增长的趋势；

    b. 支护结构位移速率增长且不收敛；

    c. 支护结构构件的内力超过其设计值；

    d. 基坑周边建筑物、道路、地面的沉降达到设计规定的沉降限值且有继续增长的趋势，基坑周边建筑物、道路、地面出现裂缝或其沉降、倾斜达到相关规范的变形允许值；

    e. 支护结构构件出现影响整体结构安全性的损坏；

    f. 基坑出现局部坍塌；

    g. 开挖面出现隆起现象；

    h. 基坑出现流土、管涌现象。

（5）基坑的监测

监测是指在建筑基坑施工及使用阶段，对建筑基坑及周边环境实施的检查、量测和监视工作，主要是为了确保建筑基坑的安全和保护基坑周边环境。开挖深度大于等于5m或开挖深度小于5m但现场地质情况和周围环境较复杂的基坑工程及其他需要检测的基坑工程应实施基坑工程监测。

① 基坑工程施工前，应由建设方委托具备相应资质的第三方对基坑工程实施现场监测。监测单位应编制监测方案，监测方案需经建设方、设计方、监理方等认可，必要时还需与基坑周边环境涉及的有关管理单位协商一致后方可实施。

② 安全等级为一级、二级的支护结构，在基坑开挖过程与支护结构使用期内，必须进行支护结构的水平位移监测和基坑开挖影响范围内建（构）筑物、地面的沉降监测。

③ 基坑工程选用的监测项目及其监测部位应能反映支护结构的安全状态和基坑周边环境影响的程度。

④ 各监测项目应在基坑开挖前或测点安装后测得稳定的初始值，且次数不应少于两次。

⑤ 监测方案应包括下列内容：

    a. 工程概况；

    b. 建设场地岩土工程条件及基坑周边环境状况；

    c. 监测目的和依据；

    d. 监测内容及项目；

    e. 基准点、监测点的布设与保护；

    f. 监测方法及精度；

    g. 监测期和监测频率；

    h. 监测报警及异常情况下的监测措施；

    i. 监测数据处理与信息反馈；

    j. 监测人员的配备；

    k. 监测仪器设备及检定要求；

    l. 作业安全及其他管理制度。

⑥ 下列基坑工程的监测方案应进行专门论证：

    a. 地质和环境条件复杂的基坑工程；

    b. 邻近重要建筑和管线以及历史文物、优秀近代建筑、地铁、隧道等破坏后果很严重的基坑工程；

    c. 已发生严重事故，重新组织施工的基坑工程；

d. 采用新技术、新工艺、新材料、新设备的一、二级基坑工程；

e. 其他需要论证的基坑工程。

⑦ 基坑工程现场监测的对象应包括：

a. 支护结构；

b. 地下水状况；

c. 基坑底部及周边土体；

d. 周边建筑；

e. 周边管线及设施；

f. 周边重要的道路；

g. 其他应监测的对象。

⑧ 基坑支护结构的监测应根据结构类型和地下水控制方法按表7-6选择监测项目。

表 7-6 基坑监测项目选择

监测项目	支护结构的安全等级		
	一级	二级	三级
支护结构顶部水平位移	应测	应测	应测
基坑周边建（构）筑物、地下管线、道路沉降	应测	应测	应测
坑边地面沉降	应测	应测	宜测
支护结构深部水平位移	应测	应测	选测
锚杆拉力	应测	应测	选测
支撑轴力	应测	宜测	选测
挡土构件内力	应测	宜测	选测
支撑立柱沉降	应测	宜测	选测
支护结构沉降	应测	宜测	选测
地下水位	应测	应测	选测
土压力	宜测	选测	选测
孔隙水压力	宜测	选测	选测

注：表内各监测项目中，仅选择实际基坑支护形式所含有的内容。

⑨ 基坑工程巡视检查应包括以下内容。

a. 支护结构：如支护结构成型质量；冠梁、围檩、支撑有无裂缝出现；支撑、立柱有无较大变形；止水帷幕有无开裂、渗漏；墙厚土体有无裂缝、沉陷及滑移；基坑有无涌土、流砂、管涌。

b. 施工工况：场地地表水、地下水排放状况是否正常；基坑降水、回灌设施是否运转正常；基坑周边地面有无超载。

c. 周边环境：周边管道有无破损、泄漏情况；周边建筑有无新增裂缝出现；周边道路（地面）有无裂缝、沉陷；邻近基坑及建筑的施工变化情况；裂缝监测应监测裂缝的位置、走向、长度、宽度，必要时尚应监测裂缝深度。

d. 监测设施：基准点、监测点完好情况；有无影响观测工作的障碍物。

⑩ 当出现下列情况之一时，应提高监测频率：
　　a. 监测数据达到报警值；
　　b. 监测数据变化较大或速率加快；
　　c. 存在勘察未发现的不良地质；
　　d. 超深、超长开挖或未及时加撑等违反设计工况施工；
　　e. 基坑及周边大量积水、长时间连续降雨、市政管道出现泄漏；
　　f. 基坑附近地面荷载突然增大或超过设计限制；
　　g. 支护结构出现开裂；
　　h. 周边地面突发大沉降或出现严重开裂；
　　i. 邻近建筑突发较大沉降、不均匀沉降或出现严重开裂；
　　j. 基坑底部、侧壁出现管涌、渗漏或流砂等现象；
　　k. 基坑工程发生事故后重新组织施工；
　　l. 出现其他影响基坑及周边环境安全的异常情况。
⑪ 当出现下列情况之一时，必须立即进行危险报警，并对基坑支护结构和周边环境中的保护对象采取应急措施。
　　a. 监测数据达到监测报警值的累计值。
　　b. 基坑支护结构或周边土体的位移值突然明显增大或基坑出现流砂、管涌、隆起、陷落或较严重的渗漏等。
　　c. 基坑支护结构的支撑或锚杆体系出现过大变形、压屈、断裂、松弛或拔出的迹象。
　　d. 周边建筑的结构部分、周边地面出现较严重的突发裂缝或危害结构的变形裂缝。
　　e. 周边管线变形突然明显增长或出现裂缝、泄漏等。
　　f. 根据当地工程经验判断，出现其他必须进行危险报警的情况。

7.2.3.3 基坑安全措施

通常，基坑安全措施有如下几项。

① 开挖深度超过2m的，必须在沿基坑边设立防护栏杆且在危险处设置红色警示灯，防护栏杆周围悬挂"禁止翻越""当心坠落"等禁止、警告标志。

② 基坑内应搭设上下通道，以满足作业人员通行。作业人员在作业施工时应有安全立足点，禁止垂直交叉作业。

③ 基坑内及基坑周边应设置良好的排水系统，并满足施工、防汛要求。

④ 基坑周边距基坑边1m范围内严禁堆放土石方、料具等荷载较重的物料。对周边原有建筑物、公共设施等应设置观测点，安排专人负责，及时观测，发现异常情况立即采取措施处理。

7.2.3.4 地下水控制

地下水控制应根据工程地质和水文地质条件、基坑周边环境要求及支护结构形式选用截水、降水、集水明排或其组合方法。

当降水会对基坑周边建筑物、地下管线、道路等造成破坏或对环境造成长期不利影响时，应采用截水方法控制地下水。采用悬挂式帷幕时，应同时采用坑内降水，并宜根据水文地质条件结合坑外回灌措施。

当坑底以下有水头高于坑底的承压水含水层时，各类支护结构均应进行承压水作用下的坑底突涌稳定性验算。当不满足突涌稳定性要求时，应对该承压水含水层采取截水、减压措施。

(1) 截水

基坑截水应根据工程地质条件、水文地质条件及施工条件等，选用水泥土搅拌桩帷幕、高压旋喷或摆喷注浆帷幕、地下连续墙或咬合式排桩。支护结构采用排桩时，可采用高压喷射注浆与排桩相互咬合的组合帷幕。对碎石土、杂填土、泥炭质土、泥炭、pH值较低的土或地下水流速较大时，水泥土搅拌桩帷幕、高压喷射注浆帷幕宜通过试验确定其适用性或外加剂品种及掺量。

当坑底以下存在连续分布、埋深较浅的隔水层时，应采用落地式帷幕。

截水帷幕在平面布置上应沿基坑周边闭合。当采用沿基坑周边非闭合的平面布置形式时，应对地下水沿帷幕两端绕流引起的渗流破坏和地下水位下降进行分析。

高压喷射注浆截水帷幕施工时应符合下列要求。

① 采用与排桩咬合的高压喷射注浆截水帷幕时，应先进行排桩施工，后进行高压喷射注浆施工。

② 高压喷射注浆的施工作业顺序应采用隔孔分序方式，相邻孔喷射注浆的间隔时间不宜小于24小时。

③ 喷射注浆时，应由下而上均匀喷射，停止喷射的位置宜高于帷幕设计顶面标高1m。

④ 可采用复喷工艺增大固结体半径、提高固结体强度。

⑤ 喷射注浆时，当孔口的返浆量大于注浆量的20%时，可采用提高喷射压力、增加提升速度等措施。

⑥ 当因浆液渗漏而出现孔口不返浆的情况时，应将注浆管停置在不返浆处持续喷射注浆，并宜同时采用从孔口填入中粗砂、注浆液掺入速凝剂等措施，直至出现孔口返浆。

⑦ 喷射注浆后，当浆液析水、液面下降时，应进行补浆。

⑧ 当喷射注浆因故中途停喷后，继续注浆时应与停喷前的注浆体搭接，其搭接长度不应小于500mm。

⑨ 当注浆孔邻近既有建筑物时，宜采用速凝浆液进行喷射注浆。

(2) 降水

基坑降水可采用管井、真空井点、喷射井点等方法，并宜按表7-7的适用条件选用。降水后基坑内的水位应低于坑底0.5m。当主体结构有加深的电梯井、集水井时，坑底应按电梯井、集水井地面考虑或对其另行采取局部地下水控制措施。基坑采用截水结合坑外减压降水的地下控制方法时，尚应规定降水井水位的最大降深值和最小降深值。

表7-7 各种降水方法的适用条件

方法	土类	渗透系数/(m/d)	降水深度/m
管井	粉土、砂土、碎石土	0.1～200.0	不限
真空井点	黏性土、粉土、砂土	0.005～20.0	单级井点<6 多级井点<20
喷射井点	黏性土、粉土、砂土	0.005～20.0	<2

抽水系统在使用期的维护应符合下列要求。

① 降水期间应对井水位和抽水量进行监测，当基坑侧壁出现渗水时，应采取有效疏排措施。

② 采用管井时，应对井口采取防护措施，井口宜高于地面200mm以上，并应防止物体

坠入井内。

③ 冬季负温环境下，应对抽排水系统采取防冻措施。

（3）集水明排

对坑底汇水、基坑周边地表汇水及降水井抽出的地下水，可采用明沟排水；对坑底渗出的地下水，可采用盲沟排水；当地下室底板与支护结构间不能设置明沟时，也可采用盲沟排水。

基坑排水设施与市政网连接口之间应设置沉淀池。明沟、集水井、沉淀池使用时应排水畅通并应随时清理淤积物。

7.2.3.5 基坑发生坍塌前主要迹象

基坑发生坍塌前的主要迹象有如下几种。

① 周围地面出现裂缝，并不断扩展。

② 支撑系统发出挤压等异常响声。

③ 环梁或排桩、挡墙的水平位移较大，并持续发展。

④ 支护系统出现局部失稳。

⑤ 大量水土不断涌入基坑。

⑥ 相当数量的锚杆螺母松动，甚至有槽钢松脱现象。

7.2.3.6 基坑工程应急措施

① 在基坑开挖过程中，一旦出现了渗水或漏水，应根据水量大小，采用坑底设沟排水、引流修补、密实混凝土封堵、压密注浆、高压喷射注浆等方法及时进行处理。

② 如果水泥土墙等重力式支护结构位移超过设计估计值，应予以高度重视，同时做好位移监测，掌握发展趋势。如果位移持续发展，超过设计值较多，则应采用水泥土墙背后卸载、加快垫层施工及加大垫层厚度和加设支撑等方法及时进行处理。

③ 如果悬臂式支护结构位移超过设计值，应采取加设支撑或锚杆、支护墙背卸土等方法及时进行处理。如果悬臂式支护结构发生深层滑动，应及时浇筑垫层，必要时也可以加厚垫层，形成下部水平支撑。

④ 如果支撑式支护结构发生墙背土体沉陷，应采取增设坑外回灌井、进行坑底加固、垫层随挖随浇、加厚垫层或采用配筋垫层、设置坑底支撑等方法及时进行处理。

⑤ 对于轻微的流砂现象，在基坑开挖后可采用加快垫层浇筑或加厚垫层的方法"压住"流砂。对于较严重的流砂，应增加坑内降水措施进行处理。

⑥ 如果发生管涌，可以在支护墙前再打设一排钢板桩，在钢板桩与支护墙间进行注浆。

⑦ 对邻近建筑物沉降的控制一般可以采用回灌井、跟踪注浆等方法。对于沉降很大，而压密注浆又不能控制的建筑，如果基础是钢筋混凝土的，则可以考虑采用静力锚杆压桩的方法进行处理。

⑧ 对于基坑周围管线保护的应急措施一般包括增设回灌井、打设封闭桩或管线架空等方法。

⑨ 当基坑变形过大或环境条件不允许等危险情况出现时，可采取底板分块施工和增设斜支撑的措施。

7.3 脚手架工程施工安全技术

7.3.1 脚手架概述

脚手架又名架子，是建筑施工中必不可少的临时设施。例如墙的砌筑，墙面的抹灰、装饰和粉刷，结构构件的安装等，都需要在其近旁搭设脚手架，以便在其上进行施工操作、堆放施工用料和必要时做短距离水平运输。脚手架既要满足施工需要，又要为保证工程质量和提高工效创造条件，同时还应为组织快速施工提供工作面，因此，它应该起以下作用。

① 要保证作业连续性地施工。
② 能满足施工操作所需的运料和堆料要求，并方便操作。
③ 对高处作业人员能起防护作用，以确保施工人员的人身安全。
④ 使操作不影响工效和产品质量。
⑤ 可多层作业，交叉流水作业和多工种作业。

脚手架上的施工荷载一般情况下通过脚手板传递给小横杆，由小横杆传递给大横杆，再由大横杆通过绑扎（或扣接）点传递给立杆，最后通过立杆底部传递至地基。各种脚手架应根据建筑施工的要求选择合理的构架形式，并制订搭设、拆除作业的程序和安全措施，当搭设高度超过免计算构造要求的搭设高度时，必须按规定进行设计计算。

脚手架虽然是随着工程进度而搭设，工程完毕就拆除的，但它对建筑施工速度、工作效率、工程质量及工人的人身安全有着直接的影响。如果脚手架搭设不及时，势必会拖延工程进度；脚手架搭设不符合施工需要，工人操作不方便，施工质量得不到保证，工效得不到提高；脚手架搭设不牢固、不稳定，就容易造成施工中的伤亡事故。

随着我国基本建设的规模日益扩大，脚手架的种类也越来越多。从搭设材质上说，不仅有传统的竹、木脚手架，还有金属钢管脚手架，而金属钢管脚手架中又分扣件式、碗扣式、门式，品种繁多；从搭设的立杆排数来看，又可分单排架、双排架和满堂架。从搭设的用途来说，又可分为砌筑架、装修架。但是，不论搭设材料也好，搭设立杆排数也好，按其用途也好，总体来说，脚手架一般可分为外脚手架、内脚手架和工具式脚手架三大类。

7.3.1.1 外脚手架

（1）单排脚手架

单排脚手架由落地的许多单排立杆与大、小横杆绑扎或扣接而成，并搭设在建筑物或构筑物的外围，主要杆件有立杆、大横杆、小横杆、斜撑、剪刀撑、抛撑等，并按规定与墙体拉结。

（2）双排脚手架

双排脚手架由落地的许多里、外两排立杆与大、小横杆绑扎或扣接而成，并格设在建筑物或构筑物的外围，主要杆件由立杆、大横杆、小横杆、剪刀撑、斜撑、抛撑底座等组成。若用扣件夹件，有回转式、十字式和一字式三种，都应按规定与墙体拉结。概而言之，外脚手架必须从地面搭起，建筑物多高，架子就要搭多高，而且要耗用很多材料和人工。对架子来说，越高越不稳定，需要采取其他的加固或卸载措施，因此，一般脚手架主要用于低层建筑物施工较适宜。

7.3.1.2 内脚手架

（1）马凳式里脚手架

马凳式里脚手架用若干个马凳沿墙的内侧均匀排布，在其顶面铺设脚手板，在凳与凳之间间隔适当的距离加设斜撑或剪刀撑。马凳本身可用木、竹、钢筋或型钢制成。

（2）支柱式里脚手架

支柱式里脚手架用钢支柱配合横杆组成台架，上铺脚手板，按适当的距离加设一定的斜撑或剪刀撑，并搭设于外墙的内面。

概括而言，内脚手架不受层高的限制，可随楼层的砌高而上移，操作人员在室内操作，也比较安全，这种脚手架不论在低层或高层建筑施工中，都可广泛应用。

7.3.1.3 工具式脚手架

（1）桥式升降脚手架

桥式升降脚手架以金属构架立柱为基础，在两立柱间加设不超过 12m 长、0.8m 宽的钢桁架桥组成。桁架桥靠立柱支撑上下滑动，构成较长的操作平台，它具有构造简单、操作方便的特点。

（2）挂脚手架

挂脚手架将挂架挂在墙上或柱上预埋的挂钩上，在挂架上铺以脚手板并随工程进展逐步向上或向下移挂。

（3）挑脚手架

挑脚手架采用悬挑形式搭设，基本形式有两种：一种是支撑杆式挑脚手架，直接用金属脚手杆搭设，高度一般不超过 6 步架，倒换向上使用；另一种是挑梁式挑脚手架，一般为双排脚手架，支座固定在建筑结构的悬挑梁上，搭设高度应根据施工要求和起重机提升能力确定，但最高不超过 20 步架（总高 20～30m）。此类脚手架已成为高层建筑施工中常用的形式之一。

（4）吊篮脚手架

吊篮脚手架的基本构件是 $\phi 50mm \times 3.5mm$ 钢管焊成的矩形框架，按 1～3m 间距排列，并以 3～4 榀框架为一组，然后用扣件连以钢管大横杆和小横杆，铺设脚手板，装置栏杆、安全网和护墙轮，在屋面上设置吊点，用钢丝绳吊挂框架，这种脚手架主要适用于外装修工程。

7.3.2 一般脚手架的安全技术要求

7.3.2.1 脚手架杆件的安全技术要求

（1）木脚手架

木脚手架立杆、纵向水平杆、斜撑、剪刀撑、连墙件应选用剥皮杉、落叶松，横向水平杆应选用杉木、落叶松、柞木、水曲柳。不得使用折裂、扭裂、虫蛀、纵向严重裂缝及腐朽的木杆。立杆有效部分的小头直径不得小于 70mm，纵向水平杆有效部分的小头直径不得小于 80mm。

（2）竹脚手架

竹竿应选用生长期三年以上毛竹或楠竹，不得使用弯曲、青嫩、枯脆、腐烂、裂纹连通两节以上及虫蛀的竹竿。立杆、顶撑、斜杆有效部分的小头直径不得小于 75mm，横向水平杆有效部分的小头直径不得小于 90mm，格栅、栏杆的有效部分小头直径不得小于 60mm。对于小头直径在 60mm 以上，不足 90mm 的竹竿可采用双杆。

（3）钢管脚手架

钢管材质应符合 Q235A 级标准，不得使用有明显变形、裂纹、严重锈蚀的材料。钢管规格宜采用 $\phi 48mm \times 3.5mm$ 或 $\phi 51mm \times 3.0mm$。

（4）材质不得混用

同一脚手架中，不得混用两种材质，也不得将两种规格钢管用于同一脚手架中。

7.3.2.2 脚手架绑扎材料的安全技术要求

① 镀锌钢丝或回火钢丝严禁有锈蚀和损伤，且严禁重复使用。

② 竹篾严禁发霉、虫蛀、断腰、有大节疤和折痕，使用其他绑扎材料时，应符合其他

规定。

③ 扣件应与钢管管径相配，并符合国家现行标准的规定。

7.3.2.3 脚手架上脚手板的安全技术要求

① 木脚手板厚度不得小于50mm，板宽宜为200~300mm，两端应用镀锌钢丝扎紧。材质为不低于国家Ⅱ等材质标准的杉木和松木，且不得使用腐朽、劈裂的木板。

② 竹串片脚手板应使用宽度不小于50mm的竹片，拼接螺栓间距不得大于600mm，螺栓孔径与螺栓应紧密配合。

③ 各种形式的金属脚手板，单块自重不宜超过0.3kN，性能应符合设计使用要求，表面应有防滑构造。

7.3.2.4 脚手架搭设高度的安全技术要求

① 钢管脚手架中，扣件式单排架不宜超过24m，扣件式双排架不宜超过50m，门式架不宜超过60m。

② 木脚手架中，单排架不宜超过20m，双排架不宜超过30m。

③ 竹脚手架不得搭设单排架，双排架不宜超过35m。

7.3.2.5 脚手架构造的安全技术要求

① 单、双排脚手架的立杆纵距及水平杆步距不应大于2.1m，立杆横距不应大于1.6m。

② 应按规定的间隔采用连墙件（或连墙杆）与建筑结构进行连接，在脚手架使用期间不得拆除。

③ 沿脚手架外侧应设置剪刀撑，并随脚手架同步搭设和拆除。

④ 双排扣件式钢管脚手架高度超过24m时，应设置横向斜撑。

⑤ 门式钢管脚手架的顶层门架上部、连墙件设置层、防护棚设置处必须设置水平架。

⑥ 竹脚手架应设置顶撑杆，并与立杆绑扎在一起顶紧横向水平杆。

⑦ 架高超过40m且有风涡流作用时，应设置抗风涡流上翻作用的连墙措施。

⑧ 脚手板必须按脚手架宽度铺满、铺稳，脚手板与墙面的间隙不应大于200mm，作业层脚手板的下方必须设置防护层。

⑨ 作业层外侧应按规定设置防护栏杆和挡脚板。

⑩ 脚手架应按规定采用密目式安全立网封闭。

7.3.2.6 脚手架荷载标准值

（1）恒荷载

恒荷载包括构架、防护设施、脚手板等自重，应按《建筑结构荷载规范》（GB 50009）选用，对木脚手板、竹串片脚手板可取自重标准值为$0.35kN/m^2$（按厚度50mm计）。

（2）施工荷载

施工荷载应包括作业层人员、器具、材料的自重：结构作业架应取$3kN/m^2$；装修作业架应取$2kN/m^2$；定型工具式脚手架按标准值取用，但不得低于$1kN/m^2$。

7.3.3 脚手架工程安全生产的一般要求

① 脚手架搭设前必须根据工程的特点按照规范、规定，制定施工方案和搭设的安全技术措施。

② 脚手架搭设或拆除人员必须由符合劳动部颁发的《特种作业人员安全技术培训考核管理规定》经考核合格，领取《特种作业人员操作证》的专业架子工进行。

③ 操作人员应持证上岗。操作时必须佩戴安全帽、安全带、穿防滑鞋。

④ 脚手架搭设的交底与验收要求如下。

a. 脚手架搭设前，现场施工员或安全员应根据施工方案要求以及外脚手架检查评分表检查项目及其扣分标准，并结合《建筑安装工人安全操作规程》相关的要求，编制书面交底资料，向持证上岗的架子工进行交底。

b. 脚手架通常是在主体工程基本完工时才搭设完毕，即分段搭设、分段使用。脚手架分段搭设完毕，必须经施工负责人组织有关人员，按照施工方案及规范的要求进行检查验收。

c. 经验收合格，办理验收手续，填写《脚手架底层搭设验收表》《脚手架中段验收表》《脚手架顶层验收表》，有关人员签字后，方准使用。

d. 经验收不合格的应立即进行整改。对检查结果及整改情况，应按实测数据进行记录，并由检测人员签字。

⑤ 脚手架与高压线路的水平距离和垂直距离必须按照"施工现场对外电线路的安全距离及防护的要求"有关条文要求执行。

⑥ 大雾及雨、雪天气和 6 级以上大风时，不得进行脚手架上的高处作业。雨、雪天后作业，必须采取安全防滑措施。

⑦ 脚手架搭设作业时，应按形成基本构架单元的要求逐排、逐跨和逐步地进行搭设，矩形周边脚手架宜从其中的一个角部开始向两个方向延伸搭设。确保已搭部分稳定。

⑧ 门式脚手架以及其他纵向竖立面刚度较差的脚手架，在连墙点设置层宜加设纵向水平长横杆与连接件连接。

⑨ 搭设作业，应按以下要求做好自我保护和保护好现场作业人员的安全。

a. 在架上作业人员应穿防滑鞋和佩挂好安全带。保证作业的安全，脚下应铺设必要数量的脚手板，并应铺设平稳，且不得有探头板。当暂时无法铺设落脚板时，用于落脚或抓握、把（夹）持的杆件均应为稳定的构架部分，着力点与构架节点的水平距离应不大于0.8m，垂直距离应不大于1.5m。位于立杆接头之上的自由立杆（尚未与水平杆连接者）不得用作把持杆。

b. 作业人员应佩戴工具袋，工具用后装于袋中，不要放在架子上，以免掉落伤人。

c. 架设材料要随上随用，以免放置不当时掉落。

d. 每次收工以前，所有上架材料应全部搭设上，不要存留在架子上，而且一定要形成稳定的构架，不能形成稳定构架的部分应采取临时撑拉措施予以加固。

e. 在搭设作业进行中，地面上的配合人员应避开可能落物的区域。

⑩ 钢管脚手架的高度超过周围建筑物或在雷暴较多的地区施工时，应安设防雷装置。其接地电阻应不大于 4Ω。

⑪ 架上作业应按规范或设计规定的荷载使用，严禁超载。较重的施工设备（如电焊机等）不得放置在脚手架上。严禁将模板支撑、缆风绳、泵送混凝土及砂浆的输送管等固定在脚手架上及任意悬挂起重设备。

⑫ 架上作业时，不要随意拆除基本结构杆件和连墙件，因作业的需要必须拆除某些杆件和连墙点时，必须取得施工主管和技术人员的同意，并采取可靠的加固措施后方可拆除。

⑬ 架上作业时，不要随意拆除安全防护设施，未有设置或设置不符合要求时，必须补设或改善后，才能上架进行作业。

7.3.4 特殊脚手架的安全技术要求

7.3.4.1 落地式脚手架的安全技术要求

（1）落地式脚手架基础

落地式脚手架的基础应坚实、平整，并应定期检查。立杆不埋设时，每根立杆底部应设置垫板或底座，并应设置纵、横向扫地杆。

（2）落地式脚手架连墙件

① 扣件式钢管脚手架双排架高在50m以下或单排架在24m以下时，按不大于40m^2设置一处；双排架高在50m以上时，按不大于27m^2设置一处。

门式钢管脚手架高在45m以下，基本风压不大于0.55kN/m^2时，按不大于48m^2设置一处；架高在45m以下，基本风压大于0.55kN/m^2，或架高在45m以上时，按不大于24m^2设置一处。

木脚手架按垂直不大于双排3倍立杆步距、单排2倍立杆步距，水平不大于3倍立杆纵距设置。

竹脚手架按垂直不大于4m，水平不大于4倍立杆纵距设置。

② 一字形、开口形脚手架的两端，必须设置连墙件。

③ 连墙件必须采用可承受拉力和压力的构造，并与建筑结构连接。

（3）落地式脚手架剪刀撑及横向斜撑

① 扣件式钢管脚手架应沿全高设置剪刀撑。架高在24m以下时，可沿脚手架长度间隔不大于15m设置；架高在24m以上时，应沿脚手架全长连续设置剪刀撑，并应设置横向斜撑，横向斜撑由架底至架顶呈之字形连续布置，沿脚手架长度间隔6跨设置一道。

② 碗扣式钢管脚手架，架高在24m以下时，按外侧框格总数的1/5设置斜杆；架高在24m以上时，按框格总数的1/3设置斜杆。

③ 门式钢管脚手架的内外两个侧面除应满设交叉支撑杆外，当架高超过20m时，还应在脚手架外侧沿长度和高度连续设置剪刀撑，剪刀撑钢管规格应与门架钢管规格一致。当剪刀撑钢管直径与门架钢管直径不一致时，应采用异形扣件连接。

④ 满堂扣件式钢管脚手架除沿脚手架外侧四周和中间设置竖向剪刀撑外，当脚手架高于4m时，还应沿脚手架每2步高度设置一道水平剪刀撑。

（4）扣件式钢管脚手架的连接

① 扣件式钢管脚手架的主节点处必须设置横向水平杆，在脚手架使用期间严禁拆除。单排脚手架横向水平杆插入墙内长度不应小于180mm。

② 扣件式钢管脚手架除顶层外立杆杆件接长时，相邻杆件的对接接头不应设在同步内，相邻纵向水平杆对接接头不宜设置在同步或同跨内。

③ 扣件式钢管脚手架立杆接长除顶层外应采用对接。木脚手架立杆接头搭接长度应跨两根纵向水平杆，且不得小于1.5m。竹脚手架立杆接头的搭接长度应超过一个步距，并不得小于1.5m。

7.3.4.2 悬挑式脚手架的安全技术要求

（1）悬挑一层的脚手架

① 架斜立杆的底部必须搁置在楼板、梁或墙体等建筑结构部位，并有固定措施。立杆与墙面的夹角不得大于30°，挑出墙外宽度不得大于1.2m。

② 斜立杆必须与建筑结构进行连接固定，不得与模板支架进行连接。

③ 斜立杆纵距不得大于1.5m，底部应设置扫地杆并按不大于1.5m的步距设置纵向水平杆。

④ 作业层除应按规定满铺脚手板和设置临边防护外，还应在脚手板下部挂一层平网，在斜立杆里侧用密目网封严。

（2）悬挑多层的脚手架

① 结构必须专门设计计算，应保证有足够的强度、稳定性和刚度，并将脚手架的荷载传递给建筑结构。悬挑式脚手架的高度不得超过24m。

② 悬挑支承结构可采用悬挑梁或悬挑架等不同结构形式。悬挑梁应采用型钢制作，悬挑架应采用型钢或钢管制作成三角形桁架，其节点必须是螺栓或焊接的刚性节点，不得采用扣件（或碗扣）组装。

③ 支撑结构以上的脚手架应符合落地式脚手架搭设规定，并按要求设置连墙件。脚手架立杆纵距不得大于1.5m，底部与悬挑结构必须进行可靠连接。

7.3.4.3　门式脚手架工程安全技术

门式脚手架的设计计算与搭设应满足《建筑施工门式钢管脚手架安全技术规范》（JGJ 128）及有关规范标准的要求；《建筑施工安全检查标准》（JGJ 59）对门式钢管脚手架的安全检查提出了具体检查要求。

（1）施工方案的编制要求

① 门式脚手架搭设之前，应根据工程特点和施工条件等编制脚手架施工方案，绘制搭设详图。

② 门式脚手架搭设高度一般不超过45m，若降低施工荷载并缩小连墙杆的间距，则门式的脚手架的搭设高度可增至60m。

③ 门式脚手架施工方案必须符合《建算施工门式钢管脚手架安全技术规范》（JCJ 128）的规定。

④ 门式脚手架的搭设高度超过60m时，应绘制脚手架分段搭设结构图，并对脚手架的承载力，刚度和稳定性进行设计计算，编写设计计算书。设计计算书应报上级技术负责人审核批准。

（2）架体基础

① 搭设高度在25m以下的门式脚手架，回填土必须分层夯实，铺上厚度不小于50mm的垫木，再于垫木上加设钢管底座，立杆立于底座上。

② 架体搭设高度为25～45m时，应在施工方案中说明脚手架基础的施工方法，若地基为回填土，则应分层夯实，并在地基土上加铺200mm厚的道砟，再铺木垫板或12～16号槽钢。

③ 架体搭设高度超过45m时，应根据地基承载力对脚手架基础进行设计计算。

④ 门式脚手架底部应设置纵横向扫地杆，可减少脚手架的不均匀沉降。

（3）架体稳定

① 门式脚手架应按规定间距与墙体拉结，防止架体变形。搭设高度在45m以下时，连墙杆竖向间距≤6m，水平方向间距≤8m；搭设高度在45m以上时，连墙杆竖向间距≤4m，水平方向间距≤6m。

② 连墙杆的一端固定在门式框架横杆上，另一端伸过墙体，固定在建筑结构上，不得有滑动或松动现象。

③ 门式脚手架应设置剪刀撑，以加强整片脚手架的稳定性。当架体高度超过20m时，应在脚手架外侧每隔4步设置一道剪刀撑，沿高度方向与架体同步搭设。

④ 剪刀撑与地面夹角 45°～60°。需要接长时，应采用搭接方法，搭接长度不小于 500mm，搭接扣件不少于 2 个。

⑤ 门式脚手架，沿高度方向每隔一步加设一对水平拉杆；凡高度 10～15m 的要设一组缆风绳（4～6 根），每增高 10m 加设一组。缆风绳与地面的夹角应为 45°～60°，要单独牢固地挂在地锚上，并用花篮螺栓调节松紧。缆风绳严禁挂在树木、电杆上。

⑥ 门式脚手架搭设自由高度不超过 4m。

⑦ 严格控制门式脚手架的垂直度和水平度。首层门架立杆在两个方向的垂直偏差均在 2mm 以内，顶部水平偏差控制在 5mm 以内，上下门架立杆对中偏差不应大于 3mm。

（4）杆件、锁件

① 应按说明书的规定组装脚手架，不得遗漏杆件和锁件。

② 上、下门架的组装必须设置连接棒及锁臂。

③ 门式脚手架组装时，按说明书的要求拧紧各螺栓，不得松动。各部件的锁臂、搭钩必须处于锁住状态。

④ 门架的内外两侧均应设置交叉支撑，并应与门架立杆上的锁销锁牢。

⑤ 门架安装应自一端向另一端延伸，搭完一步架后，应及时检查、调整门架的水平度和垂直度。

（5）脚手板

① 作业层应连续满铺脚手板，并与门架横梁扣紧或绑牢。

② 脚手板材质必须符合规范和施工方案的要求。

③ 脚手板必须按要求绑牢，不得出现探头板。

（6）架体防护

① 作业层脚手架外侧以及斜道和平台均要设置 1.2m 高的防护栏杆和 180mm 高的挡脚板，防止作业人员坠落和脚手板上物料滚落。

② 脚手架外侧随着脚手架的升高，应按规定设置密目式安全网，必须扎牢、密实，形成全封闭的防护立网。

（7）材质

① 门架及其配件的规格、性能和质量应符合现行行业标准《门式钢管脚手架》（JGJ 76）的规定，并应有出厂合格证明书及产品标志。

② 门式脚手架是以定型的门式框架为基本构件的脚手架，其杆件严重变形将难以组装，其承载力、刚度和稳定性都将被削弱，隐患严重，因此，严重变形的杆件不得使用。

③ 杆件焊接后不得出现局部开焊现象。

④ 门架可根据质量检查结果按不同情况分为甲、乙、丙三类。

a. 甲类：有轻微变形、损伤、锈蚀，经简单处理后，重新油漆保养可继续使用。

b. 乙类：有一定轻度变形、损伤、锈蚀，但经矫直、平整、更换部件、修复、除锈油漆等处理后，可继续使用。

c. 丙类：主要受力杆件变形较严重、锈蚀面积达 50% 以上、有片状剥落、不能修复和经性能试验不能满足要求的，应报废处理。

（8）荷载

① 门式脚手架施工荷载：结构架为 $3kN/m^2$，装饰架为 $2kN/m^2$。施工时严禁超载使用。

② 脚手架操作层上，施工荷载要堆放均匀，不应集中，并不得存放大宗材料或过重的设备。

(9) 通道

① 门式脚手架必须设置供施工人员上下的专用通道，禁止在脚手架外侧随意攀登，以免发生伤亡事故；同时防止支撑杆件变形，影响脚手架的正常使用。

② 通道斜梯应采用挂扣式钢梯，宜采用"之"字形式，一个梯段宜跨越两步或三步。

③ 钢梯应设栏杆扶手。

(10) 交底与验收

① 脚手架搭设前，项目部应按照脚手架搭设方案及有关规范、标准对作业班组进行安全技术交底。

② 门式脚手架应分层、分段搭设，分层、分段验收，验收合格并履行完有关验收手续后，方可投入使用。

③ 交底和验收必须有相关记录。

7.3.4.4 挂脚手架工程安全技术

(1) 交底与验收

① 挂架必须按设计图纸进行制作或组装，制作、组装完成应按规定进行验收，验收合格后相关人员在验收单上签字，完成验收手续。

② 挂架在使用前，要在近地面处按要求进行载荷试验（加载试验在 4h 以上），载荷试验应有记录，试验合格并履行相关手续后，方可使用。

③ 挂架每次移挂完成使用前，应进行检查验收，验收人员要在验收单上签署验收结论，验收合格方可使用。

④ 挂架安装或使用前，施工员应对操作人员进行书面交底，交底要有记录，交底双方应在交底记录上签字，手续齐全。

(2) 安装人员

① 挂架组装、安装人员应进行专业技术培训，考试合格，取得上岗证，持证上岗。

② 挂架的安装和脚手板的铺设属高处作业，安装人员应戴好安全帽，系好安全带。

7.3.4.5 吊篮脚手架工程安全技术

吊篮脚手架必须按《高处作业吊篮》（GB 19155），《高处作业吊篮安全规则》（JG 5027）及有关规范、标准进行设计、制作、安装、验收与使用，并按《建筑施工安全检查标准》（JGJ 59）对吊篮脚手架的安全检查要求进行检查。

(1) 施工方案的编制

① 吊篮脚手架应编制施工方案，施工方案中必须有吊篮和挑梁的设计。挑梁是确保施工安全的重要构件，其材质、固定点、连接点、几何尺寸及悬挑长度均应进行计算，对挑梁的固定方式应有详细说明，并绘制详图。施工方案和设计计算书均应经上级技术部门审批。

② 吊篮脚手架若为工厂生产，则应有产品合格证，并应附有安装和使用说明书。

③ 施工方案应详细具体，对建筑物阳台、阴阳角等特殊部位的挑梁和吊篮的设置应有详细的详图和相应的说明。

(2) 制作与组装

① 挑梁一般用工字钢或槽钢制成，用 U 形锚环或预埋螺栓固定在屋顶上。

② 挑梁必须按设计要求与主体结构固定牢靠。承受挑梁拉力的预埋吊环，应用直径不小于 16mm 的圆钢，埋入混凝土的长度不小于 360mm，并与主筋焊接牢固。挑梁的挑出端应高于固定端，挑梁之间纵向应用钢管或其他材料连接成一个整体。

③ 挑梁挑出长度应使吊篮钢丝绳垂直于地面。

④ 必须保证挑梁抵抗力矩大于倾覆力矩的三倍。
⑤ 当挑梁采用压重时，配重的位置和重量应符合设计要求，并采取固定措施。
⑥ 吊篮平台可采用焊接或螺栓连接进行组装，禁止使用钢管扣件连接。
⑦ 捯链必须有产品合格证和说明书，非合格产品不得使用。
⑧ 吊篮组装后应经加载试验，确认合格后，方可使用，有关参加试验人员在试验报告上签字。脚手架上标明允许载重量。

(3) 安全装置

① 使用手扳葫芦时应设置保险卡，保险卡要能有效地限制手扳葫芦的升降，防止吊篮平台发生下滑。
② 吊篮组装完毕，经检查合格后，接上钢丝绳，同时将提升钢丝绳和保险绳分别插入提升机构及安全锁中，使用中必须有两根直径为 12.5mm 以上的钢丝绳做保险绳，接头卡扣不少于三个，不准使用有接头的钢丝绳。
③ 当使用吊钩时，应有防止钢丝绳滑脱的保险装置（卡子），将吊钩和吊索卡死。
④ 吊篮内作业人员，必须系安全带，安全带挂钩应挂在作业人员上方固定的物体上，不准挂在吊篮工作钢丝绳上，以防工作钢丝绳断开。

(4) 脚手板

① 脚手板必须满铺，按要求将脚手板与脚手架绑扎牢固。
② 吊篮脚手架可使用木脚手板或钢脚手板。木脚手板应为 50mm 厚杉木或松木板，不得使用脆性木材，凡是腐朽、扭曲、斜纹、破裂和大横透节的不得使用；钢脚手板应有防滑措施。
③ 脚手板搭接时搭接长度不得小于 200mm，不得出现探头板。

(5) 防护

① 吊篮脚手架外侧应设高度 1.2m 以上的两道防护栏杆及 18cm 高的挡脚板，内侧应设置高度不小于 80cm 的防护栏杆。防护栏杆及挡脚板材质要符合要求，安装要牢固。
② 吊篮脚手架外侧应用密目式安全网整齐封闭。
③ 单片吊篮升降时，两端应加设防护栏杆，并用密目式安全网封闭严密。

(6) 防护顶板

① 当有多层吊篮进行上下立体交叉作业时，不得在同一垂直方向上操作。上下作业的位置，必须处于以上层高度确定的可能坠落范围半径之外。不符合以上条件时，应设置安全防护层，即防护顶板。
② 防护顶板可用 5mm 厚木板，也可采用其他具有足够强度的材料。防护顶板应绑扎牢固、满铺，能承受坠落物的冲击，不会砸破贯通，起到防护作用。

(7) 架体稳定

① 为了保证吊篮安全使用，当吊篮脚手架升降到位后，必须将吊篮与建筑物固定牢固；吊篮内侧两端应装有可伸缩的附墙装置，使吊篮在工作时与结构面靠紧，以减少架体的晃动。确认脚手架已固定、不晃动以后方可上人作业。
② 吊篮钢丝绳应随时与地面保持垂直，不得斜拉。吊篮内侧与建筑物的间距（缝隙）不得过大，一般为 100～200mm。

(8) 荷载

① 吊篮脚手架的设计施工荷载为 $1kN/m^2$，不得超载使用。
② 脚手架上堆放的物料不得过于集中。

(9) 升降操作应注意的内容

① 操作升降作业属于特种作业，作业人员应经培训，合格后颁发上岗证，持证上岗，

且应固定岗位。

② 升降时不超过二人同时作业,其他非升降操作人员不得在吊篮内停留。

③ 单片吊篮升降时,可使用手扳葫芦;两片或多片吊篮连在一起同步升降时,必须采用电动葫芦,并有控制同步升降的装置。

7.3.5 脚手架的拆除要求

① 脚手架拆除作业前,应制订详细的拆除施工方案和安全技术措施。并对参加作业全体人员进行技术安全交底,在统一指挥下,按照确定的方案进行拆除作业。

② 脚手架拆除时,应划分作业区,周围设围护或设立警示标志,地面设专人指挥,禁止非作业人入内。

③ 一定要按照先上后下、先外后里、先架面材料后构架材料、先辅件后结构件和先结构件后附墙件的顺序,一件一件地松开连接,取出并随即吊下(或集中到毗邻的未拆的架面上,扎捆后吊下)。

④ 拆卸脚手板,杆件,门架及其他较长、较重、有两端连接的部件时,必须两人或多人一组进行。禁止单人进行拆卸作业,防止把持杆件不稳、失衡而发生事故。拆除水平杆件时,松开联结后,水平托持取下。拆除立杆时,在把稳上端后,再松开下端连接取下。

⑤ 架子工作业时,必须戴安全帽、系安全带,穿胶鞋或软底鞋,所用材料要堆放平稳,工具应随手放入工具袋,上下传递物件不能抛扔。

⑥ 多人或多组进行拆卸作业时,应加强指挥,并相互询问和协调作业步骤,严禁不按程序进行的任意拆卸。

⑦ 因拆除上部或一侧的附墙拉结而使架子不稳时,应加设临时撑拉措施,以防因架子晃动影响作业安全。

⑧ 严禁将拆卸下的杆部件和材料向地面抛掷。已吊至地面的架设材料应随时运出拆卸区域,保持现场文明。

⑨ 连墙杆应随拆除进度逐层拆除,拆抛撑前,应立临时支柱。

⑩ 拆除时严禁碰撞附近电源线,以防事故发生。

⑪ 拆下的材料应用绳索拴住,利用滑轮放下,严禁抛扔。

⑫ 在拆架过程中,不能中途换人,如需要中途换人时,应将拆除情况交接清楚后方可离开。

⑬ 脚手架架具的外侧边缘与外电架空线路的边线之间的最小安全操作距离见表7-8。

⑭ 拆除的脚手架或配件,应分类堆放保存进行保养。

表 7-8　最小安全操作距离　　　　　　　　　　　　　　　　单位:m

外电线路电压	1kV 以下	1～10kV	35～110kV	150～220kV	330～500kV
最小安全操作距离	4	6	8	10	15

7.4　高处作业安全要求

7.4.1　高处作业安全技术措施

7.4.1.1　高处作业的概念

按照国标规定:"凡在坠落高度基准面2m以上(含2m)有可能坠落的高处进行的作业

称为高处作业。"其含义有两个：一是相对概念，可能坠落的底面高度大于或等于2m；也就是不论在单层、多层或高层建筑物作业，即使是在平地，只要作业处的侧面有可能导致人员坠落的坑、井、洞或空间，其高度达到2m及其以上，就属于高处作业；二是高低差距标准定为2m，因为一般情况下，当人在2m以上的高度坠落时，就很可能会造成重伤、残废或甚至死亡。据统计，在建筑工程的职业伤害中，与高处坠落相关的伤亡人数占职业伤害约39%，因此高处作业须按规定进行安全防护。

高处作业基本上分为三大类，即临边作业、洞口作业及独立悬空作业。进行各项高处作业，都必须做好各种必要的安全防护技术措施。

7.4.1.2 高处作业的安全防护技术

① 悬空作业处应有牢靠的立足处，凡是进行高处作业施工的，应使用脚手架、平台、梯子、防护围栏、挡脚板、安全带和安全网等安全设施。

② 凡从事高处作业人员应接受高处作业安全知识的教育；特殊高处作业人员应持证上岗，上岗前应依据有关规定进行专门的安全技术交底。采用新工艺、新技术、新材料和新设备的，应按规定对作业人员进行相关安全技术教育。

③ 悬空作业所用的索具、脚手板、吊篮、吊笼、平台等设备，均需经过技术鉴定或验证合格后方可使用。

④ 高处作业人员应经过体检，合格后方可上岗。施工单位应为作业人员提供合格的安全帽、安全带等必备的个人安全防护用具，作业人员应按规定正确佩戴和使用。

⑤ 施工单位应按高处作业类别，有针对性地将各类安全警示标志悬挂于施工现场各相应部位，夜间应设红灯示警。

⑥ 安全防护设施应由单位工程负责人验收，并组织有关人员参加。

⑦ 安全防护设施的验收，应具备下列资料。

a. 施工组织设计及有关验算数据。

b. 安全防护设施验收记录。

c. 安全防护设施变更记录及签证。

⑧ 安全防护设施的验收，主要包括以下内容。

a. 所有临边、临洞口等各类技术措施的设置情况。

b. 技术措施所用的配件、材料和工具的规格和材质。

c. 技术措施的节点构造及其与建筑物的固定情况。

d. 扣件和连接件的紧固程序。

e. 安全防护设施的用品及设备的性能与质量是否合格的验证。

f. 高处作业前，工程项目部应组织有关部门对安全防护设施进行验收，并作出验收记录，经验收合格签字后方可作业。需要临时拆除或变动安全设施的，应经项目技术负责人审批签字，并组织有关部门验收，经验收合格签字后方可实施。

⑨ 高处作业所用工具、材料严禁投掷，上下立体交叉作业确有需要时，中间须设隔离设施。

⑩ 高处作业应设置可靠扶梯，作业人员应沿着扶梯上下，不得沿着立杆与栏杆攀登。

⑪ 在雨雪天应采取防滑措施，当风速在10.8m/s以上和雷电、暴雨、大雾等气象条件下，不得进行露天高处作业。

⑫ 高处作业上下应设置联系信号或通信装置，并指定专人负责。

7.4.2 临边作业的安全防护

7.4.2.1 临边作业的概念

在建筑工程施工中,当作业工作面的边缘没有维护设施或维护设施的高度低于80cm时,这类作业称为临边作业。临边与洞口处在施工过程中是极易发生坠落事故的场合,在施工现场,这些地方不得缺少安全防护设施。

7.4.2.2 防护栏杆的设置场合

① 基坑周边、尚未装栏板的阳台、卸料平台与各种平台周边、雨篷与挑檐边、无外脚手架的屋面和楼层边以及水箱周边。

② 分层施工的楼梯口和楼段边,必须设防护栏杆;顶层楼梯口应随工程结构的进度安装正式栏杆或临时栏杆;楼梯休息平台上尚未堵砌的洞口边也应设防护栏杆。

③ 井架与施工用的电梯和脚手架与建筑物通道的两边,各种垂直运输接料平台等,除两侧应设防护栏杆外,平台口还应设置安全门或活动防护栏杆;地面通道上部应装设安全防护棚。双笼井架通道中间,应予分隔封闭。

7.4.2.3 防护栏杆措施要求

临边防护用的栏杆由栏杆立柱和上下两道横杆组成,上横杆称为扶手。栏杆的材料应按规范标准的要求选择,选材时除需满足力学条件外,其规格尺寸和连接方式还应符合构造上的要求,应紧固而不动摇,能够承受突然冲击,阻挡人员在可能状态下的下跌和防止物料的坠落,还要有一定的耐久性。

搭设临边防护栏杆时,上杆离地高度为1.0~1.2m,下杆离地高度为0.5~0.6m,坡度大于1:2.2的屋面,防护栏杆应高于1.5m,并加挂安全立网;除经设计计算外,横杆长度大于2m,必须加设栏杆立柱;防护栏杆的横杆不应有悬臂,以免坠落时横杆头撞击伤人;栏杆的下部必须加设挡脚板;栏杆柱的固定及其与横杆的连接,其整体构造应使防护栏杆在上杆任何处,能经受任何方向的1000N外力。当栏杆所处位置有发生人群拥挤,车辆冲击或物件碰撞等可能时,应加大横杆截面或加密柱距。防护栏杆必须自上而下用安全立网封闭。栏杆柱的固定应符合下列要求。

① 当在基坑四周固定时,可采用钢管并打入地面50~70cm深。钢管离边口的距离,不应小于50cm。当基坑周边采用板桩时,钢管可打在板桩外侧。

② 当在混凝土楼面、屋面或墙面固定时,可用预埋件与钢管或钢筋焊牢。采用竹、木栏杆时,可在预埋件上焊接30cm长的L 50×5角钢,其上下各钻一孔,然后用10mm螺栓与竹、木杆件拴牢。

③ 当在砖或砌块等砌体上固定时,可预先砌入规格相适应的-80×6弯转扁钢作预埋铁的混凝土块,然后用上下方法固定。

7.4.3 洞口作业的安全防护

7.4.3.1 洞口作业的概念

建筑物或构筑物在施工过程中,常会出现各种预留洞口、通道口、上料口、楼梯口、电梯井口,在其附近工作,称为洞口作业。

通常将较小的称为孔,较大的称为洞。并规定:在水平方向的楼面、屋面、平台等上面短边小于25cm(大于2.5cm)的称为孔,但也必须覆盖(应设坚实盖板并能防止挪动移位);短边尺寸等于或大于25cm称为洞。在垂直于楼面、地面的垂直面上,则高度小于

75cm 的称为孔，高度等于或大于 75cm，宽度大于 45cm 的均称为洞。凡在深度 2m 及 2m 以上的桩孔、人孔、沟槽与管道等孔洞边沿上的高处作业都属于洞口作业范围。进行洞口作业以及在因工程和工序需要而产生的，使人与物体有坠落危险和人身安全的其他洞口进行高处作业时，必须设置防护设施。

7.4.3.2 洞口防护设施的设置场合

① 各种板与墙的洞口，按其大小和性质分别设置牢固的盖板、防护栏杆、安全网或其他防坠落的防护设施。

② 电梯井口，根据具体情况设高度不低于 1.2m 防护栏或固定栅门与工具式栅门，电梯井内每隔两层或最多 10m 设一道安全平网（安全平网上的建筑垃圾应及时清除），也可以按当地习惯，在井口设固定的格栅或采取砌筑坚实的矮墙等措施。

③ 钢管桩、钻孔桩等桩孔口，柱基、条基等上口，未填土的坑、槽口以及天窗和化粪池等处，都要作为洞口采取符合规范的防护措施。

④ 施工现场与场地通道附近的各类洞口与深度在 2m 以上的敞口等处除设置防护设施与安全标志外，夜间还应设红灯示警。

⑤ 物料提升机上料口，应装设有连锁装置的安全门，同时采用断绳保护装置或安全停靠装置；通道口走道板应平行于建筑物满铺并固定牢靠，两侧边应设置符合要求的防护栏杆和挡脚板，并用密目式安全网封闭两侧。

⑥ 墙面等处的竖向洞口，凡落地的洞口应设置防护门或绑防护栏杆，下设挡脚板。低于 80cm 的竖向洞口，应加设 1.2m 高的临时护栏。

7.4.3.3 洞口安全防护措施要求

洞口作业时根据具体情况采取设置防护栏杆、加盖件、张挂安全网与装栅门等措施。

① 楼板面的洞口，可用竹、木等作盖板，盖住洞口。盖板须能保持四周搁置均衡，并有固定其位置的措施。

② 短边小于 25cm（大于 2.5cm）孔，应设坚实盖板并能防止挪动移位。

③ （25cm×25cm）～（50cm×50cm）的洞口，应设置固定盖板，保持四周搁置均衡，并有固定其位置的措施。

④ 短边边长为 50～150cm 的洞口，必须设置以扣件扣接钢管而成的网络，并在其上满铺竹笆或脚手板。也可采用贯穿于混凝土板内的钢筋构成防护网，钢筋网格间距不得大于 20cm。

⑤ 1.5m×1.5m 以上的洞口，四周必须搭设围护架，并设双道防护栏杆，洞口中间支挂水平安全网，网的四周拴挂牢固、严密。

⑥ 墙面等处的竖向洞口，凡落地的洞口应加装开关式、工具式或固定式的防护门，门栅网格的间距不应大于 15cm，也可采用防护栏杆，下设挡脚板（笆）。

⑦ 下边沿至楼板或底面低于 80cm 的窗台等竖向的洞口，如侧边落差大于 2m 应加设 1.2m 高的临时护栏。

⑧ 洞口应按规定设置有照明装置的安全标识。

7.4.4 攀登作业的安全防护

① 用于登高和攀登的设施应在施工组织设计中确定，攀登用具必须牢固可靠。

② 梯子不得垫高使用。梯脚底部应坚实并应有防滑措施，上端应有固定措施。使用折梯时，应有可靠的拉撑措施。

③ 作业人员应从规定的通道上下，不得任意利用升降机架体等施工设备进行攀登。

7.4.5 悬空作业的安全防护

施工现场，在周边临空的状态下进行作业时，高度在2m及2m以上，属于悬空作业。悬空作业的法定定义是"在无立足点或无牢靠立足点的条件下进行的高处作业统称为悬空作业"。悬空作业无立足点，因此必须适当地建立牢靠的立足点，如设操作平台、脚手架或吊篮等，方可进行施工。

对悬空作业的另一要求为：凡作业所用的索具、脚手架、吊篮、吊笼、平台、塔架等均必须是经过技术鉴定的合格产品或经过技术部门鉴定合格后，方可采用。

7.4.5.1 吊装构件和安装管道时的悬空作业

吊装构件和安装管道时的悬空作业，必须遵守以下安全规定。

① 钢结构构件应尽可能地安排在地面组装，当构件起吊安装就位后，其临时固定电焊、高强螺栓连接等工序仍然要在高处作业，这就需要搭设相应的安全设施，如搭设操作平台或佩戴安全带和张挂安全网。

高处吊装预应力钢筋混凝土屋架、桁架等大型构件前，也应搭设悬空作业中所需的安全设施。

② 分层分片吊装第一块预制构件，吊装单独的大、中型预制构件及悬空安装大模板等，必须站在平台上操作。吊装中的预制构件、大模板以及石棉水泥板等屋面板上，严禁站人和行走。

③ 安装管道必须有已完结构或操作平台作为立足点。严禁在安装中的管道上站立和行走。

7.4.5.2 支撑和拆卸模板时的悬空作业

支撑和拆卸模板时的悬空作业，必须遵守以下安全规定。

① 支撑和拆卸模板应按规定的作业程序进行。前一道工序所支的模板未固定前，不得进行下一道工序。严禁在连接件和支撑件上攀登上下，并严禁在上下同一垂直面上装卸模板。结构复杂的模板，其装、拆应严格按照施工组织设计的措施进行。

② 支设高度在3m以上的柱模板，四周应设斜撑，并应设立操作平台。低于3m的可使用马凳操作。

③ 支设处于悬挑状态的模板，应有稳固的立足点。支设凌空构筑物的模板，应搭设支架或脚手架。模板面上有预留洞，应在安装后将洞口盖没。混凝土板上拆模后形成的临边或洞口，应按本章有关措施予以防护。

④ 拆模高处作业应配置登高用具或搭设支架。

7.4.5.3 绑扎钢筋时的悬空作业

绑扎钢筋时的悬空作业，必须遵守以下安全规定。

① 绑扎钢筋和安装钢筋骨架，必须搭设必要的脚手架和马道。

② 绑扎圈梁、挑梁、挑檐、外墙和边柱等钢筋，应搭设操作台、架并张挂安全网。绑扎悬空大梁钢筋，必须在支架、脚手架或操作平台上操作。

③ 绑扎支柱和墙体钢筋，不得站在钢筋骨架上或攀登骨架上下。3m以内的柱钢筋，可在地面或楼面上预先绑扎，然后整体竖立。绑扎3m以上的柱钢筋，必须搭设操作平台。

7.4.5.4 浇筑混凝土时的悬空作业

浇筑混凝土时的悬空作业，必须遵守以下安全规定。

① 浇筑离地 2m 以上的框架、过梁、雨篷和小平台等，应设操作平台，不得站在模板或支撑件上操作。

② 浇筑拱形结构应自两边拱脚，对称地相向进行。浇筑储仓，下口应先行封闭，并搭设脚手架以防人员坠落。

③ 特殊情况下进行浇筑，如无安全设施，必须挂好安全带，并扣好保险钩或架设安全网。

7.4.5.5 进行预应力张拉的悬空作业

进行预应力张拉的悬空作业时，必须遵守以下安全规定。

① 进行预应力张拉时，应搭设站立操作人员和设置张拉用的牢固可靠的脚手架或操作平台。雨天张拉，应架设防雨篷。

② 预应力张拉区域应有明显的安全标志，禁止非操作人员进入。张拉钢筋的两端必须设置挡板，挡板一般应距所张拉钢筋的端部 1.5～2m，且应高出最上一组张拉钢筋 0.5m，其宽度应距张拉钢筋左右两外侧各不小于 1m。

③ 孔道灌浆应按预应力张拉安全设施的有关规定进行。

7.4.5.6 门窗工程中的悬空作业

门窗工程中的悬空作业，必须遵守以下安全规定。

① 安装和油漆门、窗及安装玻璃，严禁操作人员站在樘子或阳台栏板上操作。门、窗固定时，封填材料未达到强度或电焊时，严禁用手拉门、窗或进行攀登。

② 高处外墙安装门、窗，无外脚手架，应张挂安全网。无安全网时，操作人员应系好安全带，其保险钩应挂在操作人员上方的可靠物体上。

③ 进行各项窗口作业，操作人员的重心应位于室内，不应在窗台上站立，必要时应挂安全带进行操作。

7.4.6 交叉作业的安全防护

施工现场常会有上下立体交叉的作业。凡在不同层次中，处于空间贯通状态下同时进行的高处作业，属于交叉作业。

① 交叉施工不宜上下在同一垂直方向上作业。下层作业的位置，宜处于上层高度的可能坠落半径范围以外，当不能满足要求时，应设置安全防护层。

② 各种拆除作业（如钢模板、脚手架等），上面拆除时下面不得同时进行清整。物料临时堆放处离楼层边沿不应小于 1m。

③ 建筑物的出入口、升降机的上料口等人员集中处的上方，应设置防护棚。防护棚的长度不应小于防护高度的物体坠落半径。

当建筑外侧面临街道时，除建筑立面采取密目式安全立网封闭外，尚应在临街段搭设防护棚并设置安全通道。

④ 设置悬挑物料平台应按现行的相关规范进行设计，必须将其荷载独立传递给建筑结构，不得以任何形式将物料平台与脚手架、模板支撑进行连接。

7.4.7 安全帽、安全带、安全网

建筑施工现场是高危险的作业场所，由于建筑行业的特殊性，高处作业中发生的高处坠落、物体打击事故的比例最大。许多事故案例都说明，正确佩戴安全帽、安全带或按规定架设安全网，可能避免伤亡事故，所以要求进入施工现场的人员必须戴安全帽，登高作业必须

系安全带，安全防护必须按规定架设安全网。事实证明，安全帽、安全带、安全网是减少和防止高处坠落和物体打击这类事故发生的重要措施。建筑工人称安全帽、安全带、安全网为救命"三宝"，目前，这三种防护用品都有产品标准。在使用时，也应选择符合建筑施工要求的产品。

7.4.7.1 安全帽

安全帽是对人体头部受外力伤害（如物体打击）起防护作用的帽子。使用时要注意：

① 进入施工现场者必须戴安全帽，施工现场的安全帽应分色佩戴；

② 正确使用安全帽，不准使用缺衬及破损的安全帽；

③ 安全帽应符合《安全帽》（GB 2811）标准，选用经有关部门检验合格，其上有"安鉴"标志的安全帽；

④ 使用戴帽前先检查外壳是否破损，有无合格帽衬，帽带是否齐全，如果不符合要求应立即更换；

⑤ 调整好帽箍、帽衬（4~5cm），系好帽带。

7.4.7.2 安全带

安全带是高处作业人员预防坠落伤亡的防护用品，建筑施工中的攀登作业、独立悬空作业，如搭设脚手架，吊装混凝土构件、钢构件及设备等，都属于高空作业，操作人员都应系安全带。使用时要注意：

① 选用经有关部门检验合格的安全带，并保证在使用有效期内；

② 安全带严禁打结、续接；

③ 使用中，要可靠地挂在牢固的地方，高挂低用，且要防止摆动，安全带上的各种部件不得任意拆掉，避免明火和刺割；

④ 2m 以上的悬空作业，必须使用安全带；

⑤ 安全带使用两年以后，使用单位应按购进批量的大小，选择一定比例的数量，作一次抽检，用 80kg 的砂袋做自由落体试验，若未破断可继续使用，但抽检的样带应更换新的挂绳才能使用；若试验不合格，购进的这批安全带就应报废。

⑥ 安全带外观有破损或发现异味时，应立即更换。

⑦ 安全带使用 3~5 年即应报废。

⑧ 在无法直接挂设安全带的地方，应设置挂安全带的安全拉绳、安全栏杆等。

7.4.7.3 安全网

安全网是用来防止人、物坠落或用来避免、减轻坠落及物体打击伤害的网具。目前，建筑工地所使用的安全网，按形式及其作用可分为平网和立网两种。由于这两种网使用中的受力情况不同，因此它们的规格、尺寸和强度要求等也有所不同。平网，指其安装平面平行于水平面，主要用来承接人和物的坠落；立网，指其安装平面垂直于水平面，主要用来阻止人和物的坠落。

（1）安全网的构造和材料

安全网的材料，要求其相对密度小、强度高、耐磨性好、延伸率大和耐久性较强。此外还应有一定的耐候性，受潮受湿后其强度下降不大。目前，安全网以化学纤维为主要材料。同一张安全网上所有的网绳，都要采用同一材料，所有材料的湿干强度比不得低于 75%。通常，多采用维纶和尼龙等合成化纤作网绳。丙纶由于性能不稳定，禁止使用。此外，只要符合国家有关规定的要求，也可采用棉、麻、棕等植物材料做原料。不论用何种材料，每张安全平网的重量一般不宜超过 15kg 并要能承受 800N 的冲击力。

(2) 密目式安全网

自 1999 年 5 月 1 日《建筑施工安全标准》(JGJ 59) 实施后，P3×6 的大网眼的安全平网就只能在电梯井里、外脚手架的跳板下面、脚手架与墙体间的空隙等处使用。

密目式安全网的目数为在网上任意一处的 10cm×10cm 的面积上，大于 2000 目。目前，生产密目式安全网的厂家很多，品种也很多，产品质量也参差不齐，为了能使用合格的密目式安全网，施工单位采购来以后，可以做现场试验，除外观、尺寸、重量、目数等以外，还要做以下两项试验。

① 贯穿试验。将 1.8m×6m 的安全网与地面呈 30°夹角放好，四边拉直固定。在网中心的上方 3m 的地方，用一根 $\phi 48mm \times 3.5mm$ 的 5kg 重的钢管，自由落下。网不贯穿，即为合格；网贯穿，即为不合格。

② 冲击试验。将密目式安全网水平放置，四边拉紧固定。在网中心上方 1.5m 处，将一个 100kg 重的砂袋自由落下，网边撕裂的长度小于 200mm，即为合格。

用密目式安全网对在建工程外围及外脚手架的外侧全封闭，就使得施工现场从大网眼的平网作水平防护的敞开式防护，变成了用栏杆或小网眼立网作防护的半封闭式防护，进而实现了全封闭式防护。

(3) 安全网防护

① 高处作业点下方必须设安全网。凡无外架防护的施工，必须在高度 4～6m 处设一层水平投影外挑宽度不小于 6m 的固定的安全网，每隔四层楼再设一道固定的安全网，并同时设一道随墙体逐层上升的安全网。

② 施工现场应积极使用密目式安全网，架子外侧、楼层邻边井架等处用密目式安全网封闭栏杆，安全网放在杆件里侧。

③ 单层悬挑架一般只搭设一层脚手板为作业层，故须在紧贴脚手板下部挂一道平网作防护层，当在脚手板下挂平网有困难时，也可沿外挑斜立杆的密目网里侧斜挂一道平网，作为人员坠落的防护层。

④ 单层悬挑架包括防护栏杆及斜立杆部分，全部用密目网封严。多层悬挑架上搭设的脚手架，用密目网封严。

⑤ 架体外侧用密目网封严。

⑥ 安全网作防护层必须封挂严密牢靠，密目网用于立网防护，水平防护时必须采用平网，不准用立网代替平网。

⑦ 安全网应绷紧扎牢拼接严密，不使用破损的安全网。

⑧ 安全网必须有产品生产许可证和质量合格证，不准使用无证不合格产品。

⑨ 安全网若有破损、老化应及时更换。

⑩ 安全网与架体连接不宜绷得太紧，系结点要沿边分布均匀、绑牢。

7.5 模板工程施工安全技术

模板施工不仅关乎施工质量，对工程进度控制也有很大作用，若模板施工不可靠牢固，会导致安全事故的发生。为了充分发挥出模板施工技术的工程价值，必须全面了解模板工程施工技术要点，并加强对模板工程施工的安全管控。

7.5.1 模板工程施工安全的基本要求

① 从事模板作业的人员，应经安全技术培训。从事高处作业人员，应定期体检，不符

合要求的不得从事高处作业。

② 安装和拆除模板时，操作人员，应佩戴安全帽、系安全带、穿防滑鞋。安全帽和安全带应定期检查，不合格者严禁使用。

③ 模板及配件进场应有出厂合格证或当年的检验报告，安装前应对所用部件（立柱、楞梁、吊环、扣件等）进行认真检查，不符合要求者不得使用。

④ 模板工程应编制施工设计和安全技术措施，并应严格按施工设计与安全技术措施的规定进行施工。满堂模板、建筑层高8m及以上和梁跨大于或等于15m的模板，在安装、拆除作业前，工程技术人员应以书面形式向作业班组进行施工操作的安全技术交底，作业班组应对照书面交底进行上、下班的自检和互检。

⑤ 施工过程中的检查项目应符合下列要求。

a. 立柱底部基土应回填夯实。

b. 垫木应满足设计要求。

c. 底座位置应正确，顶托螺杆伸出长度应符合规定。

d. 立杆的规格尺寸和垂直度应符合要求，不得出现偏心荷载。

e. 扫地杆、水平拉杆、剪刀撑等的设置应符合规定，固定应可靠。

f. 安全网和各种安全设施应符合要求。

⑥ 在高处安装和拆除模板时，周围应设安全网或搭脚手架，并应加设防护栏杆。在临街面及交通要道地区，尚应设警示牌，派专人看管。

⑦ 作业时，模板和配件不得随意堆放，模板应放平放稳，严防滑落。脚手架或操作平台上临时堆放的模板不宜超过3层，连接件应放在箱盒或工具袋中，不得散放在脚手板上。脚手架或操作平台上的施工总荷载不得超过其设计值。

⑧ 对负荷面积大和高4m以上的支架立柱采用扣件式钢管门式钢管脚手架时，除应有合格证外，对所用扣件应采用扭矩扳手进行抽检，达到合格后方可承力使用。

⑨ 多人共同操作或扛抬组合钢模板时，必须密切配合、协调一致、互相呼应。

⑩ 施工用的临时照明和行灯的电压不得超过36V；当为满堂模板、钢支架及特别潮湿的环境时，不得超过12V。照明行灯及机电设备的移动线路应采用绝缘橡胶套电缆线。

⑪ 有关避雷、防触电和架空输电线路的安全距离应符合国家现行标准。《施工现场临时用电安全技术规范》（JGJ 46）的有关规定。施工用的临时照明和动力线应采用绝缘线和绝缘电缆线，且不得直接固定在钢模板上。夜间施工时，应有足够的照明，并应制订夜间施工的安全措施。施工用临时照明和机电设备线严禁非电工乱拉乱接。同时还应经常检查线路的完好情况，严防绝缘破损漏电伤人。

⑫ 模板安装高度在2m及以上时，应符合国家现行标准《建筑施工高处作业安全技术规范》（JGJ 80）的有关规定。

⑬ 模板安装时，上下应有人接应，随装随运，严禁抛掷。且不得将模板支撑在门窗框上，也不得将脚手板支撑在模板上，并严禁将模板与上料井架及有车辆运行的脚手架或操作平台支成一体。

⑭ 支模过程中如遇中途停歇，应将已就位模板或支架连接稳固，不得浮搁或悬空。拆模中途停歇时，应将已松扣或已拆松的模板、支架等拆下运走，防止构件坠落或作业人员扶空坠落伤人。

⑮ 作业人员严禁攀登模板、斜撑杆、拉条或绳索等，不得在高处的墙顶、独立梁或在其模板上行走。

⑯ 模板施工中应设专人负责安全检查，发现问题应报告有关人员处理。当遇险情时，

应立即停工和采取应急措施；待修复或排除险情后，方可继续施工。

⑰ 寒冷地区冬期施工用钢模板时，不宜采用电热法加热混凝土，否则应采取防触电措施。

⑱ 在大风地区或大风季节施工时，模板应有抗风的临时加固措施。

⑲ 当钢模板高度超过15m时，应安设避雷设施，避雷设施的接地电阻不得大于4Ω。

⑳ 当遇大雨、大雾、沙尘、大雪或6级以上大风等恶劣天气时，应停止露天高处作业。5级及以上风力时，应停止高空吊运作业。雨、雪停止后，应及时清除模板和地面上的积水及冰雪。

㉑ 使用后的木模板应拔除铁钉，分类进库，堆放整齐。若为露天堆放，顶面应遮防雨篷布。

㉒ 使用后的钢模、钢构件应符合下列规定。

a. 使用后的钢模、桁架、钢楞和立柱应将黏结物清理洁净，清理时严禁采用铁锤敲击的方法。

b. 清理后的钢模、桁架，钢楞、立柱，应逐块、逐榀、逐根进行检查，发现翘曲、变形、扭曲、开焊等必须修理完善。

c. 清理整修好的钢模、桁架、钢楞、立柱应刷防锈漆。

d. 钢模板及配件，使用后必须进行严格清理检查，已损坏断裂的应剔除，不能修复的应报废。螺栓的螺纹部分应整修上油，然后应分别按规格分类装在箱笼内备用。

e. 钢模板及配件等修复后，应进行检查验收。凡检查不合格者应重新整修。待合格后方准应用，其修复后的质量标准应符合表7-9的规定。

f. 钢模板由拆模现场运至仓库或维修场地时，装车不宜超出车栏杆，少量高出部分必须拴牢，零配件应分类装箱，不得散装运输。

g. 经过维修、刷油、整理合格的钢模板及配件，如需运往其他施工现场或入库，必须分类装入集装箱内，杆件成捆、配件应成箱，清点数量，入库或由接收单位验收。

h. 装车时，应轻搬轻放，不得相互碰撞。卸车时，严禁成捆从车上推下和拆散抛掷。

i. 钢模板及配件应放入室内或敞棚内，当需露天堆放时，应装入集装箱内，底部垫高100mm，顶面应遮盖防水篷布或塑料布，集装箱堆放高度不宜超过2层。

表7-9 钢模板及配件修复后的质量标准　　　　　　　　　　单位：mm

	项目	允许偏差		项目	允许偏差
钢结构	板面局部不平度	≤2.0	钢模板	板面锈皮麻面，背面粘混凝土	不允许
	板面翘曲矢高	≤2.0		孔洞破裂	不允许
	板侧凸棱面翘曲矢高	≤1.0	零配件	U形卡卡口残余变形	≤1.2
	板肋平直度	≤2.0		钢楞及支柱长度方向弯曲度	≤L/1000
	焊点脱焊	不允许	桁架	侧向平直度	≤2.0

注：表中L为钢楞及支柱长度。

7.5.2　模板构造与安装安全技术要点

7.5.2.1　一般规定

① 模板安装前必须做好下列安全技术准备工作。

a. 应审查模板结构设计与施工说明书中的荷载、计算方法、节点构造和安全措施，设计审批手续应齐全。
　　b. 应进行全面的安全技术交底，操作班组应熟悉设计与施工说明书，并应做好模板安装作业的分工准备。采用爬模、飞模、隧道模等特殊模板施工时，所有参加作业人员必须经过专门技术培训，考核合格后方可上岗。
　　c. 应对模板和配件进行挑选、检测，不合格者应剔除，并应运至工地指定地点堆放。
　　d. 备齐操作所需的一切安全防护设施和器具。
　　② 模板构造与安装应符合下列规定。
　　a. 模板安装应按设计与施工说明书顺序拼装。木杆、钢管、门架等支架立柱不得混用。
　　b. 竖向模板和支架立柱支承部分安装在基土上时，应加设垫板。垫板应有足够强度和支承面积，且应中心承载。基土应坚实，并应有排水措施。对湿陷性黄土应有防水措施，对特别重要的结构工程可采用混凝土、打桩等措施防止支架柱下沉。对冻胀性土应有防冻融措施。
　　c. 当满堂或共享空间模板支架立柱高度超过8m时，若地基土达不到承载要求，无法防止立柱下沉，则应施工地面下的工程，再分层回填夯实基土，浇筑地面混凝土垫层，达到强度后方可支模。
　　d. 模板及其支架在安装过程中，必须设置有效防倾覆的临时固定设施。
　　e. 现浇钢筋混凝土梁、板，当跨度大于4m时，模板应起拱；当设计无具体要求时，起拱高度宜为全跨长度的1/1000～3/1000。
　　f. 现浇多层或高层房屋和构筑物，安装上层模板及支架应符合下列规定：
　　Ⅰ. 下层楼板应具有承受上层施工荷载的承载能力，否则应加设支撑支架；
　　Ⅱ. 上层支架立柱应对准下层支架立柱，并应在立柱底铺设垫板；
　　Ⅲ. 当采用悬臂吊模板、桁架支模方法时，其支撑结构的承载能力和刚度必须符合设计构造要求。
　　g. 当层间高度大于5m时，应选用桁架支模或钢管立柱支模。当层间高度小于或等于5m时，可采用木立柱支模。
　　③ 安装模板应保证工程结构和构件各部分形状、尺寸和相互位置的正确，防止漏浆，构造应符合模板设计要求。
　　模板应具有足够的承载能力、刚度和稳定性，应能可靠承受新浇混凝土自重和侧压力以及施工过程中所产生的荷载。
　　④ 拼装高度为2m以上的竖向模板，不得站在下层模板上拼装上层模板。安装过程中应设置临时固定设施。
　　⑤ 当承重焊接钢筋骨架和模板一起安装时，应符合下列规定。
　　a. 梁的侧模、底模必须固定在承重焊接钢筋骨架的节点上。
　　b. 安装钢筋模板组合体时，吊索应按模板设计的吊点位置绑扎。
　　⑥ 当支架立柱呈一定角度倾斜，或其支架立柱的顶表面倾斜时，应采取可靠措施确保支点稳定，支撑底脚必须有防滑移的可靠措施。
　　⑦ 除设计图另有规定者外，所有垂直支架柱应保证其垂直。
　　⑧ 对梁和板安装二次支撑前，其上不得有施工荷载，支撑的位置必须正确。安装后所传给支撑或连接件的荷载不应超过其允许值。
　　⑨ 支撑梁、板的支架立柱构造与安装应符合下列规定。
　　a. 梁和板的立柱，其纵横向间距应相等或成倍数。

b. 木立柱底部应设垫木，顶部应设支撑头。钢管立柱底部应设垫木和底座，顶部应设可调支托，U形支托与楞梁两侧间如有间隙，必须楔紧，其螺杆伸出钢管顶部不得大于200mm，螺杆外径与立柱钢管内径的间隙不得大于3mm，安装时应保证上下同心。

c. 在立柱底距地面200mm高处，应沿纵横水平方向按纵下横上的程序设扫地杆。可调支托底部的立柱顶端应沿纵横向设置一道水平拉杆。扫地杆与顶部水平拉杆之间的间距，在满足模板设计所确定的水平拉杆步距要求的条件下，进行平均分配确定步距后，在每一步距处纵横向应各设一道水平拉杆。当层高在8～20m时，在最顶步距两水平拉杆中间应加设一道水平拉杆；当层高大于20m时，在最顶两步距水平拉杆中间应分别增加一道水平拉杆。所有水平拉杆的端部均应与四周建筑物顶紧顶牢。无处可顶时，应在水平拉杆端部和中部沿竖向设置连续式剪刀撑。

d. 木立柱的扫地杆、水平拉杆、剪刀撑应采用40mm×50mm木条或25mm×80mm的木板条与木立柱钉牢。钢管立柱的扫地杆、水平拉杆、剪刀撑应采用ϕ48mm×3.5mm钢管，用扣件与钢管立柱扣牢。木扫地杆、水平拉杆、剪刀撑应采用搭接，并应采用铁钉钉牢。钢管扫地杆、水平拉杆应采用对接，剪刀撑应采用搭接，搭接长度不得小于500mm，并应采用2个旋转扣件分别在离杆端不小于100mm处进行固定。

⑩ 施工时，在已安装好的模板上的实际荷载不得超过设计值。已承受荷载的支架和附件，不得随意拆除或移动。

⑪ 组合钢模板、滑升模板等的构造与安装，尚应符合现行国家标准《组合钢模板技术规范》（GB 50214）和《滑动模板工程技术规范》（GB 50113）的相应规定。

⑫ 安装模板时，安装所需各种配件应置于工具箱或工具袋内，严禁散放在模板或脚手板上；安装所用工具应系挂在作业人员身上或置于所佩带的工具袋中，不得掉落。

⑬ 当模板安装高度超过3.0m时，必须搭设脚手架，除操作人员外，脚手架不得站其他人。

⑭ 吊运模板时，必须符合下列规定。

a. 作业前应检查绳索、卡具、模板上的吊环，必须完整有效，在升降过程中应设专人指挥，统一信号，密切配合。

b. 吊运大块或整体模板时，竖向吊运不应少于2个吊点，水平吊运不应少于4个吊点。吊运必须使用卡环连接，并应稳起稳落，待模板就位连接牢固后，方可摘除卡环。

c. 吊运散装模板时，必须码放整齐，待捆绑牢固后方可起吊。

d. 严禁起重机在架空输电线路下面工作。

e. 遇5级及以上大风时，应停止一切吊运作业。

⑮ 木料应堆放在下风向，离火源不得小于30m，且料场四周应设置灭火器材。

7.5.2.2 支架立柱的构造与安装

（1）梁式或桁架式支架的构造与安装规定

① 采用伸缩式桁架时，其搭接长度不得小于500mm，上下弦连接销钉规格、数量应按设计规定，并应采用不少于2个U形卡或钢销钉销紧，2个U形卡距或销距不得小于400mm。

② 安装的梁式或桁架式支架的间距设置应与模板设计图一致。

③ 支承梁式或桁架式支架的建筑结构应具有足够强度，否则，应另设立柱支撑。

④ 若桁架采用多榀成组排放，在下弦折角处必须加设水平撑。

（2）工具式立柱支撑的构造与安装规定

① 工具式钢管单立柱支撑的间距应符合支撑设计的规定。

② 立柱不得接长使用。
③ 所有夹具、螺栓、销子和其他配件应处在闭合或拧紧的位置。
④ 立杆及水平拉杆构造应符合规范的规定。

(3) 木立柱支撑的构造与安装规定

① 木立柱宜选用整料,当不能满足要求时,立柱的接头不宜超过1个,并应采用对接夹板接头方式。立柱底部可采用垫块垫高,但不得采用单码砖垫高,垫高高度不得超过300mm。
② 木立柱底部与垫木之间应设置硬木对角楔调整标高,并应用铁钉将其固定在垫木上。
③ 木立柱间距、扫地杆、水平拉杆、剪刀撑的设置应符合规范的规定,严禁使用板皮替代规定的拉杆。
④ 所有单立柱支撑应在底垫木和梁底模板的中心,并应与底部垫木和顶部梁底模板紧密接触,且不得承受偏心荷载。
⑤ 当仅为单排立柱时,应在单排立柱的两边每隔3m加设斜支撑,且每边不得少于2根,斜支撑与地面的夹角应为60°。

(4) 采用扣件式钢管作立柱支撑时的构造与安装规定

① 钢管规格、间距、扣件应符合设计要求。每根立柱底部应设置底座及垫板,垫板厚度不得小于50mm。
② 钢管支架立柱间距、扫地杆、水平拉杆、剪刀撑的设置应符合本规范的规定。当立柱底部不在同一高度时,高处的纵向扫地杆应向低处延长不少于2跨,高低差不得大于1m,立柱距边坡上方边缘不得小于0.5m。
③ 立柱接长严禁搭接,必须采用对接扣件连接,相邻两立柱的对接接头不得在同步内,且对接接头沿竖向错开的距离不宜小于500mm,各接头中心距主节点不宜大于步距的1/3。
④ 严禁将上段的钢管立柱与下段钢管立柱错开固定在水平拉杆上。
⑤ 满堂模板和共享空间模板支架立柱,在外侧周圈应设由下至上的竖向连续式剪刀撑;中间在纵横向应每隔10m左右设由下至上的竖向连续式剪刀撑,其宽度宜为4～6m,并在剪刀撑部位的顶部、扫地杆处设置水平剪刀撑。剪刀撑杆件的底端应与地面顶紧,夹角宜为45°～60°。当建筑层高在8～20m时,除应满足上述规定外,还应在纵横向相邻的两竖向连续式剪刀撑之间增加之字斜撑,在有水平剪刀撑的部位,应在每个剪刀撑中间处增加一道水平剪刀撑。当建筑层高超过20m时,在满足以上规定的基础上,应将所有之字斜撑全部改为连续式剪刀撑。
⑥ 当支架立柱高度超过5m时,应在立柱周圈外侧和中间有结构柱的部位,按水平间距6～9m、竖向间距2～3m与建筑结构设置一个固结点。

(5) 采用标准门架作支撑时的构造与安装规定

① 门架的跨距和间距应按设计规定布置,间距宜小于1.2m;支撑架底部垫木上应设固定底座或可调底座。门架、调节架及可调底座,其高度应按其支撑的高度确定。
② 门架支撑可沿梁轴线垂直和平行布置。当垂直布置时,在两门架的两侧应设置交叉支撑;当平行布置时,在两门架间的两侧应设置交叉支撑,交叉支撑应与立杆上的锁销锁牢,上下榀门架的组装连接必须设置连接棒及锁臂。
③ 当门架支撑宽度为4跨及以上或5个间距及以上时,应在周边底层、顶层、中间每5列、中间每5排在每门架立杆根部设$\phi48mm \times 3.5mm$通长水平加固杆,并应用扣件与门架立杆扣牢。
④ 当门架支撑高度超过8m时,应按规范的规定执行,剪刀撑不应大于4个间距,并应

采用扣件与门架立杆扣牢。

⑤ 顶部操作层应采用挂扣式脚手板满铺。

（6）悬挑结构立柱支撑的安装要求

① 多层悬挑结构模板的上下立柱应保持在同一条垂直线上。

② 多层悬挑结构模板的立柱应连续支撑，并不得少于3层。

7.5.2.3 普通模板的构造与安装

（1）基础及地下工程模板的规定

① 地面以下支模应先检查土壁的稳定情况，当有裂纹及塌方危险迹象时，应采取安全防范措施后，方可下人作业。当深度超过2m时，操作人员应设梯上下。

② 距基槽（坑）上口边缘1m内不得堆放模板。向基槽（坑）内运料应使用起重机、溜槽或绳索，运下的模板严禁立放在基槽（坑）土壁上。

③ 斜支撑与侧模的夹角不应小于45°，支在土壁的斜支撑应加设垫板，底部的对角楔木应与斜支撑连牢。高大长脖基础若采用分层支模时，其下层模板应经就位校正并支撑稳固后，方可进行上一层模板的安装。

④ 在有斜支撑的位置，应在两侧模间采用水平撑连成整体。

（2）柱模板的规定

① 现场拼装柱模时，应适时地安设临时支撑进行固定，斜撑与地面的倾角宜为60°，严禁将大片模板系在柱子钢筋上。

② 待四片柱模就位组拼经对角线校正无误后，应立即自下而上安装柱箍。

③ 若为整体预组合柱模，吊装时应采用卡环和柱模连接，不得采用钢筋钩代替。

④ 柱模校正（用四根斜支撑或用连接在柱模顶四角带花篮螺栓的缆风绳、底端与楼板钢筋拉环固定进行校正）后，应采用斜撑或水平撑进行四周支撑，以确保整体稳定。当高度超过4m时，应群体或成列同时支模，并应将支撑连成一体，形成整体框架体系。当需单根支模时，柱宽大于500mm时应每边在同一标高上设置不得少于2根斜撑或水平撑。斜撑与地面的夹角宜为45°～60°，下端尚应有防滑移的措施。

⑤ 角柱模板的支撑，除满足上款要求外，还应在里侧设置能承受拉力和压力的斜撑。

（3）墙模板的规定

① 当采用散拼定型模板支模时，应自下而上进行，必须在下一层模板全部紧固后，方可进行上一层安装。当下层不能独立安设支撑件时，应采取临时固定措施。

② 当采用预拼装的大块墙模板进行支模安装时，严禁同时起吊2块模板，并应边就位、边校正、边连接，固定后方可摘钩。

③ 安装电梯井内墙模前，必须在板底下200mm处牢固地满铺一层脚手板。

④ 模板未安装对拉螺栓前，板面应向后倾斜一定角度。

⑤ 当钢楞长度需接长时，接头处应增加相同数量和不小于原规格的钢楞，其搭接长度不得小于墙模板宽或高的15%～20%。

⑥ 拼接时的U形卡应正反交替安装；间距不得大于300mm；2块模板对接接缝处的U形卡应满装。

⑦ 对拉螺栓与墙模板应垂直，松紧应一致，墙厚尺寸应正确。

⑧ 墙模板内外支撑必须坚固、可靠，应确保模板的整体稳定，当墙模板外面无法设置支撑时，应在里面设置能承受拉力和压力的支撑。多排并列且间距不大的墙模板，当其与支撑互成一体时，应采取措施，防止灌注混凝土时引起邻近模板变形。

(4) 独立梁和整体楼盖梁结构模板的规定

① 安装独立梁模板时应设安全操作平台，并严禁操作人员站在独立梁底模或柱模支架上操作及上下通行。

② 底模与横楞应拉结好，横楞与支架、立柱应连接牢固。

③ 安装梁侧模时，应边安装边与底模连接，当侧模高度多于 2 块时，应采取临时固定措施。

④ 起拱应在侧模内外楞连固前进行。

⑤ 单片预组合梁模，钢楞与板面的拉结应按设计规定制作，并应按设计吊点试吊无误后，方可正式吊运安装，侧模与支架支撑稳定后方准摘钩。

(5) 楼板或平台板模板的规定

① 当预组合模板采用桁架支模时，桁架与支点的连接应固定牢靠，桁架支撑应采用平直通长的型钢或木方。

② 当预组合模板块较大时，应加钢楞后方可吊运。当组合模板为错缝拼配时，板下横楞应均匀布置，并应在模板端穿插销。

③ 单块模就位安装，必须待支架搭设稳固、板下横楞与支架连接牢固后进行。

④ U 形卡应按设计规定安装。

(6) 其他结构模板的规定

① 安装圈梁、阳台、雨篷及挑檐等模板时，其支撑应独立设置，不得支搭在施工脚手架上。

② 安装悬挑结构模板时，应搭设脚手架或悬挑工作台，并应设置防护栏杆和安全网。作业处的下方不得有人通行或停留。

③ 烟囱、水塔及其他高大构筑物的模板，应编制专项施工设计和安全技术措施，并应详细地向操作人员进行交底后方可安装。

④ 在危险部位进行作业时，操作人员应系好安全带。

7.5.2.4 爬升模板的构造与安装

① 进入施工现场的爬升模板系统中的大模板、爬升支架、爬升设备、脚手架及附件等，应按施工组织设计及有关图纸验收，合格后方可使用。

② 爬升模板安装时，应统一指挥，设置警戒区与通信设施，做好原始记录。并应符合下列规定。

　　a. 检查工程结构上预埋螺栓孔的直径和位置，并应符合图纸要求。

　　b. 爬升模板的安装顺序应为底座、立柱、爬升设备、大模板、模板外侧吊脚手。

③ 施工过程中爬升大模板及支架时，应符合下列规定。

　　a. 爬升前，应检查爬升设备的位置、牢固程度、吊钩及连接杆件等，确认无误后，拆除相邻大模板及脚手架间的连接杆件，使各个爬升模板单元彻底分开。

　　b. 爬升时，应先收紧千斤钢丝绳，吊住大模板或支架，然后拆卸穿墙螺栓，并检查再无任何连接，卡环和安全钩无问题，调整好大模板或支架的重心，保持垂直，开始爬升。爬升时，作业人员应站在固定件上，不得站在爬升件上爬升，爬升过程中应防止晃动与扭转。

　　c. 每个单元的爬升不宜中途交接班，不得隔夜再继续爬升。每单元爬升完毕应及时固定。

　　d. 大模板爬升时，新浇混凝土的强度不应低于 $1.2N/mm^2$。

　　e. 支架爬升时的附墙架穿墙螺栓受力处的新浇混凝土强度应达到 $10N/mm^2$ 以上。

　　f. 爬升设备每次使用前均应检查，液压设备应由专人操作。

④ 作业人员应背工具袋，以便存放工具和拆下的零件，防止物件跌落。且严禁高空向下抛物。

⑤ 每次爬升组合安装好的爬升模板、金属件应涂刷防锈漆，板面应涂刷脱模剂。

⑥ 爬模的外附脚手架或悬挂脚手架应满铺脚手板，脚手架外侧应设防护栏杆和安全网。爬架底部亦应满铺脚手板和设置安全网。

⑦ 每步脚手架间应设置爬梯，作业人员应由爬梯上下，进入爬架应在爬架内上下，严禁攀爬模板、脚手架和爬架外侧。

⑧ 脚手架上不应堆放材料，脚手架上的垃圾应及时清除。如需临时堆放少量材料或机具，必须及时取走，且不得超过设计荷载的规定。

⑨ 所有螺栓孔均应安装螺栓，螺栓应采用50～60N·m的扭矩紧固。

7.5.2.5 飞模的构造与安装

① 飞模的制作组装必须按设计图进行。运到施工现场后，应按设计要求检查合格后方可使用安装。安装前应进行一次试压和试吊，检验确认各部件无隐患。对利用组合钢模板、门式脚手架、钢管脚手架组装的飞模，所用的材料、部件应符合现行国家标准《组合钢模板技术规范》（GB 50214）、《冷弯薄壁型钢结构技术规范》（GB 50018）以及其他专业技术规范的要求。凡属采用铝合金型材、木或竹塑胶合板组装的飞模，所用材料及部件应符合有关专业标准的要求。

② 飞模起吊时，应在吊离地面0.5m后停下，待飞模完全平衡后再起吊。吊装应使用安全卡环，不得使用吊钩。

③ 飞模就位后，应立即在外侧设置防护栏，其高度不得小于1.2m，外侧应另加设安全网，同时应设置楼层护栏，并应准确、牢固地搭设出模操作平台。

④ 当飞模在不同楼层转运时，上下层的信号人员应分工明确、统一指挥、统一信号，并应采用步话机联络。

⑤ 当飞模转运采用地滚轮推出时，前滚轮应高出后滚轮10～26mm，并应将飞模重心标画在旁侧，严禁外侧吊点在未挂钩，前将飞模向外倾斜。

⑥ 飞模外推时，必须用多根安全绳一端牢固拴在飞模两侧，另一端围绕在飞模两侧建筑物的可靠部位上，并应设专人掌握，缓慢推出飞模，并松放安全绳，飞模外端吊点的钢丝绳应逐渐收紧，待内外端吊钩挂牢后再转运起吊。

⑦ 在飞模上操作的挂钩作业人员应穿防滑鞋，且应系好安全带，并应挂在上层的预埋铁环上。

⑧ 吊运时，飞模上不得站人和存放自由物料，操作电动平衡吊具的作业人员应站在楼面上，并不得斜拉歪吊。

⑨ 飞模出模时，下层应设安全网，且飞模每运转一次后应检查各部件的损坏情况，同时应对所有的连接螺栓重新进行紧固。

7.5.2.6 隧道模的构造与安装

① 组装好的半隧道模应按模板编号顺序吊装就位，并应将2个半隧道模顶板边缘的角钢用连接板和螺栓进行连接。

② 合模后应采用千斤顶升降模板的底沿，按导墙上所确定的水准点调整到设计标高，并应采用斜支撑和垂直支撑调整模板的水平度和垂直度，再将连接螺栓拧紧。

③ 支卸平台构架的支设，必须符合下列规定。

a. 支卸平台的设计应便于支卸平台吊装就位，平台的受力应合理。

b. 平台桁架中立柱下面的垫板，必须落在楼板边缘以内 400mm 左右，并应在楼层下相应位置加设临时垂直支撑。

　　c. 支卸平台台面的顶面，必须和混凝土楼面齐平，并应紧贴楼面边缘。相邻支卸平台间的空隙不得过大。支卸平台外周边应设安全护栏和安全网。

　　④ 山墙作业平台应符合下列规定。

　　a. 隧道模拆除吊离后，应将特制 U 形卡承托对准山墙的上排对拉螺栓孔，从外向内插入，并用螺帽紧固。U 形卡承托的间距不得大于 1.5m。

　　b. 将作业平台吊至已埋设的 U 形卡位置就位，并将平台每根垂直杆件上的 ϕ30mm 水平杆件落入 U 形卡内，平台下部靠墙的垂直支撑用穿墙螺栓紧固。

　　c. 每个山墙作业平台的长度不应超过 7.5m，且不应小于 2.5m，并应在端头分别增加外挑 1.5m 的三角平台。作业平台外周边应设安全护栏和安全网。

7.5.3　模板拆除安全技术要求

7.5.3.1　模板拆除要求

　　① 模板的拆除措施应经技术主管部门或负责人批准，拆除模板的时间可按现行国家标准《混凝土结构工程施工质量验收规范》（GB 50204）的有关规定执行。冬期施工的拆模，应符合专门规定。

　　② 当混凝土未达到规定强度或已达到设计规定强度，需提前拆模或承受部分超设计荷载时，必须经过计算和技术主管确认其强度能足够承受此荷载后，方可拆除。

　　③ 在承重焊接钢筋骨架作配筋的结构中，承受混凝土重量的模板，应在混凝土达到设计强度的 25% 后方可拆除承重模板。当在已拆除模板的结构上加置荷载时，应另行核算。

　　④ 大体积混凝土的拆模时间除应满足混凝土强度要求外，还应使混凝土内外温差降低到 25℃ 以下时方可拆模。否则应采取有效措施防止产生温度裂缝。

　　⑤ 后张预应力混凝土结构的侧模宜在施加预应力前拆除，底模应在施加预应力后拆除。当设计有规定时，应按规定执行。

　　⑥ 拆模前应检查所使用的工具有效和可靠，扳手等工具必须装入工具袋或系挂在身上，并应检查拆模场所范围内的安全措施。

　　⑦ 模板的拆除工作应设专人指挥。作业区应设围栏，其内不得有其他工种作业，并应设专人负责监护。拆下的模板、零配件严禁抛掷。

　　⑧ 拆模的顺序和方法应按模板的设计规定进行。当设计无规定时，可采取先支的后拆、后支的先拆、先拆非承重模板、后拆承重模板，并应从上而下进行拆除。拆下的模板不得抛扔，应按指定地点堆放。

　　⑨ 多人同时操作时，应明确分工、统一信号或行动，应具有足够的操作面，人员应站在安全处。

　　⑩ 高处拆除模板时，应符合有关高处作业的规定。严禁使用大锤和撬棍，操作层上临时拆下的模板堆放不能超过 3 层。

　　⑪ 在提前拆除互相搭连并涉及其他后拆模板的支撑时，应补设临时支撑。拆模时，应逐块拆卸，不得成片撬落或拉倒。

　　⑫ 拆模如遇中途停歇，应将已拆松动、悬空、浮吊的模板或支架进行临时支撑牢固或相互连接稳固。对活动部件必须一次拆除。

　　⑬ 已拆除了模板的结构，应在混凝土强度达到设计强度值后方可承受全部设计荷载。若在未达到设计强度以前，需在结构上加置施工荷载时，应另行核算，强度不足时，应加设

临时支撑。

⑭ 遇 6 级或 6 级以上大风时，应暂停室外的高处作业。雨、雪、霜后应先清扫施工现场，方可进行工作。

⑮ 拆除有洞口模板时，应采取防止操作人员坠落的措施。洞口模板拆除后，应按国家现行标准《建筑施工高处作业安全技术规范》（JGJ 80）的有关规定及时进行防护。

7.5.3.2 支架立柱拆除要求

① 当拆除钢楞、木楞、钢桁架时，应在其下面临时搭设防护支架，使所拆楞、梁及桁架先落在临时防护支架上。

② 当立柱的水平拉杆超出 2 层时，应首先拆除 2 层以上的拉杆。当拆除最后一道水平拉杆时，应和拆除立柱同时进行。

③ 当拆除 4~8m 跨度的梁下立柱时，应先从跨中开始，对称地分别向两端拆除，拆除时，严禁采用连梁底板向旁侧一片拉倒的拆除方法。

④ 对于多层楼板模板的立柱，当上层及以上楼板正在浇筑混凝土时，下层楼板立柱的拆除，应根据下层楼板结构混凝土强度的实际情况，经过计算确定。

⑤ 拆除平台、楼板下的立柱时，作业人员应站在安全处。

⑥ 对已拆下的钢楞、木楞、桁架、立柱及其他零配件应及时运到指定地点。对有芯钢管立柱运出前应先将芯管抽出或用销卡固定。

7.5.3.3 普通模板拆除要求

（1）拆除条形基础、杯形基础、独立基础或设备基础的模板时的规定

① 拆除前应先检查基槽（坑）土壁的安全状况，发现有松软、龟裂等不安全因素时，应在采取安全防范措施后，方可进行作业。

② 模板和支撑杆件等应随拆随运，不得在离槽（坑）上口边缘 1m 以内堆放。

③ 拆除模板时，施工人员必须站在安全地方。应先拆内外木楞、再拆木面板；钢模板应先拆钩头螺栓和内外钢楞，后拆 U 形卡和 L 形插销，拆下的钢模板应妥善传递或用绳钩放置地面，不得抛掷。拆下的小型零配件应装入工具袋内或小型箱笼内，不得随处乱扔。

（2）拆除柱模的规定

① 柱模拆除应分别采用分散拆和分片拆两种方法。

分散拆除的顺序应为：拆除拉杆或斜撑、自上而下拆除柱箍或横楞、拆除竖楞，自上而下拆除配件及模板、运走分类堆放、清理、拔钉、钢模维修、刷防锈油或脱模剂、入库备用。

分片拆除的顺序应为：拆除全部支撑系统、自上而下拆除柱箍及横楞、拆掉柱角 U 形卡、分 2 片或 4 片拆除模板、原地清理、刷防锈油或脱模剂、分片运至新支模地点备用。

② 柱子拆下的模板及配件不得向地面抛掷。

（3）拆除墙模的规定

① 墙模分散拆除顺序应为：拆除斜撑或斜拉杆、自上而下拆除外楞及对拉螺栓、分层自上而下拆除木楞或钢楞及零配件和模板、运走分类堆放、拔钉清理或清理检修后刷防锈油或脱模剂、入库备用。

② 预组拼大块墙模拆除顺序应为：拆除全部支撑系统、拆卸大块墙模接缝处的连接型钢及零配件、拧去固定埋设件的螺栓及大部分对拉螺栓、挂上吊装绳扣并略拉紧吊绳后，拧下剩余对拉螺栓，用方木均匀敲击大块墙模立楞及钢模板，使其脱离墙体，用撬棍轻轻外撬大块墙模板使全部脱离，指挥起吊、运走、清理、刷防锈油或脱模剂备用。

③ 拆除每一大块墙模的最后 2 个对拉螺栓后，作业人员应撤离大模板下侧，以后的操作均应在上部进行。个别大块模板拆除后产生局部变形者应及时整修好。

④ 大块模板起吊时，速度要慢，应保持垂直，严禁模板碰撞墙体。

（4）拆除梁、板模板的规定

① 梁、板模板应先拆梁侧模，再拆板底模，最后拆除梁底模，并应分段分片进行，严禁成片撬落或成片拉拆。

② 拆除时，作业人员应站在安全的地方进行操作，严禁站在已拆或松动的模板上进行拆除作业。

③ 拆除模板时，严禁用铁棍或铁锤乱砸，已拆下的模板应妥善传递或用绳钩放至地面。

④ 严禁作业人员站在悬臂结构边缘敲拆下面的底模。

⑤ 待分片、分段的模板全部拆除后，方允许将模板、支架、零配件等按指定地点运出堆放，并进行拔钉、清理、整修、刷防锈油或脱模剂处理，入库备用。

7.5.3.4 特殊模板拆除要求

① 对于拱、薄壳、圆穹屋顶和跨度大于 8m 的梁式结构，应按设计规定的程序和方式从中心沿环圈对称向外或从跨中对称向两边均匀放松模板支架立柱。

② 拆除圆形屋顶、筒仓下漏斗模板时，应从结构中心处的支架立柱开始，按同心圆层次对称地拆向结构的周边。

③ 拆除带有拉杆拱的模板时，应在拆除前先将拉杆拉紧。

7.5.3.5 爬升模板拆除要求

① 拆除爬模应有拆除方案，且应由技术负责人签署意见，应向有关人员进行安全技术交底后，方可实施拆除。

② 拆除时应先清除脚手架上的垃圾杂物，并应设置警戒区由专人监护。

③ 拆除时应设专人指挥，严禁交叉作业。拆除顺序应为：悬挂脚手架和模板、爬升设备、爬升支架。

④ 已拆除的物件应及时清理、整修和保养，并运至指定地点备用。

⑤ 遇 5 级以上大风应停止拆除作业。

7.5.3.6 飞模拆除要求

① 脱模时，梁、板混凝土强度等级不得小于设计强度的 75%。

② 飞模的拆除顺序、行走路线和运到下一个支模地点的位置，均应按飞模设计的有关规定进行。

③ 拆除时应先用千斤顶顶住下部水平连接管，再拆去木楔或砖墩（或拔出钢套管连接螺栓，提起钢套管）。推入可任意转向的四轮台车，松千斤顶使飞模落在台车上，随后推运至主楼外侧搭设的平台上，用塔吊吊至上层重复使用。若不需重复使用时，应按普通模板的方法拆除。

④ 飞模拆除必须有专人统一指挥，飞模尾部应绑安全绳，安全绳的另一端应套在坚固的建筑结构上，且在推运时应徐徐放松。

⑤ 飞模推出后，楼层外边缘应立即绑好护身栏。

7.5.3.7 隧道模拆除要求

① 拆除前应对作业人员进行安全技术交底和技术培训。

② 拆除导墙模板时，应在新浇混凝土强度达到 $1.0N/mm^2$ 后，方准拆模。

③ 拆除隧道模应按下列顺序进行。

a. 新浇混凝土强度应在达到承重模板拆模要求后，方准拆模。

b. 应采用长柄手摇螺帽杆将连接顶板的连接板上的螺栓松开，并应将隧道模分成 2 个半隧道模。

c. 拔除穿墙螺栓，并旋转垂直支撑杆和墙体模板的螺旋千斤顶，让滚轮落地，使隧道模脱离顶板和墙面。

d. 放下支卸平台防护栏杆，先将一边的半隧道模推移至支卸平台上，然后再推另一边半隧道模。

e. 为使顶板不超过设计允许荷载，经设计核算后，应加设临时支撑柱。

④ 半隧道模的吊运方法，可根据具体情况采用单点吊装法、两点吊装法、多点吊装法或鸭嘴形吊装法。

思考题

1. 谈一谈建筑施工安全技术的意义。
2. 岩土的工程性能主要有哪些？
3. 基坑支护应满足哪些功能要求？
4. 脚手架的拆除有哪些技术要求？
5. 高处作业安全防护技术有哪些？
6. 模板工程施工安全基本要求有哪些？
7. 安全帽、安全带、安全网在使用过程中有哪些注意事项？
8. 拆除柱模应符合哪些规定？

第8章 施工现场安全管理

8.1 现场文明施工管理

项目文明施工是指保持施工场地整洁、卫生，施工组织科学，施工程序合理的一种施工活动。实现文明施工，不仅要着重做好现场的场容管理工作，而且还要相应做好现场材料、设备、安全、技术、保卫、消防和生活卫生等方面的管理工作。一个工地的文明施工水平是该工地乃至所在企业各项管理工作水平的综合体现。

8.1.1 文明施工的意义

建筑工程施工现场文明施工，就是项目在实施过程中科学地组织安全生产，规范化、标准化管理现场，使施工现场按现代化施工要求，保持良好的施工环境和施工秩序。

8.1.2 文明施工遵循的标准

文明施工所遵循的标准如下。
《建设工程施工现场消防安全技术规范》（GB 50720）、《建筑施工现场环境与卫生标准》（JGJ 146）、《施工现场临时建筑物技术规范》（JGJ/T 188）、《建筑施工安全检查标准》（JGJ 59）。

8.1.3 检查评定项目

根据《建筑施工安全检查标准》（JGJ 59），文明施工的检查项目如下。
① 保证项目：现场围挡、封闭管理、施工场地、材料管理、现场办公与住宿、现场防火。
② 一般项目：综合治理、公示标牌、生活设施、社区服务。
施工现场场容是体现文明施工的一个重要方面，做好场容管理要与施工相结合，只有这样才能确保场容整洁，保证施工井然有序，改变过去脏乱差的面貌，提高投资效益和保证工程质量。

8.1.3.1 现场平面布置

安全文明施工共有施工入口、施工道路及封闭管理、脚手架管理、临边防护、机械设备及用电消防管理、材料加工及存放、办公生活区域管理、其他共八部分内容。
区域划分清晰：生活、办公、作业区域划分清晰，通道、入口、指示到位。
过程控制到位：材料部品堆放到位，机械设备定期检测，建筑垃圾清理及时。

定型工具应用：采用工厂化活动板房（对非租房情况）、定型防护栏杆、定型隔离网等。

安全重点突出：基坑作业、安全设施、"三宝四口"（安全帽、安全带、安全网、楼梯口、电梯口、通道口、预留洞口）、施工用电等。

管理标准明确：建设、总包、监理单位落实各项管理制度，强化日检、月检、专项检等各级检查要求。

确保安全的前提下，落实文明施工，彰显企业形象：以"安全作业"为先导，针对项目地域特点落实防尘、防噪、排污排废等管理要求。

8.1.3.2 施工入口大门

① 施工现场进出口应设置大门，并应设置门卫值班室。
② 应建立门卫值守管理制度，并应配备门卫值守人员。
③ 施工人员进入施工现场应佩戴工作卡。
④ 施工现场出入口应标有企业名称或标识，并应设置车辆冲洗设施。

8.1.3.3 五牌一图

① 五牌一图为：工程概况牌、消防保卫牌、安全生产牌、文明施工牌、管理人员名单及监督电话牌、施工现场总平面图。
② 标牌应规范、整齐、统一。
③ 施工现场应有安全标语。
④ 应有宣传栏、读报栏、黑板报。

8.1.3.4 安全标志

① 安全标志分为禁止标志、警告标志、指令标志、提示标志四类。
② 项目部必须按批准的安全标志平面图设置安全标志，坚决杜绝不按规范设置或不设置安全标志的行为。
③ 安全标志应符合《图形符号　安全色和安全标志　第5部分：安全标志使用原则与要求》（GB/T 2893.5）的规定。

8.1.3.5 现场围挡

① 市区主要路段的工地应设置高度不小于2.5m的封闭围挡。
② 一般路段的工地应设置高度不小于1.8m的封闭围挡。
③ 围挡应坚固、稳定、整洁、美观。

8.1.3.6 场地和道路

① 施工现场的主要道路及材料加工区地面应进行硬化处理。
② 施工现场道路应畅通，路面应平整坚实。
③ 施工现场应有防止扬尘措施。
④ 施工现场应设置排水设施，且排水通畅无积水。
⑤ 施工现场应有防止泥浆、污水、废水污染环境的措施。
⑥ 施工现场应设置专门的吸烟处，严禁随意吸烟。
⑦ 温暖季节应有绿化布置。

8.1.3.7 材料管理

① 建筑材料、构件、料具应按总平面布局进行码放。
② 材料应码放整齐，并应标明名称、规格等。
③ 施工现场材料码放应采取防火、防锈蚀、防雨等措施。

④ 建筑物内施工垃圾的清运，应采用器具或管道运输，严禁随意抛掷。
⑤ 易燃易爆物品应分类储藏在专用库房内，并应制订防火措施。

8.1.3.8　住宿区管理

① 施工作业、材料存放区与办公、生活区应划分清晰，并应采取相应的隔离措施。
② 在施工工程、伙房、库房不得兼做宿舍。
③ 宿舍、办公用房的防火等级应符合规范要求。
④ 宿舍应设置可开启式窗户，床铺不得超过2层，通道宽度不应小于0.9m。
⑤ 宿舍内住宿人员人均面积不应小于 $2.5m^2$，且不得超过16人。
⑥ 冬季宿舍内应有采暖和防一氧化碳中毒措施。
⑦ 夏季宿舍内应有防暑降温和防蚊蝇措施。
⑧ 生活用品应摆放整齐，环境卫生应良好。

8.1.3.9　现场防火

① 施工现场应建立消防安全管理制度、制订消防措施。
② 施工现场临时用房和作业场所的防火设计应符合规范要求。
③ 施工现场应设置消防通道、消防水源，并应符合规范要求。
④ 施工现场灭火器材应保证可靠有效，布局配置应符合规范要求。
⑤ 明火作业应履行动火审批手续，配备动火监护人员。

8.1.4　文明施工专项方案

工程开工前，施工单位须将文明施工纳入施工组织设计，编制文明施工专项方案，制订相应的文明施工措施，并确保文明施工措费的投入；文明施工专项方案应由工程项目技术负责人组织人员编制，送施工单位技术部门的专业技术人员审核，报施工单位技术负责人审批，经项目总监理工程师（建设单位项目负责人）审查同意后执行。

8.2　施工现场消防安全

消防安全，人人有责——树立起保障消防安全人人有责的意识。每个人都要主动学习和掌握消防安全知识，提升自身的消防安全素质，增强安全意识和自救互救能力。在工地上，要意识到自己就是"防火责任人"，注意用火、用电和用气安全，严格遵守消防法律法规。在其他场所，也要保持足够警醒，及时发现、助力消除身边的火灾隐患，用自己的一份力去维护好消防安全。

临时设施是指在施工现场建造的，为建设工程施工服务的各种非永久性设施，包括围墙、大门、临时道路、材料堆场及其加工场、固定动火作业场、作业棚、机具棚、贮水池及临时给排水、供电、供热管线等。

临时消防设施是指设置在建设工程施工现场，用于扑救施工现场火灾、引导施工人员安全疏散等的各类消防设施。包括灭火器、临时消防给水系统、消防应急照明、疏散指示标识、临时疏散通道等。

8.2.1　施工现场消防的一般规定

8.2.1.1　责任划分

① 施工现场的消防安全管理由施工单位负责。实行施工总承包的，由总承包单位负责。

分包单位应向总承包单位负责,并应服从总承包单位的管理,同时应承担国家法律、法规规定的消防责任和义务。

② 监理单位应对施工现场的消防安全管理实施监理。

③ 施工单位应根据建设项目规模、现场消防安全管理的重点,在施工现场建立消防安全管理组织机构及义务消防组织,并应确定消防安全负责人和消防安全管理人,同时应落实相关人员的消防安全管理责任。

8.2.1.2 制度管理

① 施工单位应针对施工现场可能导致火灾发生的施工作业及其他活动,制定消防安全管理制度。消防安全管理制度应包括下列主要内容:

a. 消防安全教育与培训制度;
b. 可燃及易燃易爆危险品管理制度;
c. 用火、用电、用气管理制度;
d. 消防安全检查制度;
e. 应急预案演练制度。

② 施工单位应编制施工现场防火技术方案,并应根据现场情况变化及时对其修改、完善。防火技术方案应包括下列主要内容:

a. 施工现场重大火灾危险源辨识;
b. 施工现场防火技术措施;
c. 临时消防设施、临时疏散设施配备;
d. 临时消防设施和消防警示标识布置图。

③ 施工单位应编制施工现场灭火及应急疏散预案。灭火及应急疏散预案应包括下列主要内容:

a. 应急灭火处置机构及各级人员应急处置职责;
b. 报警、接警处置的程序和通信联络的方式;
c. 扑救初起火灾的程序和措施;
d. 应急疏散及救援的程序和措施。

施工单位应依据灭火及应急疏散预案,定期开展灭火及应急疏散的演练。

④ 施工人员进场前,施工现场的消防安全管理人员应向施工人员进行消防安全教育和培训。防火安全教育和培训应包括下列内容:

a. 施工现场消防安全管理制度、防火技术方案、灭火及应急疏散预案的主要内容;
b. 施工现场临时消防设施的性能及使用、维护方法;
c. 扑灭初起火灾及自救逃生的知识和技能;
d. 报火警、接警的程序和方法。

⑤ 施工作业前,施工现场的施工管理人员应向作业人员进行消防安全技术交底。消防安全技术交底应包括下列主要内容:

a. 施工过程中可能发生火灾的部位或环节;
b. 施工过程中应采取的防火措施及应配备的临时消防设施;
c. 初起火灾的扑救方法及注意事项;
d. 逃生方法及路线。

⑥ 施工过程中,施工现场的消防安全负责人应定期组织消防安全管理人员对施工现场的消防安全进行检查。消防安全检查应包括下列主要内容:

a. 可燃物及易燃易爆危险品的管理是否落实;

b. 动火作业的防火措施是否落实；
c. 用火、用电、用气是否存在违章操作，电、气焊及保温防水施工是否执行操作规程；
d. 临时消防设施是否完好有效；
e. 临时消防车道及临时疏散设施是否畅通。
⑦ 施工单位应做好并保存施工现场消防安全管理的相关文件和记录，建立现场消防安全管理档案。

8.2.2 施工现场消防布局要求

8.2.2.1 一般规定

临时用房、临时设施的布置应满足现场防火、灭火及人员安全疏散的要求。下列临时用房和临时设施应纳入施工现场总平面布局：
① 施工现场的出入口、围墙、围挡；
② 场内临时道路；
③ 给水管网或管路和配电线路敷设或架设的走向、高度；
④ 施工现场办公用房、宿舍、发电机房、配电房、可燃材料库房、易燃易爆危险品库房、可燃材料堆场及其加工场、固定动火作业场等；
⑤ 临时消防车道、消防救援场地和消防水源。

施工现场出入口的设置应满足消防车通行的要求，并宜布置在不同方向，其数量不宜少于2个。当确有困难只能设置1个出入口时，应在施工现场内设置满足消防车通行的环形道路。

施工现场临时办公、生活、生产、物料存贮等功能区宜相对独立布置，防火间距应符合《建设工程施工现场消防安全技术规范》（GB 50720）的要求。

固定动火作业场应布置在可燃材料堆场及其加工场、易燃易爆危险品库房等全年最小频率风向的上风侧；也应布置在临时办公用房、宿舍、可燃材料库房、在建工程等全年最小频率风向的上风侧。

易燃易爆危险品库房应远离明火作业区、人员密集区和建筑物相对集中区。

可燃材料堆场及其加工场、易燃易爆危险品库房不应布置在架空电力线下。

8.2.2.2 防火间距

易燃易爆危险品库房与在建工程的防火间距不应小于15m，可燃材料堆场及其加工场、固定动火作业场与在建工程的防火间距不应小于10m，其他临时用房、临时设施与在建工程的防火间距不应小于6m。

施工现场主要临时用房、临时设施的防火间距不应小于表8-1的规定，当办公用房、宿舍成组布置时，其防火间距可适当减小，但应符合以下要求：
① 每组临时用房的栋数不应超过10栋，组与组之间的防火间距不应小于8m；
② 组内临时用房之间的防火间距不应小于3.5m；当建筑构件燃烧性能等级为A级时，其防火间距可减少到3m。

8.2.2.3 消防车道

施工现场内应设置临时消防车道，临时消防车道与在建工程、临时用房、可燃材料堆场及其加工场的距离，不宜小于5m，且不宜大于40m；施工现场周边道路满足消防车通行及灭火救援要求时，施工现场内可不设置临时消防车道。

表 8-1　施工现场主要临时用房、临时设施的防火间距　　　　　单位：m

名称间距	办公用房、宿舍	发电机房、变配电房	可燃材料库房	厨房操作间、锅炉房	可燃材料堆场及其加工厂	固定动火作业场所	易燃易爆危险品库房
办公用房、宿舍	4	4	5	5	7	7	10
发电机房、变配电房	4	4	5	5	7	7	10
可燃材料库房	5	5	5	5	7	7	10
厨房操作间、锅炉房	5	5	5	5	7	7	10
可燃材料堆场及其加工厂	7	7	7	7	7	10	10
固定动火作业场所	7	7	7	7	10	10	12
易燃易爆危险品库房	10	10	10	10	10	12	12

注：1. 临时用房、临时设施的防火间距应按临时用房外墙外边线或堆场、作业场、作业棚边线间的最小距离计算，如临时用房外墙有凸出可燃构件时，应从其凸出可燃构件的外缘算起。
2. 两栋临时用房相邻较高一面的外墙为防火墙时，防火间距不限。
3. 本表未规定的，可按同等火灾危险性的临时用房、临时设施的防火间距确定。

(1) 临时消防车道的设置规定
① 临时消防车道宜为环形，如设置环形车道确有困难，应在消防车道尽端设置尺寸不小于 12m×12m 的回车场；
② 临时消防车道的净宽度和净空高度均不应小于 4m；
③ 临时消防车道的右侧应设置消防车行进路线指示标识；
④ 临时消防车道路基、路面及其下部设施应能承受消防车通行压力及工作荷载。

(2) 环形临时消防车道的设置要求
下列建筑应设置环形临时消防车道，设置环形临时消防车道确有困难时，除应按《建设工程施工现场消防安全技术规范》(GB 50720) 的要求设置回车场外，尚应按《建设工程施工现场消防安全技术规范》(GB 50720) 的要求设置临时消防救援场地：
① 建筑高度大于 24m 的在建工程；
② 建筑工程单体占地面积大于 3000m^2 的在建工程；
③ 超过 10 栋，且为成组布置的临时用房。

(3) 临时消防救援场地的设置要求
① 临时消防救援场地应在在建工程装饰装修阶段设置；
② 临时消防救援场地应设置在成组布置的临时用房场地的长边一侧及在建工程的长边一侧；
③ 场地宽度应满足消防车正常操作要求且不应小于 6m，与在建工程外脚手架的净距不宜小于 2m，且不宜超过 6m。

8.2.3　施工现场消防器材的配备

8.2.3.1　一般规定

① 施工现场应设置灭火器、临时消防给水系统和临时消防应急照明等临时消防设施。
② 临时消防设施应与在建工程的施工同步设置。房屋建筑工程中，临时消防设施的设置与在建工程主体结构施工进度的差距不应超过 3 层。

施工现场在建工程可利用已具备使用条件的永久性消防设施作为临时消防设施。当永久性消防设施无法满足使用要求时,应增设临时消防设施。

③ 施工现场的消火栓泵应采用专用消防配电线路。专用消防配电线路应自施工现场总配电箱的总断路器上端接入,且应保持不间断供电。

④ 地下工程的施工作业场所宜配备防毒面具。

⑤ 临时消防给水系统的贮水池、消火栓泵、室内消防竖管及水泵接合器等,应设有醒目标识。

8.2.3.2 灭火器

① 在建工程及临时用房的下列场所应配置灭火器:
 a. 易燃易爆危险品存放及使用场所;
 b. 动火作业场所;
 c. 可燃材料存放、加工及使用场所;
 d. 厨房操作间、锅炉房、发电机房、变配电房、设备用房、办公用房、宿舍等临时用房;
 e. 其他具有火灾危险的场所。

② 施工现场灭火器配置应符合下列规定:
 a. 灭火器的类型应与配备场所可能发生的火灾类型相匹配;
 b. 灭火器的最低配置标准应符合表 8-2 的规定。

表 8-2 灭火器最低配置标准

项目	固体物质火灾		液体或可熔化固体物质火灾、气体火灾	
	单具灭火器最小灭火级别	单位灭火级别最大保护面积 m²/A	单具灭火器最小灭火级别	单位灭火级别最大保护面积 m²/B
易燃易爆危险品存放及使用场所	3A	50	89B	0.5
固定动火作业场	3A	50	89B	0.5
临时动火作业点	2A	50	55B	0.5
可燃材料存放、加工及使用场所	2A	75	55B	1.0
厨房操作间、锅炉房	2A	75	55B	1.0
自备发电机房	2A	75	55B	1.0
变、配电房	2A	75	55B	1.0
办公用房、宿舍	1A	100	—	—

③ 灭火器的配置数量应按照《建筑灭火器配置设计规范》(GB 50140)经计算确定,且每个场所的灭火器数量不应少于 2 具。

④ 灭火器的最大保护距离应符合表 8-3 的规定。

表 8-3 灭火器的最大保护距离 单位:m

灭火器配置场所	固定物质火灾	液体或可熔化固体物质火灾、气体类火灾
易燃易爆危险品存放及使用场所	15	9

续表

灭火器配置场所	固定物质火灾	液体或可熔化固体物质 火灾、气体类火灾
固定动火作业场	15	9
临时动火作业点	10	6
可燃材料存放、加工及使用场所	20	12
厨房操作间、锅炉房	20	12
发电机房、变配电房	20	12
办公用房、宿舍等	25	—

8.2.3.3　应急照明

① 施工现场的下列场所应配备临时应急照明。

a. 自备发电机房及变、配电房；

b. 水泵房；

c. 无天然采光的作业场所及疏散通道；

d. 高度超过100m的在建工程的室内疏散通道；

e. 发生火灾时仍需坚持工作的其他场所。

② 作业场所应急照明的照度不应低于正常工作所需照度的90%，疏散通道的照度值不应小于0.5lx。

③ 临时消防应急照明灯具宜选用自备电源的应急照明灯具，自备电源的连续供电时间不应小于60分钟。

8.2.4　建筑施工现场动火作业

8.2.4.1　基本概念

动火作业：在禁火区进行焊接与切割作业及在易燃易爆场所使用喷灯、电钻、砂轮等进行可能产生火焰、火花和赤热表面的临时性作业。

8.2.4.2　一般要求

① 动火作业应办理动火许可证；动火许可证的签发人收到动火申请后，应前往现场查验并确认动火作业的防火措施落实后，方可签发动火许可证。

② 动火操作人员应具有相应资格。

③ 可燃物：焊接、切割、烘烤或加热等动火作业前，应对作业现场的可燃物进行清理；作业现场及其附近无法移走的可燃物，应采用不燃材料对其覆盖或隔离；施工作业安排时，宜将动火作业安排在使用可燃建筑材料的施工作业前进行。确需在使用可燃建筑材料的施工作业之后进行动火作业，应采取可靠防火措施；裸露的可燃材料上严禁直接进行动火作业。

④ 灭火器：焊接、切割、烘烤或加热等动火作业，应配备灭火器材，并设动火监护人进行现场监护，每个动火作业点均应设置一个监护人。

⑤ 天气因素：五级（含五级）以上风力时，应停止焊接、切割等室外动火作业，否则应采取可靠的挡风措施。

⑥ 现场检查：动火作业后，应对现场进行检查，确认无火灾危险后，动火操作人员方可离开。

⑦ 具有火灾、爆炸危险的场所严禁明火。

8.2.4.3 动火作业分级及审批

目前国家法律法规还是标准中都没有关于建筑施工动火作业分级标准的规定,《化学品生产单位动火作业安全规范》(AQ 3022) 只是针对化学品生产单位,对建筑施工并不适用,但是建筑施工的动火作业要求进行作业票相关的管理,所以各个企业或者施工项目都有自己的规章制度,也可参考二级建造师考试教材中有关于动火作业分级的相关内容(表 8-4)。

表 8-4 动火作业分级标准

等级	范围	编制人	审批人
一级	(1) 禁火区域内; (2) 油罐、油箱、油槽车和储存过可燃气体、易燃液体的容器及与其连接在一起的辅助设备; (3) 各种受压设备; (4) 危险性较大的登高焊、割作业; (5) 比较密封的室内、容器内、地下室等场所; (6) 现场堆有大量可燃和易燃物质的场所	项目负责人	企业安全管理部门
二级	(1) 在具有一定危险因素的非禁火区域内进行临时焊、割等用火作业; (2) 小型油箱等容器; (3) 登高焊、割等用火作业	项目责任工程师	项目安全管理部门和项目负责人
三级	非固定、无明显危险因素场所	所在班组	项目安全管理部门和项目责任工程师

8.3 施工现场临时用电安全

8.3.1 临时用电管理

建筑施工现场临时用电工程专用的电源中性点直接接地的 220/380V 三相四线制低压电力系统,必须符合下列规定:
① 采用三级配电系统;
② 采用 TN-S 接零保护系统;
③ 采用二级漏电保护系统。

8.3.1.1 临时用电组织设计

施工现场临时用电设备在 5 台及以上或设备总容量在 50kW 及以上者,应编制用电组织设计。

施工现场临时用电组织设计应包括下列内容。
① 现场勘测。
② 确定电源进线、变电所或配电室、配电装置、用电设备位置及线路走向。
③ 进行负荷计算。
④ 选择变压器。
⑤ 设计配电系统:
a. 设计配电线路,选择导线或电缆;
b. 设计配电装置,选择电器;

c. 设计接地装置；

d. 绘制临时用电工程图纸，主要包括用电工程总平面图、配电装置布置图、配电系统接线图、接地装置设计图。

⑥ 设计防雷装置。

⑦ 确定防护措施。

⑧ 制订安全用电措施和电气防火措施。

临时用电工程图纸应单独绘制，临时用电工程应按图施工。

临时用电组织设计及变更时，必须履行"编制、审核、批准"程序，由电气工程技术人员组织编制，经相关部门审核及具有法人资格企业的技术负责人批准后实施。变更用电组织设计时应补充有关图纸资料。

临时用电工程必须经编制、审核、批准部门和使用单位共同验收，合格后方可投入使用。

施工现场临时用电设备在 5 台以下和设备总容量在 50kW 以下者，应制订安全用电和电气防火措施，并应符合《施工现场临时用电安全技术规范》（JGJ 46）的规定。

8.3.1.2 电工及用电人员

电工必须经过按国家现行标准考核合格后，持证上岗工作；其他用电人员必须通过相关教育培训和技术交底，考核合格后方可上岗工作。

安装、巡检、维修或拆除临时用电设备和线路，必须由电工完成，并应有人监护。电工等级应同工程的难易程度和技术复杂性相适应。

各类用电人员应掌握安全用电基本知识和所用设备的性能，并应符合下列规定：

① 使用电气设备前必须按规定穿戴和配备好相应的劳动防护用品，并应检查电气装置和保护设施，严禁设备带"缺陷"运转；

② 保管和维护所用设备，发现问题及时报告解决；

③ 暂时停用设备的开关箱必须分断电源隔离开关，并应关门上锁；

④ 移动电气设备时，必须经电工切断电源并做妥善处理后进行。

8.3.1.3 安全技术档案

施工现场临时用电必须建立安全技术档案，并应包括下列内容：

① 用电组织设计的安全资料；

② 修改用电组织设计的资料；

③ 用电技术交底资料；

④ 用电工程检查验收表；

⑤ 电气设备的试、检验凭单和调试记录；

⑥ 接地电阻、绝缘电阻和漏电保护器漏电动作参数测定记录表；

⑦ 定期检（复）查表；

⑧ 电工安装、巡检、维修、拆除工作记录。

安全技术档案应由主管该现场的电气技术人员负责建立与管理。其中"电工安装、巡检、维修、拆除工作记录"可指定电工代管，每周由项目经理审核认可，并应在临时用电工程拆除后统一归档。

临时用电工程应定期检查。定期检查时，应复查接地电阻值和绝缘电阻值。

临时用电工程定期检查应按分部、分期工程进行，对安全隐患必须及时处理，并应履行复查验收手续。

8.3.2 外电线路及电气设备防护

8.3.2.1 外电线路防护

在建工程不得在外电架空线路正下方施工、搭设作业棚、建造生活设施或堆放构件、架具、材料及其他杂物等。

在建工程（含脚手架）的周边与外电架空线路的边线之间的最小安全操作距离应符合表 8-5 的规定。

表 8-5 在建工程（含脚手架）的周边与架空线路的边线之间的最小安全操作距离

外电线路电压等级/kV	<1	1～10	35～110	220	330～500
最小安全操作距离/m	4.0	6.0	8.0	10	15

注：上、下脚手架的斜道不宜设在有外电线路的一侧。

施工现场的机动车道与外电架空线路交叉时，架空线路的最低点与路面的最小垂直距离应符合表 8-6 的规定。

表 8-6 施工现场的机动车道与架空线路交叉时的最小垂直距离

外电线路电压等级/kV	<1	1～10	35
最小垂直距离/m	6.0	7.0	7.0

起重机严禁越过无防护设施的外电架空线路作业。在外电架空线路附近吊装时，起重机的任何部位或被吊物边缘在最大偏斜时与架空线路边线的最小安全距离应符合表 8-7 的规定。

表 8-7 起重机与架空线路边线的最小安全距离

安全距离/m	电压/kV						
	<1	10	35	110	220	330	500
沿垂直方向	1.5	3.0	4.0	5.0	6.0	7.0	8.5
沿水平方向	1.5	2.0	3.5	4.0	6.0	7.0	8.5

施工现场开挖沟槽边缘与外电埋地电缆沟槽边缘之间的距离不得小于 0.5m。

当达不到上述规定时，必须采取绝缘隔离防护措施，并应悬挂醒目的警告标志。

架设防护设施时，必须经有关部门批准，采用线路暂时停电或其他可靠的安全技术措施，并应有电气工程技术人员和专职安全人员监护。

防护设施与外电线路之间的安全距离不应小于表 8-8 所列数值。

防护设施应坚固、稳定，且对外电线路的隔离防护应达到 IP30 级。

表 8-8 防护设施与外电线路之间的最小安全距离

外电线路电压等级/kV	≤10	35	110	220	330	500
最小安全距离/m	1.7	2.0	2.5	4.0	5.0	6.0

当上述规定的防护措施无法实现时，必须与有关部门协商，采取停电、迁移外电线路或改变工程位置等措施，未采取上述措施的严禁施工。

在外电架空线路附近开挖沟槽时，必须会同有关部门采取加固措施，防止外电架空线路电杆倾斜、悬倒。

8.3.2.2 电气设备防护

电气设备现场周围不得存放易燃易爆物、污染源和腐蚀介质，否则应予清除或做防护处置，其防护等级必须与环境条件相适应。

电气设备设置场所应能避免物体打击和机械损伤，否则应做防护处置。

8.3.3 接地与防雷

在施工现场专用变压器的供电的TN-S接零保护系统中，电气设备的金属外壳必须与保护零线连接。保护零线应由工作接地线、配电室（总配电箱）电源侧零线或总漏电保护器电源侧零线处引出。

当施工现场与外电线路共用同一供电系统时，电气设备的接地、接零保护应与原系统保护一致。不得一部分设备做保护接零，另一部分设备做保护接地。

采用TN系统做保护接零时，工作零线（N线）必须通过总漏电保护器，保护零线（PE线）必须由电源进线零线重复接地处或总漏电保护器电源侧零线处引出，形成局部TN-S接零保护系统。

在TN接零保护系统中，通过总漏电保护器的工作零线与保护零线之间不得再做电气连接。

在TN接零保护系统中，PE零线应单独敷设。重复接地线必须与PE线相连接，严禁与N线相连接。

使用一次侧由50V以上电压的接零保护系统供电，二次侧为50V及以下电压的安全隔离变压器时，二次侧不得接地，并应将二次线路用绝缘管保护或采用橡皮护套软线。

当采用普通隔离变压器时，其二次侧一端应接地，且变压器正常不带电的外露可导电部分应与一次回路保护零线相连接。

以上变压器尚应采取防直接接触带电体的保护措施。

施工现场的临时用电电力系统严禁利用大地做相线或零线。

8.3.4 配电线路

8.3.4.1 架空线路

① 架空线必须采用绝缘导线。

② 架空线必须架设在专用电杆上，严禁架设在树木、脚手架及其他设施上。

③ 架空线导线截面的选择应符合下列要求。

a. 导线中的计算负荷电流不大于其长期连续负荷允许载流量。

b. 线路末端电压偏移不大于其额定电压的5%。

c. 三相四线制线路的N线和PE线截面不小于相线截面的50%，单相线路的零线截面与相线截面相同。

d. 按机械强度要求，绝缘铜线截面不小于$10mm^2$，绝缘铝线截面不小于$16mm^2$。

e. 在跨越铁路、公路、河流、电力线路档距内，绝缘铜线截面不小于$16mm^2$。绝缘铝线截面不小于$25mm^2$。

④ 架空线在一个档距内，每层导线的接头数不得超过该层导线条数的50%，且一条导

线应只有一个接头。

⑤ 在跨越铁路、公路、河流、电力线路档距内，架空线不得有接头。

⑥ 架空线路相序排列应符合下列规定。

a. 动力、照明线在同一横担上架设时，导线相序排列是：面向负荷从左侧起依次为 L_1、N、L_2、L_3、PE。

b. 动力、照明线在二层横担上分别架设时，导线相序排列是：上层横担面向负荷从左侧起依为 L_1、L_2、L_3；下层横担面向负荷从左侧起依次为 L_1（L_2、L_3）、N、PE。

⑦ 架空线路的档距不得大于 35m。

⑧ 架空线路的线间距不得小于 0.3m，靠近电杆的两导线的间距不得小于 0.5m。

⑨ 架空线路横担间的最小垂直距离不得小于表 8-9 所列数值；横担宜采用角钢或方木、低压铁横担角钢应按表 8-10 选用，方木横担截面应按 80mm×80mm 选用；横担长度应按表 8-11 选用。

表 8-9 横担间的最小垂直距离　　　　　　　　　　　　　　　　　　　　单位：m

排列方式	直线杆	分支或转角杆
高压与低压	1.2	1.0
低压与低压	0.6	0.3

表 8-10 低压铁横担角钢选用

导线截面/mm^2	直线杆	分支或转角杆	
		二线及三线	四线及以上
16 25 35 50	L 50×5	2×L 50×5	2×L 63×5
70 95 120	L 63×5	2×L 63×5	2×L 70×6

表 8-11 横担长度选用　　　　　　　　　　　　　　　　　　　　　　　　单位：m

二线	三线、四线	五线
0.7	1.5	1.8

⑩ 架空线路与邻近线路或固定物的距离应符合表 8-12 的规定。

表 8-12 架空线路与邻近线路或固定物的距离　　　　　　　　　　　　　　单位：m

项目	距离类别		
	架空线路的过引线、接下线、下邻线	架空线与架空线电杆外缘	架空线与摆动最大时树梢
最小净空距离	0.13	0.05	0.50

续表

项目	距离类别						
最小垂直距离	架空线同杆架设下方的通信、广播线路	架空线最大弧垂与地面			架空线最大弧垂与暂设工程顶端	架空线与邻近电力线路交叉	
		施工现场	机动车道	铁路轨道		1kV以下	1～10kV
	1.0	4.0	6.0	7.5	2.5	1.2	2.5
最小水平距离	架空线电杆与路基边缘		架空线电杆与铁路轨道边缘		架空线边线与建筑物凸出部分		
	1.0		杆高+3.0		1.0		

⑪ 架空线路宜采用钢筋混凝土杆或木杆。钢筋混凝土杆不得有露筋、宽度大于0.4mm的裂纹和扭曲；木杆不得腐朽，其梢径不应小于140mm。

⑫ 电杆埋设深度宜为杆长的1/10加0.6m，回填土应分层夯实。在松软土质处宜加大埋入深度或采用卡盘等加固。

⑬ 直线杆和15°以下的转角杆，可采用单横担单绝缘子，但跨越机动车道时应采用单横担双绝缘子；15°～45°的转角杆应采用双横担双绝缘子；45°以上的转角杆，应采用十字横担。

⑭ 架空线路绝缘子应按下列原则选择：

a. 直线杆采用针式绝缘子；

b. 耐张杆采用蝶式绝缘子。

⑮ 电杆的拉线宜采用不少于3根D4.0mm的镀锌钢丝。拉线与电杆的夹角应在30°～45°。拉线埋设深度不得小于1m。电杆拉线如从导线之间穿过，应在高于地面2.5m处装设拉线绝缘子。

⑯ 因受地表环境限制不能装设拉线时，可采用撑杆代替拉线，撑杆埋设深度不得小于0.8m，其底部应垫底盘或石块。撑杆与电杆的夹角宜为30°。

⑰ 架空线路必须有短路保护。

⑱ 采用熔断器做短路保护时，其熔体额定电流不应大于明敷绝缘导线长期连续负荷允许载流量的1.5倍。

⑲ 采用断路器做短路保护时，其瞬动过流脱扣器脱扣电流整定值应小于线路末端单相短路电流。

⑳ 架空线路必须有过载保护。

㉑ 采用熔断器或断路器做过载保护时，绝缘导线长期连续负荷允许载流量不应小于熔断器熔体额定电流或断路器长延时过流脱扣器脱扣电流整定值的1.25倍。

8.3.4.2 电缆线路

电缆中必须包含全部工作芯线和用作保护零线或保护线的芯线。需要三相四线制配电的电缆线路必须采用五芯电缆。

五芯电缆必须包含淡蓝、绿/黄两种绝缘芯线。淡蓝色芯线必须用作N线；绿/黄双色芯线必须用作PE线，严禁混用。

电缆线路应采用埋地或架空敷设，严禁沿地面明设，并应避免机械损伤和介质腐蚀。埋地电缆路径应设方位标志。

电缆类型应根据敷设方式、环境条件选择。埋地敷设宜选用铠装电缆；当选用无铠装电缆时，应能防水、防腐。架空敷设宜选用无铠装电缆。

电缆直接埋地敷设的深度不应小于0.7m，并应在电缆紧邻上、下、左、右侧均匀敷设不小于50mm厚的细砂，然后覆盖砖或混凝土板等硬质保护层。

埋地电缆在穿越建筑物、构筑物、道路、易受机械损伤、介质体育馆场所及引出地面从2.0m高到地下0.2m处，必须加设防护套管，防护套管内径不应小于电缆外径的1.5倍。

埋地电缆与其附近外电电缆和管沟的平行间距不得小于2m，交叉间距不得小于1m。

埋地电缆的接头应设在地面上的接线盒内，接线盒应能防水、防尘、防机械损伤，并应远离易燃、易爆、易腐蚀场所。

架空电缆应沿电杆、支架或墙壁敷设，并采用绝缘子固定，绑扎线必须采用绝缘线，固定点间距应保证电缆能承受自重所带来的荷载，敷设高度应符合《施工现场临时用电安全技术规范》(JGJ 46)架空线路敷设高度的要求，但沿墙壁敷设时最大弧垂距地不得小于2.0m。

架空电缆严禁沿脚手架、树木或其他设施敷设。

在建工程内的电缆线路必须采用电缆埋地引入，严禁穿越脚手架引入。电缆垂直敷设应充分利用在建工程的竖井、垂直洞等，并宜靠近用电负荷中心，固定点楼层不得少于一处。电缆水平敷设宜沿墙或门口刚性固定，最大弧垂距地不得小于2.0m。

装饰装修工程或其他特殊阶段，应补充编制单项施工用电方案。电源线可沿墙角、地面敷设，但应采取防机械损伤和电火措施。

电缆线路必须有短路保护和过载保护，短路保护和过载保护电器与电缆的选配应符合《施工现场临时用电安全技术规范》(JGJ 46)的要求。

8.3.4.3 室内配线

室内配线必须采用绝缘导线或电缆。

室内配线应根据配线类型采用瓷瓶、瓷(塑料)夹、嵌绝缘槽、穿管或钢索敷设。

潮湿场所或埋地非电缆配线必须穿管敷设，管口和管接头应密封；当采用金属管敷设时，金属管必须做等电位连接，且必须与PE线相连接。

室内非埋地明敷主干线距地面高度不得小于2.5m。

架空进户线的室外端应采用绝缘子固定，过墙处应穿管保护，距地面高度不得小于2.5m，并应采取防雨措施。

室内配线所用导线或电缆的截面应根据用电设备或线路的计算负荷确定，但铜线截面不应小于1.5mm^2，铝线截面不应小于2.5mm^2。

钢索配线的吊架间距不宜大于12m。采用瓷夹固定导线时，导线间距不应小于35mm，瓷夹间距不应大于800mm；采用瓷瓶固定导线时，导线间距不应小于100mm，瓷瓶间距不应大于1.5m；采用护套绝缘导线或电缆时，可直接敷设于钢索上。

室内配线必须有短路保护和过载保护，短路保护和过载保护电器与绝缘导线、电缆的选配应符合《施工现场临时用电安全技术规范》(JGJ 46)的要求。对穿管敷设的绝缘导线线路，其短路保护熔断器的熔体额定电流不应大于穿管绝缘导线长期连续负荷允许载流量的2.5倍。

8.3.5 照明

在坑、洞、井内作业、夜间施工或厂房、道路、仓库、办公室、食堂、宿舍、料具堆放场及自然采光差等场所，应设一般照明、局部照明或混合照明。

在一个工作场所内，不得只设局部照明。

停电后，操作人员需及时撤离的施工现场，必须装设自备电源的应急照明。

现场照明应采用高光效、长寿命的照明光源。对需大面积照明的场所，应采用高压汞灯、高压钠灯或混光用的卤钨灯等。

照明器的选择必须按下列环境条件确定：

① 正常湿度一般场所，选用开启式照明器；

② 潮湿或特别潮湿场所，选用密闭型防水照明器或配有防水灯头的开启式照明器；

③ 含有大量尘埃但无爆炸和火灾危险的场所，选用防尘型照明器；

④ 有爆炸和火灾危险的场所，按危险场所等级选用防爆型照明器；

⑤ 存在较强振动的场所，选用防震型照明器；

⑥ 有酸碱等强腐蚀介质的场所，选用耐酸碱型照明器。

照明器具和器材的质量应符合国家现行有关强制性标准的规定，不得使用绝缘老化或破损的器具和器材。

无自采光的地下大空间施工场所，应编制单项照明用电方案。

8.3.5.1 照明供电

① 一般场所宜使用额定电压为 220V 的照明器。

② 下列特殊场所应使用安全特低电压照明器：

a. 隧道、人防工程、高温、有导电灰尘、比较潮湿或灯具离地面高度低于 2.5m 等场所的照明，电源电压不应大于 36V；

b. 潮湿和易触及带电体场所的照明，电源电压不得大于 24V；

c. 特别潮湿场所、导电良好的地面、锅炉或金属容器内的照明，电源电压不得大于 12V。

③ 使用行灯应符合下列要求：

a. 电源电压不大于 36V；

b. 灯体与手柄应坚固、绝缘良好并耐热耐潮湿；

c. 灯头与灯体结合牢固，灯头无开关；

d. 灯泡外部有金属保护网；

e. 金属网、反光罩、悬吊挂钩固定在灯具的绝缘部位上。

④ 远离电源的小面积工作场地、道路照明、警卫照明或额定电压为 12～36V 照明的场所，其电压允许偏移值为额定电压值的 $-10\%\sim5\%$；其余场所电压允许偏移值为额定电压值的 $\pm5\%$。

⑤ 照明变压器必须使用双绕组型安全隔离变压器，严禁使用自耦变压器。

⑥ 照明系统宜使三相负荷平衡，其中每一单相回路上，灯具和插座数量不宜超过 25 个，负荷电流不宜超过 15A。

⑦ 携带式变压器的一次侧电源线应采用橡皮护套或塑料护套铜芯软电缆，中间不得有接头，长度不宜超过 3m，其中绿/黄双色线只可用 PE 线使用，电源插销应有保护触头。

⑧ 工作零线截面应按下列规定选择：

a. 单相二线及二相二线线路中，零线截面与相线截面相同；

b. 三相四线制线路中，当照明器为白炽灯时，零线截面不小于相线截面的 50%；当照明器为气体放电灯时，零线截面按最大负载相的电流选择；

c. 在逐相切断的三相照明电路中，零线截面与最大负载相相线截面相同。

d. 室内、室外照明线路的敷设应符合《施工现场临时用电安全技术规范》（JGJ 46）的要求。

8.3.5.2 照明装置

① 照明灯具的金属外壳必须与 PE 线相连接，照明开关箱内必须装设隔离开关、短路与过载保护电器和漏电保护器，并应符合《施工现场临时用电安全技术规范》(JGJ 46) 的规定。

② 室外 220V 灯具距地面不得低于 3m，室内 220V 灯具距地面不得低于 2.5m。

③ 普通灯具与易燃物距离不宜小于 300mm；聚光灯、碘钨灯等高热灯具与易燃物距离不宜小于 500mm，且不得直接照射易燃物。达不到规定安全距离时，应采取隔热措施。

④ 路灯的每个灯具应单独装设熔断器保护。灯头线应做防水弯。

⑤ 荧光灯管应采用管座固定或用吊链悬挂，荧光灯的镇流器不得安装在易燃的结构物上。

⑥ 碘钨灯及钠、铊、铟等金属卤化物灯具的安装高度宜在 3m 以上，灯线应固定在接线柱上，不得靠近灯具表面。

⑦ 投光灯的底座应安装牢固，应按需要的光轴方向将枢轴拧紧固定。

⑧ 螺口灯头及其接线应符合下列要求：

a. 灯头的绝缘外壳无损伤、无漏电；

b. 相线接在与中心触头相连的一端，零线接在与螺纹口相连的一端。

⑨ 灯具内的接线必须牢固，灯具外的接线必须做可靠的防水绝缘包扎。

⑩ 暂设工程的照明灯具宜采用拉线开关控制，开关安装位置宜符合下列要求：

a. 拉线开关距地面高度为 2～3m，与出入口的水平距离为 0.15～0.2m，拉线的出口向下；

b. 其他开关距地面高度为 1.3m，与出入口的水平距离为 0.15～0.2m。

⑪ 灯具的相线必须经开关控制，不得将相线直接引入灯具。

⑫ 对夜间影响飞机或车辆通行的在建工程及机械设备，必须设置醒目的红色信号灯，其电源应设在施工现场总电源开关的前侧，并应设置外电线路停止供电时的应急自备电源。

8.4 施工机械设备安全管理

施工企业技术部门应在工程项目开工前编制包括主要施工机械设备安装防护技术的安全技术措施，并报工程项目监理单位审查批准。

施工企业应认真贯彻执行经审查批准的安全技术措施。

施工项目总承包单位应对分包单位、机械租赁方执行安全技术措施的情况进行监督。分包单位、机械租赁方应接受项目经理部的统一管理，严格履行各自在机械设备安全技术管理方面的职责。

8.4.1 施工机械设备安装与验收

① 施工单位应对进入施工现场的机械设备的安全装置和操作人员的资质进行审验，不合格的机械和人员不得进入施工现场。

② 大型机械、塔式起重机等设备安装前，施工单位应根据设备租赁方提供的参数进行安装设计架设。经验收合格后的机械设备，可由资质等级合格的设备安装单位组织安装。

③ 设备安装单位完成安装工程后，报请当地行政主管部门验收，验收合格后方可办理移交手续。应严格执行先验收、后使用的规定。

④ 中、小型机械由分包单位组织安装后，施工企业机械管理部门组织验收，验收合格

后方可使用。

⑤ 所有机械设备验收资料均由机械管理部门统一保存，并交安全管理部门一份备案。

8.4.2 施工机械设备使用

① 特种设备操作人员应经过专业培训、考核合格取得建设行政主管部门颁发的操作证，并应经过安全技术交底后持证上岗。

② 机械必须按出厂使用说明书规定的技术性能、承载能力和使用条件，正确操作，合理使用，严禁超载、超速作业或任意扩大使用范围。

③ 机械上的各种安全防护和保险装置及各种安全信息装置必须齐全有效。

④ 机械作业前，施工技术人员应向操作人员进行安全技术交底。操作人员应熟悉作业环境和施工条件，并应听从指挥，遵守现场安全管理规定。

⑤ 在工作中，应按规定使用劳动保护用品。高处作业时应系安全带。

⑥ 机械使用前，应对机械进行检查、试运转。

⑦ 操作人员在作业过程中，应集中精力，正确操作，并应检查机械工况，不得擅自离开工作岗位或将机械交给其他无证人员操作。无关人员不得进入作业区或操作室内。

⑧ 操作人员应根据机械有关保养维修规定，认真及时做好机械保养维修工作，保持机械的完好状态，并应做好维修保养记录。

⑨ 实行多班作业的机械，应执行交接班制度，填写交接班记录，接班人员上岗前应认真检查。

⑩ 应为机械提供道路、水电、作业棚及停放场地等作业条件，并应消除各种安全隐患。夜间作业应提供充足的照明。

⑪ 机械设备的地基基础承载力应满足安全使用要求。机械安装、试机、拆卸应按使用说明书的要求进行。使用前应经专业技术人员验收合格。

⑫ 新机械、经过大修或技术改造的机械，应按出厂使用说明书的要求和现行行业标准《建筑机械技术试验规程》（JGJ 34）的规定进行测试和试运转，并应符合《建筑机械使用安全技术规程》（JGJ 33）附录 A 的规定。

⑬ 机械在寒冷季节使用，应符合《建筑机械使用安全技术规程》（JGJ 33）附录 B 的规定。

⑭ 机械集中停放的场所、大型内燃机械，应有专人看管并应按规定配备消防器材；机房及机械周边不得堆放易燃、易爆物品。

⑮ 变配电所、乙炔站、氧气站、空气压缩机房、发电机房、锅炉房等易燃易爆场所，挖掘机、起重机、打桩机等易发生安全事故的施工现场，应设置警戒区域，悬挂警示标志，非工作人员不得入内。

⑯ 在机械产生对人体有害的气体、液体、尘埃、渣滓、放射性射线、振动、噪声等场所，应配置相应的安全保护设施、监测设备（仪器）、废品处理装置；在隧道、沉井、管道等狭小空间施工时，应采取措施，使有害物控制在规定的限度内。

⑰ 停用一个月以上或封存的机械，应做好停用或封存前的保养工作，并应采取预防风沙、雨淋、水泡、锈蚀等措施。

⑱ 机械使用的油（脂）的性能应符合出厂使用说明书的规定，并应按时更换。

⑲ 当发生机械事故时，应立即组织抢救，并应保护事故现场，应按国家有关事故报告和调查处理规定执行。

⑳ 违反本规程的作业指令，操作人员应拒绝执行。

㉑ 清洁、保养、维修机械或电气装置前，必须先切断电源，等机械停稳后再进行操作。严禁带电或采用预约停送电时间的方式进行检修。

㉒ 机械不得带病运转。检修前，应悬挂"禁止合闸，有人工作"的警示牌。

8.4.3 施工机械设备检查

① 施工现场应建立健全施工现场机械设备安全使用管理制度，明确每台机械设备的检查人员、检查时间、检查频次。

② 检查人员应定期对机械设备进行检查，发现隐患应及时排除，严禁机械设备带病运转。

③ 机械设备主要工作性能应达到使用说明书中各项技术参数指标。

④ 机械设备的检查、维修、保养、故障记录，应及时、准确、完整、字迹清晰。

⑤ 机械设备外观应清洁，润滑应良好，不应漏水、漏电、漏油、漏气。

⑥ 机械设备各安全装置齐全有效。

⑦ 机械设备用电应符合现行行业标准《施工现场临时用电安全技术规范》(JGJ 46)的有关规定。

⑧ 机械设备的噪声应控制在现行国家标准《建筑施工场界环境噪声排放标准》(GB 12523)的范围内，其粉尘、尾气、污水、固体废弃物排放应符合国家现行环保排放标准的规定。

⑨ 露天固定使用的中小型机械应设置作业棚，作业棚应具有防雨、防晒、防物体打击功能。

⑩ 油料与水应符合下列规定：

a. 起重机使用的各类油料与水应符合使用说明书要求；

b. 使用柴油时不应掺入汽油；

c. 润滑系统的各润滑管路应畅通，各润滑部位润滑应良好，润滑剂厂牌型号、黏度等级(SAE)、质量等级(APD)及油量应符合使用说明书的规定；

d. 不得使用硬水或不洁水；

e. 冬期未使用防冻液的，每日工作完毕后应将缸体、油冷却器和水箱里的水全部放净；

f. 施工现场使用的各类油料应集中存放，并应配备相应的灭火器材。

⑪ 液压系统应符合下列规定：

a. 液压系统中应设置过滤和防止污染的装置，液压泵内外不应有泄漏，元件应完好，不得有振动及异响；

b. 液压仪表应齐全，工作应可靠，指示数据应准确；

c. 液压油箱应清洁，应定期更换滤芯，更换时间应按使用说明书要求执行。

⑫ 电气系统应符合下列规定：

a. 电气管线排列应整齐，卡固应牢靠，不应有损伤和老化；

b. 电控装置反应应灵敏；熔断器配置应合理、正确；各电器仪表指示数据应准确，绝缘应良好；

c. 启动装置反应应灵敏，与发动机飞轮啮合应良好；

d. 电瓶应清洁，固定应牢靠；液面应高于电极板 10~15mm；免维护电瓶标志应符合现行国家有关标准的规定；

e. 照明装置应齐全，亮度应符合使用要求；

f. 线路应整齐，不应损伤和老化，包扎和卡固应可靠；绝缘应良好，电缆电线不应有老化、裸露；

  g. 电器元件性能应良好，动作应灵敏可靠，集电环集电性能应良好；

  h. 仪表指示数据应正确；

  i. 电机运行不应有异响；温升应正常。

8.4.4 施工机具检查评定

  ① 施工机具检查评定应符合现行行业标准《建筑机械使用安全技术规程》(JGJ 33) 和《施工现场机械设备检查技术规程》(JGJ 160) 的规定。

  ② 施工机具检查评定项目应包括：平刨、圆盘锯、手持电动工具、钢筋机械、电焊机、搅拌机、气瓶、翻斗车、潜水泵、振捣器、桩工机械。

8.4.4.1 平刨

  ① 平刨安装完毕应按规定履行验收程序，并应经责任人签字确认。

  ② 平刨应设置护手及防护罩等安全装置。

  ③ 保护零线应单独设置，并应安装漏电保护装置。

  ④ 平刨应按规定设置作业棚，并应具有防雨、防晒等功能。

  ⑤ 不得使用同台电机驱动多种刃具、钻具的多功能木工机具。

8.4.4.2 圆盘锯

  ① 圆盘锯安装完毕应按规定履行验收程序，并应经责任人签字确认。

  ② 圆盘锯应设置防护罩、分料器、防护挡板等安全装置。

  ③ 保护零线应单独设置，并应安装漏电保护装置。

  ④ 圆盘锯应按规定设置作业棚，并应具有防雨、防晒等功能。

  ⑤ 不得使用同台电机驱动多种刃具、钻具的多功能木工机具。

8.4.4.3 手持电动工具

  ① Ⅰ类手持电动工具应单独设置保护零线，并应安装漏电保护装置。

  ② 使用Ⅰ类手持电动工具应按规定穿戴绝缘手套、绝缘鞋。

  ③ 手持电动工具的电源线应保持出厂状态，不得接长使用。

8.4.4.4 钢筋机械

  ① 钢筋机械安装完毕应按规定履行验收程序，并应经责任人签字确认。

  ② 保护零线应单独设置，并应安装漏电保护装置。

  ③ 钢筋加工区应搭设作业棚，并应具有防雨、防晒等功能。

  ④ 对焊机作业应设置防火花飞溅的隔热设施。

  ⑤ 钢筋冷拉作业应按规定设置防护栏。

  ⑥ 机械传动部位应设置防护罩。

8.4.4.5 电焊机

  ① 电焊机安装完毕应按规定履行验收程序，并应经责任人签字确认。

  ② 保护零线应单独设置，并应安装漏电保护装置。

  ③ 电焊机应设置二次空载降压保护装置。

  ④ 电焊机一次线长度不得超过 5m，并应穿管保护。

  ⑤ 二次线应采用防水橡皮护套铜芯软电缆。

  ⑥ 电焊机应设置防雨罩，接线柱应设置防护罩。

8.4.4.6 搅拌机

① 搅拌机安装完毕应按规定履行验收程序，并应经责任人签字确认。
② 保护零线应单独设置，并应安装漏电保护装置。
③ 离合器、制动器应灵敏有效，料斗钢丝绳的磨损、锈蚀、变形量应在规定允许范围内。
④ 料斗应设置安全挂钩或止挡装置，传动部位应设置防护罩。
⑤ 搅拌机应按规定设置作业棚，并应具有防雨、防晒等功能。

8.4.4.7 气瓶

① 气瓶使用时必须安装减压器，乙炔瓶应安装回火防止器，并应灵敏可靠。
② 气瓶间安全距离不应小于5m，与明火安全全距离不应小于10m。
③ 气瓶应设置防震圈、防护帽，并应按规定存放。

8.4.4.8 翻斗车

① 翻斗车制动、转向装置应灵敏可靠。
② 司机应经专门培训，持证上岗，行车时车斗内不得载人。

8.4.4.9 潜水泵

① 保护零线应单独设置，并应安装漏电保护装置。
② 负荷线应采用专用防水橡皮电缆，不得有接头。

8.4.4.10 振捣器

① 振捣器作业时应使用移动配电箱、电缆线长度不应超过30m。
② 保护零线应单独设置，并应安装漏电保护装置。
③ 操作人员应按规定穿戴绝缘手套、绝缘鞋。

8.4.4.11 桩工机械

① 桩工机械安装完毕应按规定履行验收程序，并应经责任人签字确认。
② 作业前应编制专项方案，并应对作业人员进行安全技术交底。
③ 桩工机械应按规定安装安全装置，并应灵敏可靠。
④ 机械作业区域地面承载力应符合机械说明书要求。
⑤ 机械与输电线路安全距离应符合现行行业标准《施工现场临时用电安全术规范》(JGJ 46)的规定。

思考题

1. 文明施工的检查项目包括哪些？
2. 施工机械安全技术有哪些？
3. 临时用电安全技术有哪些？
4. 施工现场消防布局有哪些要求？
5. 建筑施工现场动火作业如何分级？

第9章

建筑工程安全生产事故案例分析

9.1 建筑工程安全事故概述

事故是指可能造成人员伤害和（或）经济损失的，非预谋性的意外事件，使其有目的的行动暂时或永久停止。这一定义的内涵是：事故涉及的范围很广，不论是生产中还是生活中发生的可能造成人员伤害和（或）经济损失的，非预谋性意外事件都属于事故的范畴；事故后果是导致人员伤害和（或）经济上的损失；事故事件是一种非预谋性的事件。建筑工程安全事故一般是指在施工过程中，由各种危险因素造成的伤亡和损失。

建筑工程施工安全事故是指在建筑工程施工过程中，在施工现场突然发生的一个或一系列违背人们意愿的，可能导致人员伤亡（包括人员急性中毒）、设备损坏、建筑工程倒塌或废弃、安全设施破坏以及财产损失的（发生其中任一项或多项），迫使人们有目的的活动暂时或永久停止的意外事件。

9.1.1 建筑工程安全事故的分类

9.1.1.1 事故的危害

（1）人员伤亡

建筑工程生产安全事故的发生直接带来人员的伤亡。表 9-1 为近年来我国建筑业事故起数、死亡人数与万人死亡率统计表。

表 9-1 近年来我国建筑业事故起数、死亡人数与万人死亡率统计表

年度	项目		
	事故起数	事故死亡人数	万人死亡率/当年从业万人数
2010	627	772	0.191/4043.4
2011	589	738	0.171/4311.1
2012	487	624	0.149/4180.8
2013	528	674	0.144/4499.3
2014	522	648	0.131/4960.6
2015	442	554	0.111/5003.4
2016	634	735	0.142/5185.24

续表

年度	项目		
	事故起数	事故死亡人数	万人死亡率/当年从业万人数
2017	692	807	0.146/5536.90
2018	734	840	0.151/5563
2019	773	904	0.167/5427.37
2020	689	794	0.148/5366.92
2021	859	1012	0.192/5282.94
平均值	631.3	758.5	0.154/-

注：1. 建筑业事故包括房屋建筑与市政工程共发生的施工事故，本表不包括交通、铁路、水利等专业工程数据。

2. 数据来源于住房和城乡建设部发布的各年度的房屋市政工程生产安全事故通报和住房和城乡建设部权威发布的各年度建筑业大数据。

3. 2013年事故起数与死亡人数是根据2014年数据计算出来的。

建筑工程生产安全事故数量一直居高不下，在各产业系统中仅次于采矿业，居第二位，给国家和人民的生命财产安全造成重大损失。因此，建筑工程安全生产是直接关系到人民群众生命和财产安全的头等大事。

（2）财产损失

建筑安全事故不仅给受害人及其家庭成员带来巨大的精神痛苦，还对建筑企业乃至全社会产生许多负面影响。根据粗略估算，由于建筑事故所造成的经济损失（包括直接经济损失和间接经济损失）已经占到建筑项目总成本的相当比例。建筑业中较高的事故发生率和巨大的经济损失已经成为制约建筑业劳动生产率提高和技术进步的重要原因。随着中国经济的持续发展，人民生活水平的不断提高，建筑业从业人员以及全社会都对工程建筑过程中的安全管理水平提出了越来越高的要求。

（3）影响国民经济持续健康发展和社会稳定

1998年以来，我国建筑业持续快速发展，建筑业增加值占全国GDP的比重一直稳定在6.6%~6.8%，在国民经济各部门中仅次于工业、农业、贸易，居第四位，成为重要的支柱产业之一。同时，建筑业提高了我国相关产业部门，如冶金、建材、化工、机械等行业的技术装备水平，增强了我国能源、交通、通信、水利、城市公用等基础设施的能力，改善了人民群众的物质文化生活条件。当前，我国正处于城乡经济统筹发展，全面建成小康社会时期，建筑业肩负着历史重任。因此，建筑工程安全生产关系到国家经济持续健康高速发展和社会的稳定。

9.1.1.2 事故的特点

施工安全事故具有事故的一般特性，如普遍性、随机性、必然性、因果相关性、突变性、潜伏性、危害性、不可逆转性以及可预防性等。建筑工程施工过程中发生的安全事故也有其特殊性，其主要表现如下。

（1）严重性

建筑工程发生安全事故，其影响往往较大，会直接导致人员伤亡或财产损失，重大安全事故往往会导致群死群伤或财产的巨大损失。近年来，施工安全事故死亡人数和事故起数仅次于交通、矿山，成为人们关注的热点问题之一。因此，对建筑工程安全事故隐患绝不能掉以轻心,一旦发生安全事故,其造成的损失将无法挽回。

(2) 复杂性

建筑工程施工生产的特点,决定了影响建筑工程安全生产的因素很多,造成工程安全事故的原因错综复杂,即使同一类安全事故,其发生原因也可能多种多样。这样,在对安全事故进行分析时,增加了判断其性质、原因(直接原因、间接原因、主要原因)等的复杂性。

(3) 可变性

许多建筑工程施工中出现安全事故隐患,其安全事故隐患并非静止的,而是有可能随着时间而不断地发展、恶化,若不及时整改和处理,往往发展为严重或重大安全事故。因此,在分析与处理工程安全隐患时,要重视安全隐患的可变性,应及时采取有效措施,进行纠正、消除,杜绝其发展恶化为安全事故。

(4) 多发性

建筑工程中的安全事故,往往在建筑工程某部位或某工序或某项作业活动中经常发生,例如物体打击事故、触电事故、高处坠落事故、坍塌事故、起重事故、中毒事故等。因此对多发性安全事故,应注意吸取教训,总结经验,采取有效预防措施,加强事前控制与事中控制。

9.1.1.3 事故的分类

安全事故按性质不同可分为责任事故和非责任事故(自然灾害、自然事故)。安全事故还可以分为生产安全事故与非生产安全事故。目前我国对建筑安全生产的管理主要是针对生产事故。非生产安全事故主要包括质量事故、技术事故以及其他安全事故等。施工现场的生产安全事故一般有以下分类方法。

(1) 按事故的原因和性质分类

建筑工程安全事故可以分为四类,即:生产事故、质量事故、技术事故和环境事故。

① 生产事故。生产事故主要是指在工程产品的生产、维修、拆除过程中,操作人员违反有关施工操作规程等直接导致的安全事故。这种事故一般都是在施工作业过程中出现,事故发生的次数比较频繁,是土木工程安全事故的主要类型之一,所以目前我国对建筑工程安全生产的管理主要针对生产事故。

② 质量事故。质量事故主要是指由于设计不符合规范或施工达不到要求等原因而导致工程结构实体或使用功能存在瑕疵,进而引起安全事故的发生。质量问题也是建筑工程安全事故的主要类型之一。

③ 技术事故。技术事故主要是指由于工程技术原因而导致的安全事故,技术事故的结果通常是毁灭性的。技术事故的发生,可能发生在施工生产阶段,也可能发生在使用阶段。

④ 环境事故。环境事故主要是由于对工程实体的使用不当造成的,比如荷载超标(静荷载设计,动荷载使用)、使用高污染土木工程材料或放射性材料等。

(2) 按事故严重程度分类

依据《企业职工伤亡事故分类标准》(GB 6441),可以分为轻伤事故、重伤事故与死亡事故三类。

轻伤,指造成职工肢体伤残,或某些器官功能性、器质性轻度损伤,表现为劳动能力轻度或暂时丧失的伤害,损失工作日低于 105 日。重伤,指造成职工肢体残缺或视觉、听觉等器官受到严重损伤,一般能引起人体长期存在功能障碍,或劳动能力有重大损失的伤害,损失工作日等于和超过 105 日。死亡或永久性全失能伤害定 6000 日。人体伤害程度的记录方法及伤害对应的损失工作日数值参见《事故伤害损失工作日标准》(GB/T 15499)。

(3) 按事故类别分类

依据《企业职工伤亡事故分类标准》(GB 6441)，按致害起因将伤亡事故分为20种（见表9-2）。在施工现场，按事故类别分，可以分为13类，即：高处坠落、坍塌、物体打击、起重伤害、触电、机械伤害、火灾、车辆伤害、灼烫、火药爆炸、中毒和窒息、淹溺、其他伤害等。

表 9-2 伤亡事故类别

序号	事故类别	序号	事故类别
1	物体打击	11	冒顶片帮
2	车辆伤害	12	透水
3	机械伤害	13	爆破
4	起重伤害	14	火药爆炸
5	触电	15	瓦斯爆炸
6	淹溺	16	锅炉爆炸
7	灼烫	17	容器爆炸
8	火灾	18	其他爆炸
9	高处坠落	19	中毒和窒息
10	坍塌	20	其他伤害

① 高处坠落事故：由≥2m的势能差引起，人员由高处坠落以及从平地坠入坑内的伤害。由于建筑随着生产的进行，建筑物向高处发展，从而高空作业现场较多，因此高处坠落是最主要的事故，多发生在洞口、临边处作业、脚手架、模板、龙门架（井字架）等高空作业中。

② 坍塌事故：指建筑物、堆置物倒塌以及土石塌方等引起的伤害事故。随着高层和超高层建筑的大量增加，基础工程的开挖也越来越深，土方坍塌事故上升，同时传统的脚手架坍塌、模板坍塌数量一直较多，因此坍塌也是主要的事故类型之一。

③ 物体打击事故：指落物、滚石、锤击、碎裂、崩块、砸伤等造成的人身伤害，不包括因爆炸而引起的物体打击。在建筑工程施工中，由于受到工期的约束，必然安排部分的或全面的立体交叉作业。因此，物体打击也是主要的事故类型之一，占事故发生总数的10%左右。

④ 起重伤害：指从事各种起重作业时发生的机械伤害事故，不包括上下驾驶室时发生的坠落伤害，起重设备引起的触电及检修时制动失灵造成的伤害。

⑤ 触电事故：指由于电流经过人体导致的生理伤害，不包括雷击伤害。建筑工程施工离不开电力，不仅指施工中的电气照明，更主要的是电动机械和电动工具，触电事故也是多发事故，占事故总数的7%左右。

⑥ 机械伤害事故：指被机械设备或工具绞、碾、碰、割、戳等造成的人身伤害，不包括车辆、起重设备引起的伤害。

⑦ 火灾：火灾时造成的人员烧伤、窒息、中毒等。

⑧ 车辆伤害：指被车辆挤、压、撞和车辆倾覆等造成的人身伤害。

⑨ 灼烫：指火焰引起的烧伤、高温物体引起的烫伤、强酸或强碱引起的灼伤、放射线引起的皮肤损伤，不包括电烧伤及火灾事故引起的烧伤。

⑩ 火药爆炸：指在火药的生产、运输、储藏、使用过程中发生的爆炸事故。

⑪ 中毒和窒息：指煤气、油气、沥青、一氧化碳等有毒气体中毒。

⑫ 淹溺：指人落入水中，因呼吸受阻造成伤害的事故。

⑬ 其他伤害：包括扭伤、跌伤、冻伤、野兽咬伤等。

根据住建部统计，建筑事故中高处坠落、触电、施工坍塌、物体打击、机具伤害五类事故占到事故总数的85%以上，这五类事故类型称为建筑事故"五大伤害"类型。

依据中华人民共和国住房和城乡建设部提供的事故统计数据，2019年房屋市政工程生产安全事故按照事故类型划分，事故统计数据见表9-3，事故主要类型见图9-1。

表9-3 2019年的房屋市政工程生产安全事故按照事故类型划分

事故类型	数量/起	百分比/%
高处坠落事故	415	53.69
物体打击事故	123	15.91
起重机械伤害事故	42	5.43
坍塌事故	69	8.93
触电事故	20	2.59
其他类型事故	81	10.47

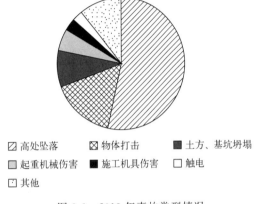

图9-1 2019年事故类型情况

（4）根据法规条例分类

根据国务院2007年6月1日起实施的《生产安全事故报告和调查处理条例》，生产安全事故（以下简称事故）造成的人员伤亡或者直接经济损失，事故一般分为以下等级。

① 特别重大事故，是指造成30人以上死亡，或者100人以上重伤（包括急性工业中毒，下同），或者1亿元以上直接经济损失的事故。

② 重大事故，是指造成10人以上30人以下死亡，或者50人以上100人以下重伤，或者5000万元以上1亿元以下直接经济损失的事故。

③ 较大事故，是指造成3人以上10人以下死亡，或者10人以上50人以下重伤，或者1000万元以上5000万元以下直接经济损失的事故。

④ 一般事故，是指造成3人以下死亡，或者10人以下重伤，或者1000万元以下直接经济损失的事故。

所称的"以上"包括本数，所称的"以下"不包括本数。

住房和城乡建设部于2010年7月发文《关于做好房屋建筑和市政基础设施工程质量事故报告和调查处理工作的通知》（建质〔2010〕111号），与《生产安全事故报告和调查处理条例》（国务院493号）令基本保持了一致（区别是：一般事故，是指造成3人以下死亡，或者10人以下重伤，或者100万元以上1000万元以下直接经济损失的事故）。并定义了工程质量事故，是指由于建设、勘察、设计、施工、监理等单位违反工程质量有关法律法规和工程建设标准，使工程产生结构安全、重要使用功能等方面的质量缺陷，造成人身伤亡或者重大经济损失的事故。工程质量事故强调了导致事故的原因是质量，其后果就是安全事故。

9.1.2 建筑工程安全事故处理方法、程序和原因分析

9.1.2.1 事故调查的依据和方法

事故调查应弄清楚如下几个问题：在什么情况下，为什么发生事故；在操作什么机器或进行什么作业时发生事故；事故的性质和原因是什么；机器设备工具是否符合安全要求；防护用具是否完好；劳动组织是否合理；操作是否正确、正常；有无规章制度，并且是否认真贯彻执行；负伤者的工种、性别及作业熟练程度如何；工种间的相互协作如何；劳动条件是否安全；道路是否畅通；工作地点是否满足作业要求；通风、照明是否良好；有无必要的安全装置和信号装置。事故安全处置工作关系如图 9-2 所示。

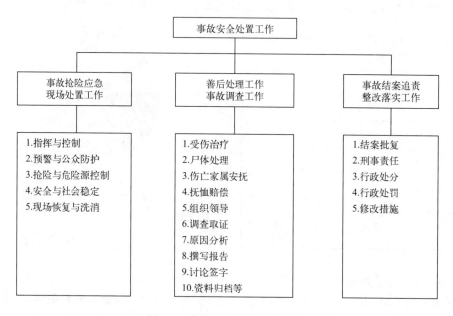

图 9-2 事故安全处置工作关系

（1）事故调查的主要依据

事故调查的主要依据有《中华人民共和国安全生产法》、《生产安全事故报告和调查处理条例》(国务院令第 493 号)、《国务院关于特大安全事故行政责任追究的规定》(国务院令第 302 号)、《〈生产安全事故报告和调查处理条例〉罚款处罚暂行规定》(安监总局令第 13 号)、《安全生产违法行为行政处罚办法》(安监总局令第 15 号)、《重庆市安全生产监督管理条例》、《企业职工伤亡事故分类》(GB 6441)、《企业职工伤亡事故调查分析规则》(GB 6442)、《企业职工伤亡事故经济损失统计标准》(GB 6721)、《事故伤害损失工作日标准》(GB/T 15499)。

（2）事故调查的基本原则

目前我国伤亡事故调查基本上是按照逐级上报，分级调查处理。事故调查应遵循以下基本原则。

① 调查事故应实事求是，以客观事实为依据。

② 坚持做到"四不放过"的原则，即事故原因分析不清不放过、事故责任者没有受到处理不放过、整改措施不落实不放过、有关责任人和群众没有受到教育不放过。

③ 事故是可以调查清楚的，这是调查事故最基本的原则。

④ 事故调查成员一方面要有调查的经验或某一方面的专长，另一方面应与事故没有直接利害关系。

（3）事故调查的方法

事故调查应从现场勘察、调查询问入手，收集人证、物证材料，进行必要的技术鉴定和模拟实验，寻求事故原因及责任者，并提出防范措施。事故的调查方法如图 9-3 所示。

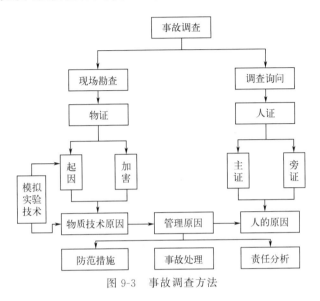

图 9-3　事故调查方法

进行技术鉴定与模拟实验的方法有：对设备、器材的破损、变形、腐蚀等情况，必要时可作技术鉴定；对设备零部件结构、设计及规格尺寸复核、计算，必要时可做模拟实验。

（4）事故调查和程序

① 成立事故调查组。在接到事故报告后的单位领导人，应立即赶赴现场帮助组织抢救。特别重大事故由国务院或者国务院授权有关部门组织事故调查组进行调查。

重大事故、较大事故、一般事故分别由事故发生地省级人民政府、设区的市级人民政府、县级人民政府负责调查。省级人民政府、设区的市级人民政府、县级人民政府可以直接组织事故调查组进行调查，也可以授权或者委托有关部门组织事故调查组进行调查。

未造成人员伤亡的一般事故，县级人民政府也可以委托事故发生单位组织事故调查组进行调查。由企业负责人或其指定人员组织生产、技术、安全等有关人员以及工会成员迅速组成事故调查组，开展调查。

上级人民政府认为必要时，可以调查由下级人民政府负责调查的事故。

特别重大事故以下等级事故，事故发生地与事故发生单位不在同一个县级以上行政区域的，由事故发生地人民政府负责调查，事故发生单位所在地人民政府应当派人参加。

事故调查组的组成应当遵循精简、效能的原则。根据事故的具体情况，事故调查组由有关人民政府、安全生产监督管理部门、负有安全生产监督管理职责的有关部门、监察机关、公安机关以及工会派人组成，并应当邀请人民检察院派人参加。事故调查组可以聘请有关专家参与调查，事故调查组成员应当具有事故调查所需要的知识和专长，并与所调查的事故没有直接利害关系。事故调查组组长由负责事故调查的人民政府指定，事故调查组组长主持事故调查组的工作。

② 事故现场勘察取证。在事故发生后，调查组必须到现场进行勘察。现场勘察是技术性很强的工作，涉及广泛的科技知识和实践经验，对事故的现场勘察必须及时、全面、细

致、客观。主要包括：现场摄影、音像资料收集；绘制事故图；有关物证搜集。

③ 事故有关文字、音像、图片等事实材料搜集。

④ 证人材料搜集。

⑤ 事故原因分析。

⑥ 事故调查报告。

⑦ 调查报告报送归档。

9.1.2.2 事故原因分析

（1）事故原因分析的基本程序

① 整理和阅读调查材料。

② 分析伤害方式（从伤害部位、性质、起因物、致害物、伤害方式、不安全状态、不安全行为进行分析）。

③ 确定事故的直接原因和间接原因。

一般从直接原因入手，逐步深入到间接原因，从而掌握事故的全部原因。在分析事故原因的过程中，要分清主次，并进行责任分析。

（2）直接原因分析

在《企业职工伤亡事故调查分析规则》（GB 6442）中规定，属于下列情况的为直接原因：机械、物质或环境的不安全状态；人的不安全行为。

在事故调查中，要组织专业技术力量，尽快找出事故发生的直接原因，特别是对一些情况复杂，有人为隐匿事故发生真相的情况，更要高度重视，要在第一时间内组织专家勘察现场，同时组织力量询问现场目击者和有关当事人。如果还不能找到事故的直接原因，则要及时与公安机关联系，要求公安机关尽快参与调查，抓住时机，为整个调查工作争取主动权。如果发现有人为的故意犯罪行为，更要及时移交公安机关立案侦查。

（3）间接原因分析

在《企业职工伤亡事故调查分析规则》（GB 6442）中规定了7个方面原因：

① 技术和设计上有缺陷；

② 教育培训不够，未经培训，缺乏或不懂安全操作技术知识；

③ 劳动组织不合理；

④ 对施工现场工作缺乏检查或指导错误；

⑤ 没有安全操作规程或不健全；

⑥ 没有或不认真实施事故防范措施，对事故隐患整改不力；

⑦ 其他。

（4）提出预防及建议措施

根据事故原因分析提出预防及建议措施。

9.1.2.3 建筑工程安全事故调查报告

① 事故调查组应当自事故发生之日起60日内提交事故调查报告；特殊情况下，经负责事故调查的人民政府批准，提交事故调查报告的期限可以适当延长，但延长的期限最长不超过60日。

② 事故调查报告应当包括下列内容：

a. 事故发生单位概况；

b. 事故发生经过和事故救援情况；

c. 事故造成的人员伤亡和直接经济损失；

d. 事故发生的原因和事故性质；

e. 事故责任的认定以及对事故责任者的处理建议；

f. 事故防范和整改措施。

③ 事故调查报告应当附具有关证据材料。事故调查组成员应当在事故调查报告上签名。如调查组内部意见有分歧，应在弄清事实的基础上，对照政策法规反复研究，统一认识。对于个别同志仍持有不同意见的允许保留，并在签字时写明自己的意见。

④ 事故调查报告报送负责事故调查的人民政府后，事故调查工作即告结束。事故调查的有关资料应当归档保存。

⑤ 结合国家有关规定，建筑工程事故发生后，可以按以下程序进行处理。

⑥ 建设工程安全事故发生后，总监理工程师应签发《工程暂停令》，并要求施工单位必须立即停止施工，施工单位应立即实行抢救伤员，排除险情，采取必需措施，防止事故扩大，并做好标识，保护好现场。同时，要求发生安全事故的施工总承包单位迅速按安全事故类别和等级向相应的政府主管部门上报，并于24小时内写出书面报告。工程安全事故报告应包括以下主要内容：

a. 事故发生的时间、详细地点、工程项目名称及所属企业名称；

b. 事故类别、事故严重程度；

c. 事故的简要经过、伤亡人数和直接经济损失的初步估计；

d. 事故发生原因的初步判断；

e. 抢救措施及事故控制情况；

f. 报告人情况和联系电话。

⑦ 监理工程师在事故调查组展开工作后，应积极协助，客观地提供相应证据。若监理方无责任，监理工程师可应邀参加调查组，参与事故调查；若监理方有责任，则应予以回避，但应配合调查组做好以下工作：

a. 查明事故发生的原因、人员伤亡及财产损失情况；

b. 查明事故的性质和责任；

c. 提出事故的处理及防止类似事故再次发生所应采取措施的建议；

d. 提出对事故责任者的处理建议；

e. 检查控制事故的应急措施是否得当和落实；

f. 写出事故调查报告。

⑧ 监理工程师接到安全事故调查组提出的处理意见涉及技术处理时，可组织相关单位研究，并要求相关单位完成技术处理方案，必要时，应征求设计单位的意见。技术处理方案必须依据充分，应在安全事故的部位、原因全部查清的基础上进行，必要时，组织专家进行论证，以保证技术处理方案可行可靠，保证安全。

⑨ 技术处理方案核签后，监理工程师应要求施工单位制订详细的施工方案，必要时，监理工程师应编制监理实施细则，对工程安全事故技术处理的施工过程进行重点监控，对于关键部位和关键工序应派专人进行监控。

⑩ 施工单位完工自检后，监理工程师应组织相关各方进行检查验收，必要时进行处理结果鉴定。要求事故单位整理编写安全事故处理报告，并审核签认，进行资料归档。建设工程安全事故处理报告主要包括以下内容：

a. 职工重伤、死亡事故调查报告书；

b. 现场调查资料（记录、图纸、照片）；

c. 技术鉴定和试验报告；

d. 物证、人证调查材料；
e. 间接和直接经济损失；
f. 医疗部门对伤亡者的诊断结论及影印件；
g. 企业或其主管部门对该事故所做的结案报告；
h. 处分决定和受处理人员的检查材料；
i. 有关部门对事故的结案批复等；
j. 事故调查人员的姓名、职务，并签字。

⑪ 根据政府主管部门的复工通知，确认具备复工条件后，签发《工程复工令》，恢复正常施工。

9.2 建筑施工伤亡事故的预防

针对建筑施工现场多发性伤亡事故类型以及大量伤亡事故中血的教训，经过不断总结和提炼，现将多发性伤亡事故的预防措施作简要介绍。

9.2.1 伤亡事故的预防原则

为了实现安全生产，预防伤亡事故的发生，必须要有全面的综合性措施。实现系统安全的原则，大致有灾害预防和控制受害程度两部分内容，其具体原则如下。

9.2.1.1 灾害的预防原则

（1）消除潜在危险的原则

这项原则在本质上是积极的、进步的，它是以新的方式、新的成果或改良的措施，消除操作对象和作业环境的危险因素，从而最大可能地保证安全。

（2）控制潜在危险数值的原则

比如采用双层绝缘工具、安全阀、泄压阀、控制安全指标等，均属此类。这些方法只能保证提高安全水平，但不能达到最大限度地消除危险和有害因素。在这项原则下，一般只能得到折中的解决方案。

（3）坚固原则

以安全为目的，采取提高安全系数、增加安全余量等措施。如提高结构强度、提高钢丝绳的安全系数等。

（4）自动防止故障的互锁原则

在不可消除或控制有害因素的条件下，以机器、机械手、自动控制器或机器人等，代替人或人体的某些操作，摆脱危险和有害因素对人体的危害。

9.2.1.2 控制受害程度的原则

（1）屏障

在危险和有害因素的作用范围内，设置障碍，以保证对人体的防护。

（2）距离防护原则

当危险和有害因素的作用随着距离增加而减弱时，可采用这个原则，达到控制伤害程度的目的。

（3）时间防护原则

将受害因素或危险时间缩短至安全限度之内。

（4）薄弱环节原则（亦称损失最小原则）

设置薄弱环节，使之在危险和有毒因素还未达到危险值之前发生损坏，以最小损失换取整个系统的安全。如，电路中的熔丝、锅炉上的安全阀、压力容器用的防爆片等。

（5）警告和禁止的信息原则

以光、声、色或标志等，传递技术信息，以保证安全。

（6）个人防护原则

根据不同作业性质和使用条件（如经常使用或急救使用），配备相应的防护用品和器具。

（7）避难、生存和救护原则

离开危险场所，或发生伤害时组织积极抢救，这也是控制受害程度的一项重要内容，不可忽视。

9.2.2 伤亡事故预防的一般措施

伤亡事故，是由于人的不安全行为和物的不安全状态两大因素作用的结果，换言之，人的不安全行为和物的不安全状态，就是潜在的事故隐患。伤亡事故预防，就是要消除人和物的不安全因素，实现作业行为和作业条件安全化。

9.2.2.1 消除人的不安全行为，实现作业行为安全化的主要措施

① 开展安全思想教育和安全规章制度教育，提高职工的安全意识。只有使作业人员在生产劳动过程中始终保持强烈的安全意识，把安全意识作为自我需要，把遵章守纪和安全操作变为自觉行动，才能有效地控制不安全行为的产生。

② 进行安全知识岗位培训，提高职工的安全技术素质。安全知识岗位培训的目的，是使作业人员掌握安全生产的应知、应会和技能、技巧以及能正确处理意外事故的应变能力，从而有效地避免因无知、不懂技术而发生事故或导致事故扩大。

③ 推广安全标准操作和安全确认制活动，严格按照安全操作规程和程序进行作业。对于要害设备和特种作业，为了避免因误操作导致事故，推广安全标准化操作和确认制，具有特别重要的意义。

④ 搞好均衡生产，注意劳逸结合，使作业人员保持充沛的精力，从而避免产生不安全行为。

9.2.2.2 消除物的不安全状态，实现作业条件安全化采取的主要措施

① 采用新工艺、新技术、新设备，改善劳动条件。如实现机械化、自动化操作，建立流水作业线，使用机械手和机器人等。

② 加强安全技术的研究，采用安全防护装置，隔离危险部分。采用安全适用的个人防护用具。

③ 开展安全检查，及时发现和整改安全隐患。对于较大的安全隐患，要列入企业的安全技术措施计划，限期予以排除。

④ 定期对作业条件（环境）进行安全评价，以便采取安全措施，保证符合作业的安全要求。如对厂房、设备、工具的安全性能进行定期检查和技术的检验。

对防尘防毒、防火防爆、防雷防风、防寒防暑、隔声防震、照明采光等情况进行检查评价。当作业性质、产品结构、产量发生较大变化或者作业人员组织发生变化时，更要对作业条件作出安全评价，做好安全防范工作。

加强安全管理是实现上述两方面安全措施的重要保证。建立完善和严格执行安全生产规章制度，开展经常性的安全教育、岗位培训和安全竞赛活动。通过安全检查制定和落实措施等安全管理工作，是消除事故隐患、搞好事故预防的基础工作。因此，企业应采取有力措施，加强安全施工管理，保障安全生产。

9.3 建筑工程安全事故案例分析

9.3.1 物体打击事故案例

9.3.1.1 事故概况

2003年1月20日下午，上海某建筑安装工程有限公司分包的某汽修车间工程，钢结构屋架地面拼装基本结束。13时20分左右，专业吊装负责人曹某，酒后来到车间西北侧东西向并排停放的三榀长21m、高0.9m，重约1.5吨的钢屋架前，弯腰在最南边的一榀屋架下查看拼装质量，发现北边第三榀屋架略向北倾斜，即指挥两名工人用钢管撬平并加固。由于两工人用力不匀，使得那榀屋架反过来向南倾倒，导致三榀屋架连锁一起向南倒下。当时曹某还蹲在构件下，没来得及反应，整个身子被压在构件下，待现场人员搬开三榀屋架，曹某已七孔出血，经医护人员现场抢救无效而死亡。

9.3.1.2 事故原因分析

（1）直接原因

屋架固定不符合要求，南边只用三根直径4.5cm的短钢管作为支撑，且支在松软的地面上，而且三榀屋架并排放在一起；曹某指挥站立位置不当；工人撬动时用力不匀，导致屋架倾倒，是造成本次事故的直接原因。

（2）间接原因

① 死者曹某酒后指挥，为事故发生埋下了极大的隐患。

② 土建施工单位工程项目部在未完备吊装分包合同的情况下，盲目同意吊装队进场施工，违反施工程序。

③ 施工前无书面安全技术交底，违反操作程序。

④ 施工场地未经硬化处理，给构件固定支撑带来松动余地。

⑤ 施工人员自我安全保护意识差，没有切实有效的安全防护措施。

（3）主要原因

钢构件固定不规范，曹某指挥站立位置不当，工人撬动时用力不匀，导致屋架倾倒，是造成本次事故的主要原因。

9.3.1.3 事故预防及控制措施

① 本着谁抓生产，谁负责安全的原则，各级管理干部要各负其责，加强安全管理，督促安全措施的落实。

② 加强施工现场的动态管理，做好针对性的安全技术交底，尤其是对现场的施工场地，关键地方要全部硬化处理，消除不安全因素。

③ 全面按规范加固屋架固定支撑，并在四周做好防护标志。

④ 加强施工人员的安全教育和自我保护意识教育，提高施工队伍素质。

⑤ 取消原吊装队伍资格，清退其施工人员。重新请有资质的吊装公司，并签订合法有效的分包合同以及安全协议书，健全施工组织设计和操作规程。

9.3.1.4 事故处理结果

本起事故直接经济损失约为16.8万元。

事故发生后，施工单位根据事故调查小组的意见，对本次事故负有一定责任者进行了相应的处理。

① 公司法人严某，对项目部安全生产工作管理不严，对本次事故负有领导责任，责令

其做出书面检查、并给予罚款的处分。

② 现场管理经理朱某，在未完备吊装分包合同的情况下，盲目同意吊装队进场施工，对专业分包单位安全技术、操作规程交底不够，对本次事故负有主要责任，责令其做出书面检查、给予行政警告和罚款的处分。

③ 项目部安全员虞某、技术员李某、施工员叶某，对分包队伍的安全检查、监督、安全技术措施的落实等工作管理力度不够，对本次事故均负有一定的责任，决定分别给予罚款的处分。

④ 吊装单位负责人曹某酒后指挥，对本次事故负有重要责任，鉴于已死亡，不予追究。

9.3.2 触电事故案例

9.3.2.1 事故概况

2002 年 9 月 18 日，在江苏某公司总包，某设备安装工程公司分包的上海某联合厂房、办公楼工地上，分包单位正在进行水电安装和钢筋电渣压力焊接工程的施工。根据总包施工进度安排，18 时安装公司工地负责人施某安排电焊工宋某、李某以及辅助工张某加夜班焊接竖向钢筋。19 时 30 分左右，辅助工张某在焊接作业时，因焊钳漏电，被电击后从 2.7m 的高空坠落到基坑内不省人事。事故发生后，项目部立即派人将张某送到医院抢救，因伤势过重，抢救无效死亡。

9.3.2.2 事故原因分析

（1）直接原因

设备附件有缺陷，焊钳破损漏电，作业人员在进行焊接作业，因焊钳漏电遭电击后坠地身亡，是造成本次事故的直接原因。

（2）间接原因

① 分包项目部对安全生产管理不严，电焊机未按规定配备二次空载保护器。

② 分包单位公司对安全生产工作检查不细。

③ 施工现场安全防护措施不落实，作业区域未搭设操作平台，电焊工张某坐在排架钢管上操作，遭电击后，因无防护措施，而从 2.7m 高处坠落到基坑内。

④ 分包设备安装公司项目部，未按规定配备个人防护用品。

⑤ 总包单位项目部对施工现场安全生产管理不严，对分包单位安全生产监督不力。

（3）主要原因

根据事故发生的直接原因和间接原因分析，安全设施有缺陷，是造成本次事故的主要原因。

9.3.2.3 事故预防及控制措施

① 加强机械设备管理，特别是电焊机要按照规定配备二次空载保护器，并经常检查电焊机运转情况、焊钳完好情况，发现破损要及时更换，防止漏电，严防事故重复发生。

② 认真落实安全生产各项防护措施，施工现场要有安全通道，作业区域要搭设操作平台，"洞口""临边"防护措施必须真正落实，加强施工现场临时用电管理，电器设备的配置、用电线路的设置要按规范要求实施，确保临时用电安全。

③ 分包设备安装工程公司项目部要进一步加强对职工进行安全第一的思想教育，提高全员安全意识，严禁违章指挥、违章作业、无证操作，并按规定配备好个人防护用品，满足安全需要。

④ 总包单位要强化施工现场安全生产管理，加强安全生产；检查发现问题要及时采取整改措施，把事故隐患消灭在萌芽状态，并要加强对分包单位安全生产的监管力度，确保施

工的顺利进行。

9.3.2.4　事故处理结果

本起事故直接经济损失约15万元。

事故发生后，总分包单位根据事故调查小组的意见，分别对本次事故负有一定责任者进行相应的处理。

① 分包单位项目部经理施某，违反规定，电焊机未配置二次空载保护器、未及时发现焊钳破损以致漏电，对本次事故负有主要责任，给予行政警告和罚款的处分。

② 电焊班班长张某，对作业人员要求不严，安排无证人员上岗进行焊接操作，对本次事故负有重要责任，给予行政记过和罚款的处分。

③ 分包单位公司生产经理黄某，对安全生产工作重视不够，对本次事故负有领导责任，责令其写出书面检查，并给予罚款的处分。

④ 总包单位项目经理刘某，对施工现场安全生产管理不严，对分包单位安全生产工作监督不力，对本次事故负有管理责任，责令其写出书面检查，并给予罚款的处分。

⑤ 张某无证上岗，安全意识不强，对本次事故负有一定责任，鉴于本人已死亡，故不予追究。

9.3.3　天津市宝坻区"11·30"高处坠落事故案例

9.3.3.1　事故简介

2008年11月30日，天津市宝坻区某住宅楼工程在施工过程中，发生一起高处坠落事故，造成3人死亡、1人重伤。

该工程建筑面积7797m²，框剪结构，地上18层（标准层2.9m），地下1层，建筑高度52.2m。事故发生时正在进行16层主体结构施工。当日8时左右，4名施工人员在16层电梯井内脚手架上拆除电梯井内侧模板时，脚手架突然整体坠落，施工人员随之坠入井底。

根据事故调查和责任认定，对有关责任方作出以下处理：项目经理、副经理2名责任人移交司法机关依法追究刑事责任；项目经理、监理单位经理、项目总监理工程师等5名责任人分别受到暂停执业资格、警告、记过等行政处罚；施工、监理等单位分别受到停止在津参加投标活动6个月的行政处罚。

9.3.3.2　原因分析

（1）直接原因

电梯井内脚手架采用钢管扣件搭设，为悬空的架体，上铺木板，施工中没有按照支撑架体钢管穿过剪力墙等技术要求搭设。未对搭设的电梯井脚手架进行验收，电梯井内没有按照有关标准搭设安全网，操作人员在脚手架上进行拆除模板作业时产生不均匀的荷载，导致脚手架失稳、变形而坠落。

（2）间接原因

① 施工单位对工程项目疏于管理，现场混乱，有关人员未认真履行安全职责，安全检查中没有发现并采取有效措施消除存在的事故隐患；没有对电梯井内拆除模板的操作人员进行安全培训和技术交底；在没有安全保障的条件下安排操作人员从事作业。

② 监理公司承揽工程后未进行有效的管理，指派无国家监理执业资格的人员担任项目总监理工程师的工作；现场监理人员无证监理，对模板施工方案、安全技术交底、电梯井内脚手架验收等管理不力，对电梯井内脚手架搭设、安全网防护不符合规范要求等事故隐患及施工中的冒险蛮干现象未采取措施予以制止。

9.3.3.3 事故教训

① 建立健全安全生产责任制。安全管理体系要从公司到项目到班组层层落实，切忌走过场。切实加强安全管理工作，配备足够的安全管理人员，确保安全生产体系正常运作。

② 进一步加强安全生产制度建设。安全防护措施、安全技术交底、班前安全活动要全面、有针对性，既符合施工要求，又符合安全技术规范的要求，并在施工中不折不扣地贯彻落实。施工安全必须实行动态管理，责任要落实到班组，落实到每一个施工人员。

③ 进一步加强高处坠落事故的专项治理，高处作业是建筑施工中出现频率最高的危险性作业，事故率也最高，无论是临边、屋面、外架、设备等都会遇到。在施工中必须针对不同的工艺特点，制订切实有效的防范措施，开展高处作业的专项治理工作，控制高处坠落事故的发生。

④ 加强培训教育，提高施工人员安全意识，使其树立"不伤害自己，不伤害别人，不被别人伤害"的安全理念。

9.3.3.4 整改措施

这是一起由于电梯井内悬空架体支撑杆件失效而引发的生产安全责任事故。事故的发生暴露出施工单位管理失控、现场混乱、安全检查缺失等问题。应认真吸取教训，做好以下几方面工作。

① 要重视施工过程各环节安全生产工作。这起事故中，电梯井内搭设的脚手架，由于体量小，未能引起足够重视，搭设和使用既无方案也没交底，搭设的脚手架与电梯井结构未做牢固连接，最终发生事故。要有效防止此类事故，施工企业必须加强安全管理，消除隐患。

② 要认真贯彻执行各项安全标准和规范。高处作业要制定专门的安全技术措施，要编制脚手架搭设（拆除）方案、现场安全防护方案；严格安全检查、教育和安全设施验收制度，对查出的问题及时消除，要强化各级人员安全责任制的落实；严格考核制度，考核结果要与其经济收入挂钩，提高安全生产的主动性、积极性。同时还要按照《建筑施工安全检查标准》和《施工现场高处作业安全技术规范》的要求做好洞口、临边和操作层的防护，并按规定规范合理布置安全警示标志。要保证安全设施的材质合格，安全设施使用前必须进行验收，验收合格后方可使用。另外，施工人员在电梯井内平台作业，要控制好人员数量，避免荷载过于集中。

③ 要切实加强安全生产培训教育。建筑施工企业应认真吸取事故教训，加强安全生产技术培训和安全生产知识教育，提高从业人员专业素质和安全意识。认真进行各工种操作规程培训和专业技术知识培训，尤其是对高处作业人员进行有关安全规范的培训，增强自身专业技术能力，以减少因技术知识不足造成的违章作业。

9.3.4 江西某发电厂"11·24"冷却塔施工平台坍塌事故案例

9.3.4.1 事故经过与概况

2016年11月24日6时许，混凝土班组、钢筋班组先后完成第52节混凝土浇筑和第53节钢筋绑扎作业，离开作业面。5个木工班组共70人先后上施工平台，分布在筒壁四周施工平台上拆除第50节模板并安装第53节模板。此外，与施工平台连接的平桥上有2名平桥操作人员和1名施工升降机操作人员，在7号冷却塔底部中央竖井、水池底板处有19名工人正在作业。

7时33分，7号冷却塔第50节～第52节筒壁混凝土从后期浇筑完成部位（西偏南15°～16°，距平桥前桥端部偏南弧线距离约28m处）开始坍塌，沿圆周方向向两侧连续倾塌坠落，施工平台及平桥上的作业人员随同筒壁混凝土及模架体系一起坠落，在筒壁坍塌过程中，平桥晃动、倾斜后整体向东倒塌，事故持续时间24秒。

事故导致73人死亡（其中70名筒壁作业人员、3名设备操作人员），2名在7号冷却塔底部作业的工人受伤，7号冷却塔部分已完工工程受损。依据《企业职工伤亡事故经济损失统计标准》（GB 6721—1986）等标准和规定统计，核定事故造成直接经济损失为10197.2万元。

9.3.4.2 事故直接原因

经调查认定，事故的直接原因是施工单位在7号冷却塔第50节筒壁混凝土强度不足的情况下，违规拆除第50节模板，致使第50节筒壁混凝土失去模板支护，不足以承受上部荷载，从底部最薄弱处开始坍塌，造成第50节及以上筒壁混凝土和模架体系连续倾塌坠落。坠落物冲击与筒壁内侧连接的平桥附着拉索，导致平桥也整体倒塌。具体分析如下。

(1) 混凝土强度情况

7号冷却塔第50节模板拆除时，第50、51、52节筒壁混凝土实际小时龄期分别为29~33h、14~18h、2~5h。

根据丰城市气象局提供的气象资料，2016年11月21日至11月24日期间，当地气温骤降，分别为17~21℃、6~17℃、4~6℃和4~5℃，且为阴有小雨天气，这种气象条件延迟了混凝土强度发展。事故调查组委托检测单位进行了同条件混凝土性能模拟试验，采用第49节~第52节筒壁混凝土实际使用的材料，按照混凝土设计配合比的材料用量，模拟事发时当地的小时温湿度，拌制的混凝土入模温度为8.7~14.9℃。试验结果表明，第50节模板拆除时，第50节筒壁混凝土抗压强度为0.89~2.35MPa；第51节筒壁混凝土抗压强度小于0.29MPa；52节筒壁混凝土无抗压强度。而按照国家标准中强制性条文，拆除第50节模板时，第51节筒壁混凝土强度应该达到6MPa以上。

对7号冷却塔拆模施工过程的受力计算分析表明，在未拆除模板前，第50节筒壁根部能够承担上部荷载作用，当第50节筒壁5个区段分别开始拆模后，随着拆除模板数量的增加，第50节筒壁混凝土所承受的弯矩迅速增大，直至超过混凝土与钢筋界面黏结破坏的临界值。

(2) 平桥倒塌情况

经查看事故监控视频及问询现场目击证人，认定7号冷却塔第50节~第52节筒壁混凝土和模架体系首先倒塌后，平桥才缓慢倒塌。经计算分析，平桥附着拉索在混凝土和模架体系等坠落物冲击下发生断裂，同时，巨大的冲击张力迅速转换为反弹力反方向作用在塔身上，致使塔身下部主弦杆应力剧增，瞬间超过抗拉强度，塔身在最薄弱部位首先断裂，并导致平桥整体倒塌。

(3) 人为破坏等因素排除情况

经调查组现场勘查、计算分析，排除了人为破坏、地震、设计缺陷、地基沉降、模架体系缺陷等因素引起事故发生的可能。

9.3.4.3 相关施工管理情况

经调查，在7号冷却塔施工过程中，施工单位为完成工期目标，施工进度不断加快，导致拆模前混凝土养护时间减少，混凝土强度发展不足；在气温骤降的情况下，没有采取相应的技术措施加快混凝土强度发展速度；筒壁工程施工方案存在严重缺陷，未制订针对性的拆模作业管理控制措施；对试块送检、拆模的管理失控，在实际施工过程中，劳务作业队伍自行决定拆模。具体事实如下。

(1) 筒壁工程施工方案管理情况

施工单位项目部于2016年9月14日编制了《7号冷却塔筒壁施工方案》，经项目部工程部、质检部、安监部会签，报项目部总工程师于 9 月 18 日批准后，分别报送总承包单位项目部、项目监理部、建设单位工程建设指挥部审查，9 月 20 日上述各单位完成审查。

施工方案中计划工期为 2016 年 9 月 27 日～2017 年 1 月 18 日，内容包括筒壁工程施工工艺技术、强制性条文、安全技术措施、危险源辨识及环境辨识与控制等部分。施工单位项目部未按规定将筒壁工程定义为危险性较大的分部分项工程。

施工方案在强制性条文部分列入了《双曲线冷却塔施工与质量验收规范》（GB 50573—2010）第 6.3.15 条"采用悬挂式脚手架施工筒壁，拆模时其上节混凝土强度应达到 6MPa 以上"，但并未制订拆模时保证上下节混凝土强度不低于 6MPa 的针对性管理控制措施。

施工方案在危险源辨识及环境辨识与控制部分，对模板工程和混凝土工程中可能发生的坍塌事故仅辨识出 1 项危险源，即"在未充分加固的模板上作业"。

施工方案编制完成后，施工单位项目部、工程部进行了安全技术交底。截至事故发生时，施工方案未进行修改。

（2）模板拆除作业管理情况

按施工正常程序，各节筒壁混凝土拆模前，应由施工单位项目部试验员将本节及上一节混凝土同条件养护试块送到总承包单位项目部指定的第三方试验室（江西省南昌科盛建筑质量检测所）进行强度检测，并将检测结果报告施工单位项目部工程部长，工程部长视情况再安排劳务作业队伍进行拆模作业。

按照 2016 年 4 月 6 日施工单位项目部报送的 7 号冷却塔工程施工质量验收范围划分表，筒壁工程的模板安装和拆除作业属于现场见证点，需要施工单位、总承包单位、监理单位见证和验收拆模作业。

经查，施工单位项目部从未将混凝土同条件养护试块送到总承包单位指定的第三方试验室进行强度检测，偶尔将试块违规送到丰城鼎力建材公司搅拌站进行强度检测。2016 年 11 月 23 日下午，施工单位项目部试验员在进行 7 号冷却塔第 50 节模板拆除前的试块强度送检时，发现第 50 节、第 51 节筒壁混凝土同条件养护试块未完全凝固无法脱模，于是试验员将 2 块烟囱工程的试块取出送到混凝土搅拌站进行强度检测。经检测，烟囱试块强度值不到 1MPa。试验员将上述情况电话报告给工程部部长宋某，至事故发生时，宋某未按规定采取相应有效措施。

施工单位项目部在 7 号冷却塔筒壁施工过程中，没有关于拆模作业的管理规定，也没有任何拆模的书面控制记录，也从未在拆模前通知总承包单位和监理单位。除施工单位项目部明确要求暂停拆模的情况外，劳务作业队伍一直自行持续模板搭设、混凝土浇筑、钢筋绑扎、拆模等工序的循环施工。

（3）关于气温骤降的应对管理情况

施工单位项目部在获知 2016 年 11 月 21 日～11 月 24 日期间气温骤降的预报信息后，施工单位项目部总工程师安排工程部通知试验室，增加早强剂并调整混凝土配合比，以增加混凝土早期强度。但直至事故发生，该工作没有得到落实。

河北某公司于 11 月 14 日印发《关于冬期施工的通知》，要求公司下属各项目部制定本项目的《冬期施工方案》，并且在 11 月 17 日前上报到公司工程部审批、备案且严格执行。施工单位项目部总工程师、工程部长认为当时江西该地的天气条件尚未达到冬期施工的标准，直至事故发生时，项目部一直没有制订冬期施工方案。

9.3.4.4　事故防范措施建议

① 要求各地区、各有关部门、各建筑业企业要深刻汲取事故教训，增强安全生产红线意识，进一步强化建筑施工安全管理工作。

② 完善电力建设安全监管机制，落实安全监管责任。
③ 进一步健全法规制度，明确工程总承包模式中各方主体的安全职责。
④ 规范建设管理和施工现场监理，切实发挥监理施工现场管控作用。
⑤ 夯实企业安全生产基础，提高工程总承包安全管理水平。
⑥ 全面推行安全风险分级管控制度，强化施工现场隐患排查治理。
⑦ 加大安全科技创新及应用力度，切实提升施工安全本质水平。

9.3.4.5 对有关责任人员和单位的处理意见

根据事故原因调查和事故责任认定，依据有关法律法规和党纪政纪规定，对事故有关责任人员和责任单位提出处理意见。

司法机关已对31人采取刑事强制措施，其中公安机关依法对15人立案侦查并采取刑事强制措施（涉嫌重大责任事故罪13人，涉嫌生产、销售伪劣产品罪2人），检察机关依法对16人立案侦查并采取刑事强制措施（涉嫌玩忽职守罪10人，涉嫌贪污罪3人，涉嫌玩忽职守罪、受贿罪1人，涉嫌滥用职权罪1人，涉嫌行贿罪1人）。

9.3.5 一般机械伤害事故

9.3.5.1 事故经过

2016年12月14日上午7时00分左右，位于某在建房屋工地正在铺设第6层楼顶模板，张某在三楼使用物料提升机将模板材料运送到六楼，空吊笼从六楼下放过程中卡在提升机井内五、六层之间，此时一楼曳引轮并未停止转动，曳引轮上钢丝绳散乱出来，张某便到一楼修理钢丝绳，在修理过程中提升机吊笼突然自动下降，牵拉钢丝绳回收到曳引轮上，回收的钢丝绳同时牵拉张某撞向提升机的铁质井架，张某撞上井架后回弹跌倒在地面，任某见状立即上前进行抢救，并组织其他工人一同将张某抬上车送往大岭山医院抢救，医院上午9时许宣布死亡。

9.3.5.2 事故原因和事故性质

（1）调查情况

接到事故报告后，该地安全监管分局执法人员到事故发生地进行实地调查时发现，物料提升机处于静止状态，该提升机载货平台停靠在建房屋5楼楼面处，物料提升机的控制盒控挂在第三层提升机井旁一水泥柱上。提升井顶端固定滑轮的承载梁已被拉弯变形。

（2）询问情况

事故发生后，调查组成员相继对工程承包方任某、发包方何某，工人谭某、谭某某、唐某、唐某某等人做了询问调查。综合一楼在场人员任某及唐某某、唐某、谭某某的询问笔录可以确定事发当时张某独自在修理散乱的钢丝绳，并在修理过程中被钢丝绳牵拉撞向铁质井架致其受伤。

（3）事故原因

① 直接原因。事故发生的直接原因是张某缺乏安全意识，违规作业，对物料提升机维修过程中存在的危险认识不足，未在确保安全的情况下独自对物料提升机进行维修，维修过程中吊笼突然坠落拉动钢丝绳回收，回收的钢丝绳牵拉张某撞向提升机的铁质井架，致其重伤经抢救无效死亡。

② 间接原因。一是任某对其施工人员的安全培训不到位，未能保证从业人员具备必要的安全生产知识，熟悉相关的安全生产规章制度和安全操作规程，掌握本岗位的安全操作技能；二是安全隐患排查不到位，未建立健全生产安全事故隐患排查治理制度，未采取技术、管理措施，及时发现并消除事故隐患，物料提升机由任某投入使用，在使用过程中未安排专

人对物料提升机的使用进行监管；三是任某投入使用的物料提升机设备简陋、未能提供物料提升机定期维护保养记录，未能确保物料提升机正常运行，不具备符合国家标准或者行业标准的安全生产条件；四是何某、蔡某、刘某未按规定向住建部门办理相关手续，擅自施工。

（4）事故性质

经调查组调查认定：该事故是一起由于施工人员违规作业，安全生产责任制不落实，安全管理、安全监管不到位而引发的一般生产安全责任事故。

9.3.5.3 事故责任及处理

（1）责任认定

① 张某缺乏安全生产意识，违反规定对物料提升机进行维修，造成事故，对本次事故负有责任。

② 任某对其施工人员的安全培训不到位，未能保证从业人员具备必要的安全生产知识，熟悉相关的安全生产规章制度和安全操作规程，掌握本岗位的安全操作技能；未建立健全生产安全事故隐患排查治理制度，采取技术、管理措施，及时发现并消除事故隐患。因此，任某应对本次事故负有责任。

③ 何某、蔡某、刘某未按规定向住建部门办理相关手续，擅自施工，在本次事故中存在违法行为。

（2）处理建议

为吸取事故教训，教育和惩戒有关单位和责任人，根据事故调查情况，建议对此次事故相关人员做如下处理。

① 任某其行为违反了有关法律法规的规定，对事故负有责任，建议由安全生产监督管理部门依照《中华人民共和国安全生产法》对其进行行政处罚。

② 张某鉴于其已经死亡，建议不再追究其责任。生产监督管理部门依照《中华人民共和国安全生产法》对其进行行政处罚。

③ 何某、蔡某、刘某在本次事故中存在违法行为，建议由住建部门依照有关法律法规对其进行调查处理。

9.3.5.4 整改措施

为防范类似事故再次发生，建议大岭山规划建设办督促相关单位落实如下整改措施。

① 何某应吸取本次事故的教训，严格遵守有关法律法规，对拟建工程按规办理相关建筑工程规划报建手续。

② 任某作为生产经营单位应具备建筑施工相关资质；应当制订并实施安全生产教育和培训计划，保证从业人员具备必要的安全生产知识，熟悉相关的安全生产规章制度和安全操作规程，掌握本岗位的安全操作技能；建立健全生产安全事故隐患排查治理制度，采取技术、管理措施，及时发现并消除事故隐患。

9.3.6 某综合车场工程项目工地"5·23"起重伤害事故

9.3.6.1 事故经过

2022年5月23日9时许，某综合车场工程项目工地劳务班组工人谢某某、胡某某在钢筋加工棚将钢筋切割完成后找来某机械公司信号司索指挥员陈某某，让其指挥塔吊将钢筋（共28根，以下简称吊物）吊运至套丝机加工棚。陈某某来到钢筋加工棚后通过对讲机指挥1号塔吊（操作员为王某某）将吊臂移至钢筋加工棚上方，然后指挥吊臂上的变幅小车开至吊物上方并下放吊钩，当吊钩上的钢丝绳下落长度可绑吊物时陈某某叫停下移吊钩，然后让谢某某、胡某某将钢丝绳捆绑在吊物的左右两侧，捆绑吊物时谢某某、胡某某告知陈某某吊臂上的变幅小车未移到位，吊臂上的主吊绳与吊物之间为斜拉状态，但陈某某没有理会，随后指挥塔吊起钩，吊物被斜吊吊离铁架后快速摆向陈某某站立位置，随即撞到其边上障碍物并被挡停，接着陈某某续指挥起吊，吊物升离地面 30~40cm 后因主吊绳还处于斜拉状态，吊物随即又向前摆动，此次摆动先撞到前方的护栏挡板，接着转动撞到陈某某腿部位置并将其往前推，导致其撞到停靠在路边的搅拌车后倒地昏迷。

事故发生后，项目管理人员立即安排车辆将陈某某送往医院抢救，后其经救治无效死亡。经司法鉴定所出具的司法鉴定意见书证明陈某某的死亡原因为：符合胸腹部与重物碰撞致胸、腹部多发性损伤，导致创伤性失血性休克而死亡。

9.3.6.2 事故造成人员伤亡和直接经济损失情况

（1）事故造成的人员伤亡情况

事故共造成 1 人死亡（死者陈某某）。

（2）事故造成的直接经济损失情况

事故共造成直接经济损失约为人民币 150 万元。

9.3.6.3 事故原因及性质

（1）直接原因

涉事司索信号指挥工陈某某安全意识不足、违章冒险作业，在未与吊物保持安全距离及明知主吊绳与吊物之间未处于垂直状态的情况下，指挥塔吊起吊；在吊物因斜吊发生摆动被撞停后，陈某某在未将吊物进行调整并确认安全可靠的情况下，继续指挥起吊，导致本人被摆动的吊物撞倒后撞向停靠在路边的搅拌车，造成本起事故。

（2）间接原因

① 该机械公司对作业现场安全管理不到位，未教育和督促作业人员严格执行安全生产规章制度和安全操作规程；未采取技术、管理措施，及时发现并消除作业人员违章冒险进行斜吊吊运作业存在的事故隐患。

② 该机械公司主要负责人何某某未认真履行安全生产管理职责，未认真督促、检查本单位的安全生产工作，未及时消除吊运作业现场存在的生产安全事故隐患。

③ 该机械公司现场负责人庞某某履行安全生产管理职责不到位，未及时制止和纠正陈某某在指挥塔吊吊运作业过程中存在的违章指挥及违反操作规程的行为。

（3）事故性质

调查组认为，某综合车场工程项目工地"5·23"起重伤害死亡事故是一起一般生产安全责任事故。

9.3.6.4 防范和整改措施

（1）机械公司

该机械公司应吸取本起事故的深刻教训，进一步落实企业安全生产主体责任，防止类似事故再次发生，做到如下要求。

① 加强公司安全生产管理，建立、健全安全生产责任制，完善公司安全生产管理制度和生产条件；告知作业人员施工现场和工作岗位存在的危险因素及防范措施。

② 加强对员工的安全教育和培训，召开事故警示教育会，提高员工安全防范意识和安全操作技能；尤其是特种作业人员必须持证上岗，未经教育培训或者培训考核不合格的人员禁止上岗作业。

③ 加大对作业现场的安全隐患排查力度，对查出的安全隐患要及时整改，加强对员工

的管理，督促员工严格遵守安全生产规章制度和操作规程，杜绝违章指挥、强令冒险作业及违反操作规程的行为。

④ 公司主要负责人应认真督促和检查本单位安全生产工作，加强作业现场监督管理，确保作业过程中安全管理措施落实。

(2) 中建某公司

中建某公司应吸取本起事故的深刻教训，进一步落实企业安全生产主体责任，防止类似事故再次发生，做到如下要求。

① 严格落实安全生产主体责任，加强对生产经营活动的安全管理；进一步加强对作业人员的安全教育和培训，尤其要加强对新进和特种作业人员的安全教育培训，未经教育培训或者培训考核不合格、未取得特种作业操作证的人员禁止上岗作业。

② 加强对施工现场的安全管理，对现场管理混乱、存在重大安全隐患的施工现场，一律停工整改；督促作业人员严格遵守安全生产规章制度和操作规程，杜绝违章指挥、强令冒险作业及违反操作规程的行为。

(3) 其他部门

行业主管部门应以此为戒，加强安全监管力度，加大安全生产宣传教育，防范此类事故再次发生。

思考题

1. 事故类别的分类有哪些？
2. 什么是事故的直接原因、间接原因？
3. 事故调查报告应包括哪些内容？

第10章 智慧工地系统

10.1 智慧工地系统概述

10.1.1 智慧工地实施的背景与意义

随着信息技术的日臻完善，我国已经步入智慧发展的新时代。为秉持新的时代发展理念，利用以信息技术为基础的先进科技手段，推动建筑行业迈向信息化与精细化管理已成为必由之路。为了实现更高效、更可持续，更为安全的发展，传统建造向智慧建造转变已成为建筑行业发展趋势。

目前我国建筑产业规模不断扩大，人员流动性大、管理难度高。在施工现场中，由于现场分包单位众多，施工人员流动性大，总包单位对人员、机械的管理难以做到面面俱到。建筑施工企业信息化水平相对较低，定期或不定期的安全检查、隐患排查治理等监管手段无法及时追踪风险因素，不能有效控制安全隐患。传统的管理手段已明显不适用于如今多工种、大规模、高强度的施工现场。因此，在建筑业信息化发展的背景下，需要借助智慧工地，改善建筑工程施工管理环境，降低安全事故的发生概率。智慧工地作为新时代施工现代化管理模式，与传统建造相比，智慧工地能通过对现代化信息技术的综合运用，并和工业化建设手段以及机械化、自动化设备等相结合，成为建筑业信息化与工业化交融发展的深度载体。它能实现人与人、物与物及人与物的高度关联，将安全理念全方位融入生产中，从而实现提高生产效率、推动安全管理的目标。

10.1.2 智慧工地的概念

随着国家推动智慧化与智能化建设的步伐不断加大，我国智慧城市、智慧养老、智慧社区等多种智慧化管理的衍生物已逐渐步入人们生产生活中。在建筑领域，由于国家政策要求、工地管控难度不断增加、建设规范更为严格等背景下，智慧工地愈发成为建筑行业发展的重要目标与学术界研究的热点问题，以期满足施工工地现场的管理与时代化发展需求。

很多学者对智慧工地有不同的定义，其中比较典型的有如下几种定义。

① 智慧工地是基于多种信息技术手段与网络组织，为实现全寿命周期管理提供一种多维度的辅助决策环境。

② 智慧工地是在互联网基础上，利用信息化管理平台实现可视化与智能化管理。其目标是提升工地管理水准并给管理层提供人、机、料等方面的决策方案。

③ 智慧工地是围绕施工现场的关键要素，综合运用高科技手段，将信息技术进行集成汇总并分析计算，以期实现施工过程、进度、管理的最优化。

④ 智慧工地是以信息技术为基础，对施工现场的进度、质量、安全等实现全方位管控的现代化管理模式。它能够横向实现各个系统的有效协同，纵向达到信息的流通与传递，提高施工效率。

综上所述上述学者定义，智慧工地是围绕物联网（IOT）、建筑信息模型（BIM）、地理信息系统（GIS）等多种现代化信息技术，通过智能化终端设备，构建一个集可视化、全方位监管、智慧决策为一体的数字化管理体系，将施工现场中的人、机、料、法、环等核心要素实现点到面、面到线的紧密关联。

智慧工地作为我国经济发展与科学技术更新换代下的产物，它通过多种高科技手段，结合诸多子系统，让工地具有"感知"功能，其应用价值具体体现在以下三方面。

（1）施工现场管理方面

对现场的管理是施工管理的核心，管理的好坏程度对施工质量与进度具有直接影响。

我国建筑施工工地具有占地面积大、分工不细致、施工现场脏乱、管理片区冗杂等特点。管理者很难做到全面、及时地管理，进而导致权责不清、安全事故时有发生。而智慧工地管理可通过扫描工地二维码查看建设进度，利用 PC 端与手机端进行实时监控。有助于管理者通过智慧化的管理手段进行高效监管，促进工地管理的科学性与全面性，达到指令下达明晰、风险预警及时、纠偏决策得当。

（2）企业管理方面

我国建设项目中往往参建方众多，需要对各个参建方进行资源协调与沟通，才能在友好合作的前提下完成工程建设任务。在实际工作中，因付款进度、工作量变更等造成的矛盾也时有发生，不利于施工进度的顺利完成。而智慧工地能充当项目各参与方管理信息的沟通平台，基于管理平台整合共享各业务系统的数据信息，将工地信息互通互联，以此提高项目参与方的交流合作。

（3）行业监管方面

智慧工地作为一种智慧化的数据导向型建设项目管理模式，对于行业来说，具有重要意义。在此种管理模式下，政府能对本辖区的工地项目实施有效监管，并给予评价与反馈。一方面利于对施工企业的管理水平与机制进行科学监督，推动安全文明施工。另一方面变过去的被动监督为主动监控，推动建筑业的转型升级，使传统的管理模式向信息化、智能化、智慧化转变。

10.1.3 智慧工地的特征

针对建筑业生产效率较低、管理形式粗放等问题，不少专业人士都将"智慧工地"作为一种系统化的创新解决方案加以研究和探索。同时，《2016—2020 年建筑业信息化发展纲要》中提出："'十三五'时期，全面提高建筑业信息化水平，着力增强 BIM、大数据、智能化、移动通信、云计算、物联网等信息技术集成应用能力。"《中国建筑施工行业信息化发展报告——智慧工地应用与发展》中提出："通过云计算、物联网、人工智能、BIM 等先进信息技术与建造技术的深度融合，打造智慧工地。"此外，一些专注于建筑信息化的软件厂商也以计算机软件为平台，大力推进以工程管理信息化为核心的智慧工地系统。在多方共同努力下，智慧工地已经初现雏形，并逐渐被业界所接纳。但是智慧工地在具有丰富多样的表现形式的同时，其内涵特征依然不够明晰。其特征如下。

（1）更透彻的感知

目前，制约工程管理信息化和智能化水平提升的首要因素为工程信息缺失和失真，更高层次的管理活动无法获得有效的基础信息保障。为此，智慧工地将及时、准确、全面地获取各类工程信息,实现更透彻的信息感知作为首要任务。其中,"更透彻"主要体现为提升工程信息感知的广度和深度。具体而言,提升工程信息的感知广度是指更全面地获取不同主体、不同阶段、不同对象中的各类工程信息;提升工程信息的感知深度是指更准确地获取不同类型、不同载体、不同活动中的各类工程信息。完成各类软硬件信息技术的集成应用,实现资源的配置和应用,满足施工现场变化多端的需求和环境,保证信息化系统的有效性和可行性。

(2) 更全面的互联互通

由于工程建设活动的参与方较多,工程信息较为分散,带来了"信息孤岛"、信息冲突等一系列问题。为此,智慧工地将以各类高速、高带宽的通信工具为载体,将分散于不同终端、不同主体、不同阶段、不同活动中的信息和数据进行连接和收集,进而实现交互和共享,从而对工程状态和问题进行全面监控和分析。通过施工现场全过程、全要素数字化,建立起一个数字虚拟空间,并与实体之间形成映射关系,积累大数据,通过数据分析解决工程实际的技术与管理问题。同时构建信息集成处理平台,保证数据实时获取和共享,提高现场基于数据的协同工作能力。最终,能够从全局角度实施控制并实时解决问题,使工作和任务可以通过多方协作得以远程完成,彻底改变现有的工程信息流。

(3) 更深入的智能化

目前,施工活动仍然主要依赖经验知识和人工技能,在信息分析、方案制订、行为决策等方面缺少更科学、更高效的处理模式。为此,在人工智能技术迅猛发展的背景下,智慧工地将更加突出强调使用数据挖掘、云计算等先进信息分析和处理技术,实现复杂数据的准确、快速汇总、分析和计算。进而,更深入地分析、挖掘和整合海量工程信息数据,更系统、更全面地洞察并解决特定工程问题,并为工程决策和实施提供支持,实现虚拟与实体的互联互通,实现采集现场数据,为人工智能奠定基础,从而强化数据分析与预测支持。综合运用各种智能分析手段,通过数据挖掘与大数据分析等手段辅助领导进行科学决策和智慧预测。

(4) 更专业的高效化

以施工现场一线生产活动为立足点,实现信息化技术与生产专业过程深度融合,集成工程项目各类信息,结合前沿工程技术,提供专业化决策与管理支持,真正解决现场的业务问题,提升一线业务工作效能。

通过智慧工地,可以提高工地管理精细化水平,提高建筑工地质量进度、人员安全、环境管理、经济效益控制等,综合提高建筑工地的管理水平。

10.1.4 智慧工地的发展

在大数据背景下,针对建筑工程施工现场实施智慧化管理,不但可以明显提高建筑工程施工管理质量,而且能够显著减少各类能源的损耗与浪费。最近几年以来,因为我国建筑工程建设规模逐渐扩大,对施工现场管理工作提出了更高的要求。为减轻施工管理人员的工作压力,合理运用大数据技术构建智慧工地,可以取得比较好的施工现场管理效果。

10.1.4.1 国家制定宏观战略,引领智慧工地发展

近年来,施工行业如何向信息化、数字化、智能化转型引起行业主管部门的高度重视,国家层面出台了一系列政策与指导性文件。习近平总书记在2018年两院院士大会上的重要讲话指出,"要推进互联网、大数据、人工智能同实体经济深度融合,做大做强数字经济。"2017年,国务院办公厅印发的《关于促进建筑业持续健康发展的意见》强调要加快先进建造设备、智能设备的研发、制造和推广应用,智慧工地初露端倪。2020年,住房和城乡建

设部等部门联合印发了《关于推动智能建造于建筑工业化协同发展的指导意见》《关于加快新型建筑工业化发展的若干意见》，进一步指出要大力推动物联网技术在智慧工地的集成应用，促进智慧工地相关装备的研发、制造和推广应用。2021年，《国民经济和社会发展第十四个五年规划和2035年远景目标纲要》明确指出，要"发展智能建造，推广绿色建材、装配式建筑和钢结构住宅，建设低碳城市"，而智慧工地是实现智能建造的重要内容。2022年，住房和城乡建设部印发《"十四五"建筑业发展规划》《"十四五"住房和城乡建设科技发展规划》中提出，要研发建筑施工智能设备设施和智慧工地集成应用系统，不断提升工程项目建设管理水平。

10.1.4.2 各省市出台政策，助力智慧工地发展

目前，各地推广智慧工地已取得阶段性成果，自2019年起，浙江省、江苏省、湖南省、重庆市等近20个省、市级住房和城乡建设部门相继发布文件，要求推进智慧工地建设。如重庆市提出从2021年起，全市新建房屋建筑和市政基础设施项目应建设一星级智慧工地，主城都市区新建政府投资项目应建设二星级及以上智慧工地，鼓励创建三星级智慧工地。部分地区已初步实现智慧工地全覆盖，如无锡市所有建设工期3个月以上的工地已部署了智慧工地管理系统，包括实名制人脸抓拍系统、视频监控系统、扬尘在线监测系统、危大工程监测系统等。

10.1.4.3 建筑企业拥抱智慧工地技术，促进生产方式变革

与传统施工方法相比，智慧工地通过运用数智化技术在企业降低成本，提高施工效率方面取得实效。

① 大型高科技企业踊跃参与智慧工地领域。2020年，广联达对30家采用旗下数字建造平台的施工项目进行调研，调查结果显示智慧工地技术能使项目施工进度平均加快7%，施工成本平均降低4.5%，良好的应用价值促进相关施工企业主动进行智能化升级。华为公司成立全球智慧城市业务部，旨在帮助施工企业对文明施工、施工安全、施工质量等方面进行监管；腾讯公司于2020年发布的全球首个建材溯源区块链平台，利用区块链技术真实记录混凝土生产交接过程，实现质量信息溯源，为建筑初期建造阶段的建材质量保驾护航。

② 传统企业积极进行转型升级。中建集团、广联达公司等都在近几年对产品进行了革新，主动拥抱智能化浪潮。其中广联达公司早在2015年就明确了"数字建筑平台服务商"的转型目标。围绕"智慧工地"这一新兴赛道，初创企业分别聚焦高清晰度测量和定位技术，数字协同和移动通信技术、物联网与人工智能技术等方向进行技术攻关及研发，部分产品如数字建筑平台、安全帽检测系统、自动放线机器人等已在市场中得到应用。

近年来，大量机械化、自动化和智能化装备被应用于施工现场的生产实践中，加快施工工艺的优化升级。中建八局研发的智能装配造桥机，实现了将工厂预制的立柱、盖梁和箱梁在现场完成一体化安装，能够在30分钟之内架设好一片200吨重的盖梁，创造了国内桥梁架设领域的新纪录。

目前，国内建筑机器人方兴未艾，主要涉及现场建造、生产加工的建筑机器人企业。智能设备的应用进一步推动了智慧工地的发展。中建科技集团有限公司研发了三维测绘机器人，在6个示范性项目中全面应用，可在2分钟内完成单个房间实测作业，能够自动生成点云数据，测量效率较人工提升2～3倍。

在装配式建筑领域，智能吊装设备的出现使得构件的安装效率得到提高。例如，中联重科研制的新款起重机安装了基于机器视觉的自动吊装定位控制系统，实现了起重机非预知环境下的无人自动精准吊装作业。

10.1.4.4 施工企业信息化人才需求日益增长

随着智慧工地成为建筑施工企业转型升级的核心引擎，加强企业信息化人才建设已成为行业共识。据《2018—2024年中国建筑信息化行业分析与未来发展趋势报告》研究表明，到2024年中国建筑施工行业信息化从业人员总需求将达到20万~30万人。

10.2 智慧工地系统在施工安全管理中的应用

在施工现场中，安全管理一般由施工单位主管，管理水平受到管理人员得到的信息和自身专业水平限制，难以做到考量全局。目前，智慧工地系统已经得到应用，信息技术包括BIM技术、物联网技术和定位技术等。技术的应用为施工现场的安全管理模式的转变提供了动力，可对施工现场的人、物和环境进行全面监管，及时发现问题，便于施工现场的快捷高效管理。

10.2.1 智慧工地系统的关键技术

10.2.1.1 BIM技术

BIM技术是一种集自动化导入和应用、信息化程度较高的管理和企业资源计划系统。初期主要在技术层面应用，包括场景展示、工程计算、检查碰撞等。随后开始在房屋建设项目的基础管理数据中应用，包括楼层数、空间关系、构建数目等。现在BIM技术在支护工地中的管理包括服务、技术、安全、进度和绿色施工五大管理模块。BIM技术的优点包括协同性好、过程可视化和可模拟。

（1）协同性好

房建项目中，在设计、监理和分包管理等重要环节都需要一些专业软件同时处理数据，会存在系统之间是否兼容的问题。如果格式和标准不一致，会产生复杂的技术问题，相互协同难度较大。基于BIM技术的模型可以将统一数据基础进行共享，虽然个人考虑的角度不同，但可以避免因信息不对称引起的问题。BIM模型可以将个人创建的信息数据、设计图纸和施工图纸进行共享，提高数据的可用性，工作效率也显著提升。

（2）过程可视化

BIM模型创建的全过程包括在初步设计阶段、深化设计阶段、施工和维护管理阶段的研究、讨论和决策等均为可视化，可以提前避免产生错误。BIM技术软件可直接建立三维立体模型，相较于二维图纸，可将颜色、材质等特性进行区分，能够通过三维立体图形看到建筑物的整体形象，减少图纸阅读和理解的时间，避免二维图纸存在某些不明确点产生错误。

（3）可模拟

BIM技术的另一优点是可以进行施工动画模拟，通过对BIM模型的扩展，利用软件和对不同时间节点的施工方法和过程等进行联系，施工前明确项目整体过程的关键点，随时监测项目过程，便于调整施工的方案，显著提升项目管理的进度。BIM模型创建包括对施工现场的布置和安全情况的模拟，确定车辆的合理出入路线、机械的合适摆放位置、制订安全合理的逃生路线，提升安全事故中人员的存活率。动画模拟可使工作人员更易理解和接受，降低施工现场的安全管理难度。

10.2.1.2 物联网技术

物联网技术是物与物之间建立的一种交互的网络，可全面感知信息，并进行信息采集和传输到终端；确保运输过程中的安全性，获取现场人员的材料和现场机械等相关信息，可以保障能够随时共享；可利用智能算法对现场的数据进行实时采集并快速分析，制订智能化的决策。这一技术可以弥补传统依靠管理人员进行管理和控制中监控不全面的情况，由被动监测管理变为主动监测管理，使管理更合理、更全面。物联网技术包括识别技术和射频识别技术（RFID）。

(1) 代码识别技术

代码识别技术是一种普遍使用的信息代码，通过一系列的规则条文和空格进行表达，弥补了传统手工数据录入的错误率较高、效率较低等缺点。在建筑行业中，识别技术通过扫描机械设备和已有材料中的移动终端设备，获取信息数据，利用识别码可直接快速留存和提取相关设备信息，为建筑项目提供技术支持和提升管理效率。识别技术可对项目过程中的物资采购、物资运输和存储情况进行识别，细化管理，可减少物资的浪费。

(2) 射频识别（RFID技术）

RFID技术是通过空间电磁的耦合发送和接收射频信号的技术，主要有三个部分：

① 电子标签，存储相关要识别信息的数据存储部分；

② 天线，放置于电子标签或阅读器，起到发送和接收射频信号的作用；

③ 读写器，读写识别特定格式对象信息的设备。

10.2.1.3 定位技术

定位技术现已取得快速发展，是一种能够实现全球覆盖的持续的高精准度动态测量技术。在智慧工地系统中使用的定位技术需要综合考虑实际的需求进行决定。

① 非射频定位。房建项目施工现场一般较为复杂，很少用到非射频定位技术。

② GPS定位。在建设工程领域中，GPS因其精准度高的特点应用范围较广，但GPS定位要求施工的场地为开放的状态，室内建筑和一些构造物定位会受到建筑物遮挡和室内电子系统电波的影响。

③ RFID定位。可对施工项目中的各进度进行详细描述，物料信息的追踪和使用均具有较大的灵活性，与物联网技术能够达到有效结合。

④ WSN定位（传感器节点定位）。在施工现场发现安全生产事故时，WSN定位可以依靠无线传输定位系统（Zigbee）准确查询人员所在位置、环境及被困人员数量，通过采取有效救援方案，达到高效救援的目的。

⑤ UWB定位（超宽带定位）。UWB定位信号可携带信息传输给施工人员。

10.2.2 管理施工人员

(1) 劳务实名制管理系统

房建工程施工现场的建筑人员要求不高，且建筑人员各自的技术水平存在差异，会增加安全事故发生的频率，且难以保障工程的质量。相关企业可对施工人员进行实名制登记管理，对建筑人员的年纪、工作经验、水平等进行汇总，建立有效的数据管理信息库。在后期的工作分配中可以根据各自的情况进行分配，未登记人员不可进入施工现场，可保障监督管理工作的有效开展。

(2) VR安全教育系统

施工人员操作的专业性和施工的工艺是减少安全事故发生的关键，结合建设项目的运行情况，对施工人员进行安全教育较为必要。VR虚拟现实技术已较为成熟，可应用于建筑行业，通过三维动态模拟施工现场。使用VR眼镜对施工中各流程进行了解和学习，对安全事故进行模拟体验，使施工人员能够学习紧急情况的处理措施，加强施工人员的感受，降低安全事故发生的概率。

（3）安全帽智能管理系统

在施工现场，安全帽是施工人员的首要防护用品，传统的安全帽防护主要依靠坚硬的外壳和减震设计。安全帽智能管理系统是与RFID技术、无线通信技术、BIM技术、语音通信技术结合的智能化、现代化管理系统，可对佩戴人员进行身份识别，管理者可及时掌握工人的工作情况和分布情况等。施工现场的安全管理人员可定期将信息上传至管理系统，分析并预防施工现场的风险。施工人员处于危险区或者操作不规范时，安全帽可以发出警报，及时有效避免高空坠落风险。

10.2.3 管理施工现场

（1）塔吊安全监控系统

塔吊安全监控系统指在塔式起重机上安装监控系统以及无线传输设备，对设备运行记录、设备参数等进行分析和输出，实现塔吊的动态监控。运行过程中发生操作违章时，会发出警报。安全监控系统可以安装防碰撞系统，超重或即将发生碰撞时及时报警、提示司机，司机可以根据信号选择适当的措施，避免安全事故的发生。

（2）深基坑监测系统

深基坑监测系统是利用土压力盒、锚杆应力计等智能化传感设备，监测基坑开挖、支护施工和周边设备或建筑稳定情况。将互联网和信息进行整合，利用针对性的监测仪器测得数据，并将数据及时发送到监测平台进行分析，分析后可将结果反馈到对应的工作人员，一旦数据异常，立即进行警报，可使技术人员及时发现并解决问题，提高基坑监测的准确性。

顺应我国建筑行业发展的需要，智慧工地系统应用到房建施工现场的安全管理工作较为必要。将BIM技术、物联网技术和定位技术与施工现场的安全管理工作进行融合、完善和创新，可以加强部门之间的配合，规范现场的安全施工，促进我国建筑事业的安全快速发展，实现城市的智慧建设。

10.3 智慧管理的要点和注意事项分析

10.3.1 施工材料智慧管理

通过充分利用大数据技术的各项优势，建立建筑工程施工材料的采购和仓储体系，对建筑施工现场内部的各项材料实施智慧化管理。对建筑工程施工管理人员来讲，积极运用BIM技术，配合运用ISGP（improved shortest augmenting path）网络流算法，对建筑工程施工场地内部和外部空间进行分析，并制定出更加科学的材料存储管理方案，在科学利用建筑工程施工现场空间的前提下，全面记录各项材料的出库与入库信息，并对施工材料的具体采购情况进行预测。

此外，建筑工程施工现场材料管理人员需要在实际工作期间按时登录系统平台，抽查材料数量是否符合规定要求，并按时清点各项库存材料，保证各项材料的库存数据更加精确、可靠。与此同时，对施工单位内部的采购部门来讲，需密切关注各项材料市场价格变动情况，并及时更新，以便施工部门提出相应的采购材料申请时，材料管理系统可以及时更新材料市场价格，确定出最佳采购量，从根本上减少人工审核作业量，在满足建筑工程实际施工需求的基础上，不断提升建筑施工材料的智慧化管理水平。

10.3.2 施工设备智慧管理

在建筑工程项目施工作业现场的内部，通过利用大数据技术加强智能化控制，能够保证各项施工设备实现智慧管理目标，避免各项施工机械设备在后续运行期间出现严重故障。在BIM技术的全面支持之下，若某项施工机械设备在具体运行期间某个零部件发生运行故障，通过合理安装智能化控制设备，对设备内部的各项零部件实施动态化监控，可以保证施工机械设备可靠运行，若施工机械设备内部零部件出现运行故障，有关人员可运用BIM技术构建三维模型，若设备零部件发生运行故障，工作人员可结合故障具体情况，采取合理的维修措施。

此外，在一些作业规模比较大的建筑项目当中，通过利用大数据技术建立稳定的智能化控制系统，并利用此系统的预警功能，能够更好地满足建筑工程施工机械设备的智慧管理需求，防止机械设备在实际运行过程当中出现严重的安全问题。对系统所显示出来的各项异常信息，管理人员可以合理设置微单元，并加强处理力度，将系统所反馈的各类信息有效结合。对系统反馈的各项异常信息进行自动分析，可运用BIM技术加强机械设备运行隐患排查力度，在满足建筑工程正常施工要求的基础上，防止各类机械设备在实际运行过程当中出现严重的安全问题。

若建筑工程施工现场内部的机械设备在运行过程中出现异常现象，系统会发出异常信息预警，同时，管理人员可以运用BIM技术，对机械设备的实际运行信息实施自动分析。在BIM技术的大力支持下，各类施工机械设备运行故障问题能够得到快速诊断，确保建筑工程施工作业可以顺利进行，进一步减少机械设备运行故障发生次数。

在高模量应变监测系统的全面支持下，建筑工程施工管理人员可以更好地了解各项施工机械设备的具体运行情况，通过利用系统自身的自动控制功能，对模板的脱落与轴向立杆状态进行监控，并科学设置各项参数，若参数超出标准范围，系统可以立即启动报警功能，进行实时的监控，防止大型机械设备在实际运行期间出现严重故障。与此同时，在大数据技术的支持下，通过加强对各项施工机械设备的智慧化管理力度，可以确保施工交叉作业顺利进行，对建筑工程内部的碰撞检查实时报警，确保建筑工程机械设备智慧管理水平得到良好的提升。

结合冲击塔机的实际运行情况能够得知，如果外界风速过大，会影响冲击塔机的正常运行，在大数据背景下，通过构建风挡超速保护系统，能够实现外界风速信息的快速采集，如果外界风速超出规定标准要求，系统可以及时发出警报信号，此时冲击塔机暂停运行。在防撞系统的支持下，有关人员可以更好地了解塔机具体运行状态，若塔机悬吊在交叉范围之内，悬吊距离小于实际设定值，系统也会发出碰撞报警，以更好地保障施工作业人员的生命安全。

10.3.3 加强人员智慧管理

通过利用大数据技术，针对计算机内部的各类信息进行统一的整理与分析，经过统一处理后，建筑工程施工管理人员可在任意时间获得具体的施工信息。对建筑工程施工管理人员来讲，通过加强大数据平台开发力度，并对大数据平台所反馈的各类数据进行综合性分析，可以在不同的施工阶段，根据建筑工程施工现场实际情况加强人员配置，真正实现建筑工程施工人员的智慧管理目标。

在大数据平台的支持下，建筑工程施工管理人员可以对危险性比较高的施工项目实施数据分析，然后将最终的结果直接发送给系统终端，系统平台能够自动发出预警信号，同时采取其他通知方式，避免施工人员疲劳施工，减少施工安全问题的出现，确保建筑工程施工现场更加安全。

在一些建设规模比较大的建筑项目中，建立以智能卡为核心的实名制服务机制，向施工作业人员发放智能卡，通过运用信息化技术与智能化技术，对建筑工程施工现场作业人员实施全方面管理，快速获取人员考勤、安全教育与违章等一系列信息，让建筑工程人员管理更加规范化，提升施工人员的日常管理水平。通过合理运用智能卡加强施工人员管理，能够减少施工人员管理不规范现象的发生，提高各项人员管理数据的精确性与合理性。

另外，对移动式红外弹射器周围的危险区域，通过合理安装保护系统，能够有效保障施工人员的生命与财产安全，一旦有施工人员进入防御区内部，通过科学设置红外线，系统可以快速发出警报信号。在人工智能技术的全面支持下，对穿过紧急报警区域目标实施探测，可有效减少误差，降低能源消耗。

10.3.4 施工现场安全的智慧管理

结合建筑工程施工现场管理特点能够得知，加强安全管理力度特别重要，在大数据技术的支持下，通过加强智慧管理力度，并对工程施工现场内部的各类隐患实施有效跟踪，能够确保建筑工程施工安全问题得到良好解决，真正实现施工现场的安全智慧管理目标。在以往的建筑工程安全管理工作当中，重点采取检查表法与经验法等，有效识别出工程内部存在的安全隐患。采取此种方式容易出现信息过多、跟踪不及时的现象，同时会消耗较多时间，影响工程施工安全隐患处理效果。

为解决上述问题，通过运用大数据技术能够明显提升建筑工程施工现场安全智慧管理水平，施工安全管理人员需构建稳定的安全防护系统，对建筑工程施工作业现场实施全方面监控，为施工人员提供一个稳定的安全施工作业环境。因为建筑工程施工现场内部的安全隐患比较多，若没有得到良好控制，会给工程的总体建设效果带来严重影响，因此管理人员需积极运用现代化技术。

例如，在大数据的支持下，针对工程内部各项安全隐患进行综合性分析，并对既有的施工安全管理方案进行优化与改进。在大数据的全面支持之下，通过构建安全防控系统，对建筑工程施工现场实施集中监控，同时将建筑工程项目内部不同区域视频监控系统整合处理，采取烟雾感应与温湿监控、网络报警等方法，可以更好地提高建筑工程施工安全防护水平。在智能化系统背景下，系统可以进行视频录像与云台控制等，帮助管理人员快速获得施工作业现场的各项信息数据，充分了解工程施工作业现场的具体情况，使建筑工程施工安全管理质量与效率得到双重提高。

10.3.5 注意事项

10.3.5.1 加强危险化学品管理

由于建筑工程施工现场内部存在比较多的焊接与喷漆作业，所以施工场地内部存在一定数量的乙炔与氧气等一系列工业化学物品，这些化学物品大部分具备易燃易爆特点，在实际存储、使用与废弃处理期间存在比较大的危险性，故需引起施工管理人员的重视。在大数据背景下，通过构建智慧工地，对危险化学品进行有效监管，此功能模块能够对已经进入建筑工程施工现场的各类物质，按照数量、种类与用途进行详细记录，并对这些物资的实际使用情况实施动态化管控。

10.3.5.2 加大隐患排查治理力度

在智慧工地背景下，适当加大施工现场隐患排查与治理力度，不断减少建筑工程施工现场内部的安全隐患。通常来讲，建筑工程内部的安全隐患可分为：安全管理、文明施工、脚手架施工、模板施工、起重机安装吊装、施工机械设备使用等一系列内容，经过数据平台汇总处理之后，将全部的安全隐患按照危险程度统一归入不同等级之中，分为违章、严重违章、一般隐患、较大隐患与重大隐患等，在隐患排查与治理平台中，系统可以根据特定频次，针对建筑工程施工现场加强隐患排查力度，并结合工程具体情况，加强每日的排查力度，不断减少建筑工程内部的安全隐患。

在大数据背景下，若系统平台检查出工程内部的安全隐患，会提前对各类隐患实施危害程度归类，若存在违章与严重违章，需立即整改，若存在较多的安全隐患，要求施工单位在规定时间之内完成整改工作；对整改建议执行不到位的情况，需要采取科学的惩罚措施，严重的还要做局部停工处理。

此外，该系统平台能够对重大危险源与安全隐患进行全面检查，有关人员需要每日进入建筑工程施工现场进行检查，并采取 24 小时视频监控方式。若条件允许，需要委托第三方专业机构加强专项监测，并对各类安全风险加大管控力度。同时，因为系统平台与手机端保持连接，若某个监测点超出预警数值，系统会立即发出警报，有关人员可立即到达施工作业现场内部加强隐患排查，并采取科学的处置措施。

10.3.5.3 实施远程监控

在大数据与互联网技术的全面支持下，通过构建智慧工地，针对施工作业人员的行为、物资状态、环境状态等进行严格监控，然后利用互联网将有关数据及时上传到系统平台，实现快速分享。同时，此系统具备良好的智能化决策功能，对于系统所发出的警报信息，可以提出良好的防控建议，通过加强安全风险防控力度，可以更好地提升建筑工程施工作业现场安全性。一般来讲，建筑工程远程监控平台主要包含 AI 图像分析系统、智能化塔吊可视系统与水电节能无线监测控制系统等。

10.3.5.4 合理运用绿色施工技术

所谓绿色施工，主要指的是建筑工程施工现场施工作业具备良好的计划性与精准性，使得各项资源配置更加合理，提升空间的统筹规划水平。在智慧工地背景下，通过制订出完善的绿色施工计划，针对建筑工程施工作业流程进行全面优化，保证各项资源得到高效利用，进一步提升建筑工程项目的施工作业效率，更好地保护现有的土地资源。

针对建筑工程施工管理人员而言，可结合工程项目的具体情况，加强人员统筹安排，避免出现人力资源闲置与浪费现象。比如，通过利用在线监测雾化喷淋作业，能够明显提升作业的覆盖面，并对周围生态环境起到有效保护作用。

10.3.5.5 做好验收工作

在智慧工地系统背景下，管理人员通过加强验收，能够取得比较好的效果，对管理人员而言，可结合建筑工程性质，设置多个安全验收方案，例如物资安全验收、分项工程安全验收等一系列内容，在工程验收结束后，定期或者不定期开展安全检查，并对各项检查与维保数据详细记录，为后续检修工作提供有效依据。

思考题

1. 简述智慧工地实施的意义。
2. 智慧工地的价值体现在哪些方面？
3. 智慧工地的特征有哪些？
4. BIM 技术的优点有哪些？
5. 施工现场智慧管理需要注意哪些问题？

参考文献

[1] 张瑞生．建筑工程质量与安全管理［M］.4 版．北京：中国建筑工业出版社，2023.
[2] 李云峰．建筑工程质量与安全管理［M］．北京：化学工业出版社，2015.
[3] 李慧民．土木工程安全生产与事故案例分析［M］．北京：冶金工业出版社，2015.
[4] 钟汉华，张天俊．建筑工程质量管理［M］．北京：中国电力出版社，2015.
[5] 李钰．建筑施工安全：4 版［M］．北京：中国建筑工业出版社，2023.
[6] 李林．建筑工程安全技术与管理［M］.3 版．北京：机械工业出版社，2021.
[7] 王新泉，武明霞．付宗运建筑安全技术与管理［M］.2 版．北京：机械工业出版社，2022.
[8] 吕淑然，车广杰．安全生产事故调查与案例分析［M］.2 版．北京：化学工业出版社，2020.
[9] 中国建设监理协会．全国监理工程师培训考试用书：建筑工程质量管理［M］．北京：中国建筑工业出版社，2013.
[10] 高俊杰．房建工程质量安全管理中智慧工地系统的应用研究［J］.中国新技术新产品，2022，8：115-118.
[11] 党治权．基于大数据背景下建筑施工现场智慧管理研究［J］.中国住宅设施，2022，(10)：130-132.
[12] 陈丹丹，吴春学，李寒．基于智慧工地的施工安全管理技术研究及应用［J］.建筑安全，2021,36（10）：54-57.
[13] 曹吉昌，王晓．智慧工地发展现状、存在问题及建议［J］.建设科技，2022（17）：11-14.
[14] 姬广印，王浩南．智慧工地系统在房建施工安全管理中的应用［J］.智能城市，2021,7（20）：90-91.
[15] 段连蕊，郭建厅，韩泽浩，等．智慧工地在房建工程安全管理中的应用［J］.建筑技术开发，2022，(20)：65-68.
[16] 胡金锋．智慧工地在建筑工程安全管理中的应用［J］.智能建筑与智慧城市，2022，(06)：120-122.